U0268483

食品安全管理与控制

主　编　刘　皓　路冠茹

副主编　侯　婷　魏　玮　孟　镇

参　编　安　娜　刘　晨　祝　牧

　　　　范兆军　吕春晖　李晓阳

主　审　马长路　王立晖

北京理工大学出版社

BEIJING INSTITUTE OF TECHNOLOGY PRESS

内 容 提 要

本书主要以食品安全科学理论、企业合规管理和质量控制措施为指导思想，围绕食品供应过程，阐述食品安全管理基础、食品生产与经营规范化管理、食品安全控制体系与认证三大项目，包括食品安全管理与监管认知、食品法律法规体系认知、食品标准体系认知、食品生产危害因素认识等任务。

本书可作为食品类专业教材，也可作为相关人员岗位培训、技能证书培训教材，还可供食品安全管理人员的参考书。

版权专有　侵权必究

图书在版编目（CIP）数据

食品安全管理与控制 / 刘皓，路冠茹主编.－－北京：
北京理工大学出版社，2023.3
　ISBN 978-7-5763-1884-5

Ⅰ.①食… Ⅱ.①刘… ②路… Ⅲ.①食品安全－安
全管理　Ⅳ.①TS201.6

中国版本图书馆CIP数据核字（2022）第227687号

出版发行 / 北京理工大学出版社有限责任公司
社　　址 / 北京市海淀区中关村南大街5号
邮　　编 / 100081
电　　话 / （010）68914775（总编室）
　　　　　（010）82562903（教材售后服务热线）
　　　　　（010）68944723（其他图书服务热线）
网　　址 / http://www.bitpress.com.cn
经　　销 / 全国各地新华书店
印　　刷 / 河北鑫彩博图印刷有限公司
开　　本 / 787毫米×1092毫米　1/16
印　　张 / 16.5　　　　　　　　　　　　　　　　　责任编辑 / 赵　岩
字　　数 / 389千字　　　　　　　　　　　　　　　　文案编辑 / 赵　岩
版　　次 / 2023年3月第1版　2023年3月第1次印刷　　责任校对 / 周瑞红
定　　价 / 89.00元　　　　　　　　　　　　　　　　责任印制 / 王美丽

图书出现印装质量问题，请拨打售后服务热线，本社负责调换

前 言 Preface

"民以食为天，食以安为先。"随着经济的全球化，世界各国之间的食品贸易量日益增加，食品安全也成为影响国家农业和食品工业竞争力的关键因素之一。本书以企业岗位职业标准及工作过程为主要内容，对教材进行重构设计，配套数字化课程资源，实现教材多功能作用并构建深度学习体系。

本书以职业教育"三教"改革为指导，以"立德树人"为中心，以学生自主学习为中心为原则，以新时代社会主义核心价值观和工匠精神为指引，全方位融入课程思政。党的二十大报告指出："育人的根本在于立德。全面贯彻党的教育方针，落实立德树人根本任务，培养德智体美劳全面发展的社会主义建设者和接班人。"本书融入课程思政，突出体现在"学而思"中，通过学习国内外食品安全管理历史，坚定文化自信，培养爱国热情；通过学习食品法律法规，培养弘扬社会主义法治精神；通过食品安全标准及卫生管理，提升质量意识，弘扬工匠精神；通过食品安全体系的建立任务，体现团队合作的重要性。

本书主要以食品安全科学理论、企业合规管理和质量控制措施为指导思想，围绕食品供应过程，阐述食品安全管理基础、食品生产与经营规范化管理、食品安全控制体系与认证等方面的内容，既注重基本理论知识的阐述，又兼顾实例应用的讲解，还考虑新法规、新标准、新规范的补充，突出任务引领、产教融合、理实一体的改革方向，实现"岗课赛证"一体化。本书主要特点如下：

（1）项目化、模块化理念。将食品安全管理岗位职业要求及典型工作内容按照难度分解为食品安全管理基础、食品生产与经营规范化管理、食品安全控制体系与认证三大工作项目，在工作项目中进一步分解为若干工作任务模块，通过教师引领和学生参与，循序渐进地完成相关任务模块。

（2）情景化、实操化形式。紧密结合"1+X"食品合规管理职业技能等级证书和ISO体系内审员证书考试要求及培训内容，编写组与天津好利来工贸有限公司、烟台富美特信息科技股份有限公司（食品伙伴网）等行业顶尖企业联合开发教材，以真实工作任务为教学单元，提高学生岗位适应能力，为学生参加食品安全管理方向的各类比赛打下基础，充分体现了"课岗赛证融通"的课程特色。

（3）先进性、规范性内容。面向食品行业的新技术、新工艺、新规范，将《中华人民共和国食品安全法》（新版）、《食品安全管理体系》（新版）等食品安全管理领域的新法律、新标准、新体系写入本书中，贴近行业发展和市场需要，将国内外新版本的法律法规和标准引入本书中，与国际接轨。

本书由天津现代职业技术学院刘皓、路冠茹担任主编；天津现代职业技术学院侯婷、魏玮和中国食品发酵工业研究院有限公司孟镇担任副主编；天津现代职业技术学院安娜、刘晨，天津好利来工贸有限公司祝牧，天津现代职业技术学院范兆军、吕春晖和李晓阳参与了本书的编写工作。具体编写分工为：刘皓负责整体书稿的规划和项目三的编写；安娜、刘晨参与项目三的编写；路冠茹、侯婷、祝牧、范兆军共同编写项目二；魏玮、孟镇、吕春晖、李晓阳共同编写项目一；书中部分资源由烟台富美特信息科技股份有限公司（食品伙伴网）提供。在上述各位老师负责编纂、翻译和轮流审稿的基础上，全书由马长路、王立晖主审。

本书在编写过程中，得到了编者所在院校及相关企业的指导、帮助和支持，在此深表谢意！本书还引用了文献资料及国家及地方的行业相关标准和规范，在此一并表示衷心的感谢。

由于编者水平有限，编写时间仓促，加之食品安全控制与管理方面的内容仍在不断发展变化中，书中疏漏和不妥之处在所难免，恳请各位读者批评指正。

编　者

目　录　Contents

项目一　食品安全管理基础

　　面对新形势下高职教育的新要求，本项目主要介绍食品生产经营相关的安全管理基础知识。通过本项目的学习，能够深入认知食品法律法规、生产危害因素等内容，为社会、行业和企业培养"懂法、知法、学法、守法"的高素质技术技能型"食品人"打下基础。本项目包括食品安全管理与监管认知、食品法律法规体系认知、食品标准体系认知、食品生产危害因素认识(生物、化学、物理)、食品质量安全管理常用工具的应用(七工具)等内容。

学习目标

1. 知识目标

(1)了解食品安全管理的基础概念。

(2)了解我国食品安全的监管体系。

(3)了解我国食品法律法规体系的相关要求。

(4)了解我国食品相关标准体系的相关要求。

(5)了解影响食品安全的相关危害因素。

2. 能力目标

(1)能够对我国食品安全监管体系进行分析总结。

(2)能够利用我国食品法律法规进行案例分析判定。

(3)能够参照国家标准编写食品企业标准。

(4)能够对食品安全危害进行识别和分析。

3. 素质目标

(1)具有深厚的中华民族自豪感和民族自信心。

(2)具有食品行业诚信的职业道德、敬业爱岗精神及社会责任感。

(3)具有制度自信、文化自信和食品行业自豪感。

(4)具有学法、懂法、守法、用法的观念。

(5)自觉践行自由、平等、公正、法治的社会主义核心价值观。

(6)具有认真细致的工匠精神和严谨的科学态度。

(7)具有较强的集体意识和团队合作精神。

任务一　食品安全管理与监管认知

任务描述

通过学习食品安全管理基础的概念和我国食品安全监管体系概况，参照相关知识及利用网络资源，对我国食品安全监管体系进行分析总结，编写一份《食品安全管理与监管总结报告》。对于该任务完成情况，主要依据自我评价和教师评价两方面进行评价。通过编写《食品安全管理与监管总结报告》完成学习任务后，同学及小组间可进行经验交流，教师可针对共性问题在课堂上组织讨论，使学生掌握我国食品安全管理与监管的主要情况。

知识要点

一、食品安全的相关概念

（1）食品：是指各种供人食用或饮用的成品和原料，以及按照传统既是食品又是中药材的物品，但是不包括以治疗为目的的物品。（《中华人民共和国食品安全法》"食品"的含义）

（2）质量管理：又称"品质管理"，是指在质量方面指挥和控制组织的协调的活动，包括质量方针、质量目标、质量控制、质量保证和质量改进。

（3）质量控制：又称"品质控制"，是质量管理的一部分，致力于满足质量要求，即通过采取一系列作业技术和活动对各个过程实施控制，是预防不合格产品发生的重要手段和措施。

（4）食品安全：是指食品无毒、无害，符合应当有的营养要求，对人体健康不造成任何急性、亚急性或慢性危害，对食品按其原定用途进行制作和食用时不会使消费者受害的一种担保。食品安全的含义有三个层次：

①食品数量安全是指一个国家或地区能够生产民族基本生存所需的膳食需要，要求人们既能买得到又能买得起生存和生活所需要的基本食品。

②食品质量安全是指提供的食品在营养、卫生方面满足和保障人群的健康需要，食品质量安全涉及食物的污染、是否有毒，添加剂是否违规，标签是否规范等问题，需要在食品受到污染界限之前采取措施，预防食品的污染和遭遇主要危害因素侵袭。

③食品可持续安全是指从发展角度要求食品的获取需要注重生态环境的良好保护和资源利用的可持续性。

（5）食品卫生：是指为防止食品在生产、收获、加工、运输、储藏、销售等各个环节被有害物质（包括物理、化学、微生物等方面）污染，使食品质地良好、有益于人体健康所采取的各项措施[《食品工业基本术语》（GB/T 15091—1994）]，为确保食品安全性和适应性在食物链的所有阶段必须采取的一切条件和措施。

课程介绍

(6)食品质量特性：可分为内在(固有)食品质量特性和外在(非固有)食品质量特性。内在食品质量特性包括食品本身的安全性与健康性、感官品质与货架期、产品的可靠性与便利性；外在食品质量特性包括生产系统特性、环境特性、市场特性。

(7)食品安全监督：是指国家职能部门依法对食品生产、经营企业和餐饮业的食品安全相关行为行使法律范围内的强制监察活动。食品安全监督强调政府部门的依法职能，方式由法律规定，较为单一。

(8)食品安全管理：是指政府相关部门及食品企业自身采取计划、组织、领导和控制等方式，对食品、食品添加剂和食品原材料的采购，以及食品生产、经营、销售和食品消费等过程进行有效的协调及整合，以达到确保食品安全的活动过程。食品安全管理强调行业内部的自发行为，其"管理"活动也可采用多种方式。

二、中国食品安全监管体系

1. 第一阶段：单一部门监管(2003 年以前)

以卫生部门为主监管：前期卫生部门通过国家立法、制定技术标准、行政执法等传统行政干预手段进行食品问题监管；后期质量认证、风险监测、科普宣传等新型监管手段也崭露头角，特别是 2003 年试行的食品安全行动计划，利用 HACCP 体系进行危险性评估，这是我国开展食品安全风险管理的雏形。但是单一制的部门监管不能涵盖监管的全过程，不符合食品安全监管发展趋势。

质量管理的发展

(1)第一时期：20 世纪 50 年代至 60 年代。1953 年，政务院批准建立各级卫生防疫站，各级卫生行政部门在防疫站内设立食品卫生监督机构，负责食品卫生监督管理工作；1953 年，卫生部颁布《清凉饮食物管理暂行办法》；1964 年，国务院转发了卫生部、商业部等五部委制定的《食品卫生管理试行条例》。

(2)第二时期：20 世纪 70 年代至 80 年代。1978 年，国务院批准由卫生部牵头，会同其他有关部门组成"全国食品卫生领导小组"；1979 年，国务院正式颁发《中华人民共和国食品卫生管理条例》；1982 年，第五届全国人大常委会第 25 次会议审议通过《中华人民共和国食品卫生法(试行)》。

(3)第三时期：20 世纪 90 年代至 2003 年。1993 年，国务院机构改革撤销了轻工部，食品企业在体制上正式与轻工业主管部门分离，食品生产经营方式发生了较大变化；1995 年，第八届人大常委会第 16 次会议审议通过了《中华人民共和国食品卫生法》。《中华人民共和国食品卫生法》确定了卫生部门食品卫生执法的主体地位，废除了原有政企合一体制下主管部门的管理职权，明确规定国家实行食品卫生监督制度。

2. 第二阶段：分段监管与综合协调相结合(2003—2013 年)

根据 2004 年国务院《关于进一步加强食品安全工作的决定》，我国确立了分段监管的食品安全监管模式，农业部门负责初级农产品生产的监管，质监部门负责食品生产环节的监管，工商部门负责食品流通环节的监管，食药部门负责餐饮服务环节的监管，卫生部门负责食品安全总协调。这一时期，食品安全标准体系、检验检测体系和食品安全信用体系和信息化建设不断完善，不断推进我国食品安全监管标准化、现代化、信息化水平。然而由于部门间权责不清、协调不当、执法不严，分段监管的弊端更加突出。

(1)第一时期：2003—2008年，由国家食品药品监督管理总局负责综合协调。2003年，国务院机构改革在原国家药品监督管理局基础上组建了国家食品药品监督管理总局；2004年9月，国务院印发《关于进一步加强食品安全工作的决定》(国发〔2004〕23号)，启动修订《中华人民共和国食品卫生法》；2004年12月，中央编办印发《关于进一步明确食品安全部门职责分工有关问题的通知》(中央编办发〔2004〕35号)(图1-1)。

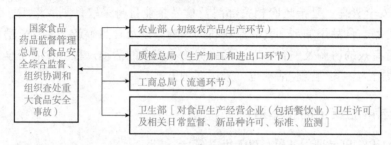

图1-1　国家食品药品监督管理总局各部门职责

(2)第二时期：2008—2010年，由卫生部负责综合协调。2008年，国务院机构改革将食品安全综合协调和组织查处重大食品安全事故职责由国家食品药品监督管理总局划入卫生部，并将该局调整为卫生部管理的国家局，具体如图1-2所示。2009年2月，《中华人民共和国食品安全法》发布，从法律上明确了分段监管和综合协调相结合的体制，并规定国务院成立食品安全委员会作为高层次议事协调机构(图1-2)。

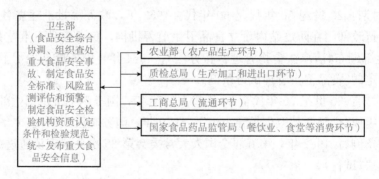

图1-2　卫生部各部门职责

(3)第三时期：2010—2011年，国务院食品安全委员会办公室(食品安全办)承办国务院食品安全委员会(简称食安委)交办的综合协调任务。2010年2月6日，国务院印发《关于设立国务院食品安全委员会的通知》(国发〔2010〕6号)；2010年12月6日，中央编办印发《关于国务院食品安全委员会办公室机构设置的通知》(中央编办发〔2010〕202号)。食安委定位为国务院食品安全的高层次议事协调机构，有19个部门参加。主要职责：分析食品安全形势，研究部署、统筹指导食品安全工作，提出食品安全监管的重大政策措施，督促落实食品安全监管责任，具体如图1-3所示。

(4)第四时期：2011—2013年，卫生部的综合协调、牵头组织食品安全重大事故调查、统一发布重大食品安全信息职责被划入食品安全办。2011年11月9日，中央编办印发《关于国务院食品安全委员会办公室机构编制和职责调整有关问题的批复》(中央编办复字〔2011〕216号)决定将卫生部的综合协调、牵头组织食品安全重大事故调查、统一发布重大食品安全信息职责划入国务院食品安全办。

图1-3 国务院食品安全委员会框架

三项职能划归食安委后,卫生部保留三项职能,即食品安全标准的制定、食品安全风险检测评估、对检验机构资质条件的认定。卫生部承担的各项食品安全职责是食品安全的基础性工作,是食品安全监管的重要技术依据。在国家层面,实行分段监管为主、品种监管为辅和综合协调相结合体制;在地方政府层面,实行地方政府负总责下的部门分段监管和综合协调相结合体制。

3. 第三阶段:多合一集中监管(2013年至今)

(1)第一时期:2013—2018年,我国监管机制主体进一步集中,形成以农业、食药为监管主体,国家卫生健康委员会(简称卫健委)为科技支撑,国家食安委为综合协调的两段式的监管新格局,大大减少了链条中的空白点、盲点,降低了成本。国家风险评估中心的成立和统一的食品安全标准,为建立在风险评估科学基础上的防御性食品安全体系打下了基础,风险评估及标准制定职能与食品安全监管部门分开,避免了过去既是裁判员又是运动员的尴尬局面。检验检测机构的职能转变,检验检测体系"去部门化""管办分离",实现资源共享,建立法人治理结构,形成统一的检测机构(图1-4)。

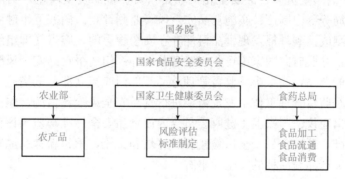

图1-4 国务院食品安全委员会框架(2013年)

(2)第二时期:2018年至今,我国政府设立国家药品监督管理局,划归新成立的国家市场监督管理局。2018年,在国家质量监督管理总局、国家工商行政管理总局、国家食品药品监督管理总局合并的情况下,国家市场监督管理总局全权管理食品生产、流通及餐饮服务相关食品安全监管职能。同时食品安全委员会统筹协调食品安全工作,农业部门负责初级农产品的生产监督,卫生部门负责食品安全风险评估和食品安全标准制定,从而形成了食品安全委员会、市场监督管理部门、卫生部门、农业部门多部门集中监管局面,有利于形成无缝监管和全过程监管体系。国家市场监督管理总局作为国务院直属机构，将国家工商行政管理总局、国家质量监督检验检疫总局、国家食品药品监督管理总局、国家发展和改革委员会的价格监督检查与反垄断执法、商务部的经营者集中反垄断执法及国务院反垄断委员会办公室等职责进行了整合。党的二十大报告指出："强化食品药品安全监管，健全生物安全监管预警防控体系。"

食品安全监管相关部门职责如下：

(1)国务院食品安全委员会的主要职责：根据《中华人民共和国食品安全法》的规定，为贯彻落实食品安全法，切实加强对食品安全工作的领导，2010年2月6日决定设立国务院食品安全委员会，作为国务院食品安全工作的高层次议事协调机构。其主要职责：分析食品安全形势，研究部署、统筹指导食品安全工作；提出食品安全监管的重大政策措施；督促落实食品安全监管责任(图1-5)。

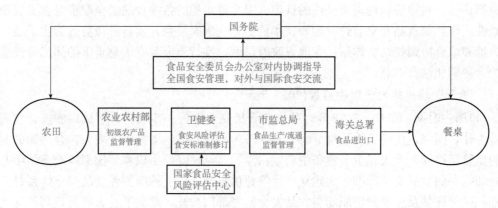

图1-5　国务院食品监管框架

(2)国家卫生健康委员会食品安全相关职责：负责食品安全风险评估工作，会同国家市场监督管理总局等部门制订、实施食品安全风险监测计划。国家卫生健康委员会对通过食品安全风险监测或接到举报发现食品可能存在安全隐患的，应当立即组织进行检验和食品安全风险评估，并及时向国家市场监督管理总局等部门通报食品安全风险评估结果，对得出不安全结论的食品，国家市场监督管理总局等部门应当立即采取措施。国家市场监督管理总局等部门在监督管理工作中发现需要进行食品安全风险评估的，应当及时向国家卫生健康委员会提出建议。国家卫生健康委员会内设食品安全标准与监测评估司：组织拟订食品安全国家标准，开展食品安全风险监测、评估和交流，承担新食品原料、食品添加剂新品种、食品相关产品新品种的安全性审查。

(3)农业农村部在食品管理方面的主要职责：负责农产品质量安全监督管理；组织开展农产品质量安全监测、追溯、风险评估；提出技术性贸易措施建议；参与制定农产品质量安全国家标准并会同有关部门组织实施；指导农业检验检测体系建设；负责有关农业生产资料和农业投入品的监督管理；组织农业生产资料市场体系建设，拟订有关农业生产资料国家标准并监督实施；制定兽药质量、兽药残留限量和残留检测方法国家标准并按规定发布；组织兽医医政、兽药药政药检工作，负责执业兽医和畜禽屠宰行业管理；负责农业防灾减灾、农作物重大病虫害防治工作；指导动植物防疫检疫体系建设，组织、监督国内动植物防疫检疫工作，发布疫情并组织扑灭。

（4）国家市场监督管理总局在食品管理方面的主要职责：负责食品安全监督管理综合协调；组织制定食品安全重大政策并组织实施；负责食品安全应急体系建设，组织指导重大食品安全事件应急处置和调查处理工作；建立健全食品安全重要信息直报制度；承担国务院食品安全委员会日常工作；负责食品安全监督管理；建立覆盖食品生产、流通、消费全过程的监督检查制度和隐患排查治理机制并组织实施，防范区域性、系统性食品安全风险；推动建立食品生产经营者落实主体责任的机制，健全食品安全追溯体系；组织开展食品安全监督抽检、风险监测、核查处置和风险预警、风险交流工作；组织实施特殊食品注册、备案和监督管理。此外还负责统一管理计量工作、统一管理标准化工作、统一管理检验检测工作。

在具体管理的事权上，市场监督管理部门对食品（含食品添加剂）生产经营者执行食品安全法律、法规、规章和食品安全标准等情况实施监督检查。国家市场监督管理总局负责监督指导全国食品生产经营监督检查工作，可以根据需要组织开展监督检查。市级市场监督管理部门可以结合本行政区域食品生产经营者规模、风险、分布等实际情况，按照本级人民政府要求，划分本行政区域监督检查事权，确保监督检查覆盖本行政区域所有食品生产经营者。

（5）海关总署在食品管理方面的主要职责：负责出入境卫生检疫、出入境动植物及其产品检验检疫；收集分析境外疫情，组织实施口岸处置措施，承担口岸突发公共卫生等应急事件的相关工作；负责进出口商品法定检验；监督管理进出口商品鉴定、验证、质量安全等；负责进口食品、化妆品检验检疫和监督管理，依据多双边协议实施出口食品相关工作。

4. 国家认证认可监督管理委员会

中国国家认证认可监督管理委员会（Certification and Accreditation Administration of the People's Republic of China，CNCA）成立于 2001 年，是国务院决定组建并授权，履行行政管理职能，统一管理、监督和综合协调全国认证认可工作的主管机构。

2018 年 9 月，中国机构编制网正式发布《国家市场监督管理总局职能配置、内设机构和人员编制规定》，对外保留国家认证认可监督管理委员会牌子。原有国家认监委的相关业务职能由认证监督管理司和认可与检验检测监督管理司承担。国家认证认可监督管理委员会、国家标准化管理委员会职责划入国家市场监督管理总局，对外保留牌子。不再保留国家工商行政管理总局、国家质量监督检验检疫总局、国家食品药品监督管理总局。

（1）认证监督管理司，包括国家认证认可监督管理委员会秘书处、认证机构管理处、消费品认证处、工业品认证处、食品农产品认证处、管理体系认证处、服务认证处、人员认证处、认证质量处、认证监督处；主要功能是认证国际合作处拟订实施认证和合格评定监督管理制度，规划指导认证行业发展并协助查处认证违法行为，组织参与认证和合格评定国际或区域性组织活动。

（2）认可与检验检测监督管理司，包括综合处、认可管理处、工业与消费品检验检测机构处、农食环检验检测机构处、公共服务检验检测机构处、检验检测市场监管处、检验检测行业协调处、检验检测能力验证处、检验检测行业监测处、技术管理处。其主要职能：拟订实施认可与检验检测监督管理制度；组织协调检验检测资源整合和改革工作，规划指导检验检测行业发展并协助查处认可与检验检测违法行为；组织参与认可与检验检测国际或区域性组织活动。

5. 食品安全监督管理的原则

根据《中华人民共和国食品安全法》的规定，食品安全基本原则主要是预防为主、风险管理、全程控制、社会共治。

我国食品安全
法律法规构成

预防为主原则是指在事实判定、证据论证、科学研究等方面尚未确定的情况下，为防止食品安全损害而采取的预防性措施。风险管理原则不同于风险评估，它要求与利益相关方磋商之后权衡政策选择，考虑风险评估和其他法律因素，必要时选择适当的预防和控制措施。全程控制原则对食品从源头的生产，到中间的经营销售，再到公民的餐桌这一食品整个过程的控制监管。社会共治原则意在强调食品从生产到最终由公民消费的整个过程中，食品生产经营者、流通者、消费者、政府及其监管部门、行业协会、新闻媒体、检验机构和认证机构，都是维护食品安全的参与者。

6. 食品安全监督管理的主要内容

我国食品安全监督管理的主要内容：实施许可、强制检验等食品质量安全市场准入制度；食品生产加工、食品经营环节、餐饮环节食品安全的日常监管；查处生产、制造不合格食品及其他违法行为；食品行业和企业的自律及其相关食品安全管理活动等。

实施许可制度的食品及相关产品：食品生产经营实行许可制度，从事食品生产、食品销售、餐饮服务，应当依法取得许可；利用新的食品原料生产食品，或者生产食品添加剂新品种、食品相关产品新品种，应当向国务院卫生行政部门提交相关产品的安全性评估材料；对直接接触食品的包装材料等具有较高风险的食品相关产品，按照国家有关工业产品生产许可证管理的规定实施生产许可；国家对食品添加剂生产实行许可制度。

常规监督管理的内容包括进入生产、经营场所实施现场检查；对生产经营的食品、食品添加剂、食品相关产品进行抽样检验；查阅、复制有关合同、票据、账簿及其他有关资料；查封、扣押有证据证明不符合食品安全标准，或者有证据证明存在安全隐患及用于违法生产经营的食品、食品添加剂、食品相关产品；查封违法从事生产经营活动的场所。

根据《中华人民共和国食品安全法》的规定，在食品生产环节及监督管理环节，国家鼓励食品生产经营企业符合生产规范要求，实施危害分析与关键控制点体系（HACCP），提高食品安全管理水平。《食品安全国家标准 食品生产通用卫生规范》（GB 14881—2013）规定了食品生产过程中原料采购、加工、包装、储存和运输等环节的场所、设施、人员的基本要求及管理准则，其宗旨是在食品制造、包装和储存等过程中，确保人员、建筑、设施和设备均能符合良好的生产条件，防止食品在不卫生的条件下，或在可能引起污染或品质变坏的环境中操作，以保证食品质量稳定。HACCP 危害分析和关键控制点是应用于食品生产中确保食品安全的一种系统方法，是预防性的食品安全控制体系，宗旨是减少或消除食品安全问题。HACCP 体系"7 项原则"包括实施危害分析、确定关键控制点 CCP、建立关键控制点的关键限值 CL、建立监视系统、建立纠偏措施、建立验证程序记录保存与管理体系，以确保 HACCP 系统有效运行。

国际食品安全
监管体系介绍

任务实施

步骤一： 认知引导。

引导问题 1：食品安全、食品卫生的概念区别是什么？

引导问题 2：质量管理的发展有哪些阶段？

引导问题 3：我国食品安全监管体系是如何建立的？

步骤二： 基础知识测试。

知识训练

步骤三： 工作程序。

(1)带领学生熟悉食品安全的相关概念，分析食品安全、食品卫生、质量管理、质量控制、安全监督等概念的内涵和区别，提升学生对食品质量安全概念的深刻认识，使其对食品安全更加重视。

(2)带领学生了解质量管理的发展，分析质量管理不同发展阶段的优点和缺点，培养学生科学的认知观和严谨的职业品质。

(3)带领学生了解中国食品安全监管体系和国际食品安全监管体系，分析我国食品安全监管体系的演变意义和中外监管体系的区别，提升学生对我国食品监管制度的自信。

(4)组织学生完成我国食品安全监管体系的分析总结和相关报告，展开自我评估和小组评价，最后教师进行评价反馈，填写完成工单(表1-1)。

表 1-1　食品安全管理与监管认知工单

任务名称	食品安全管理与监管认知		指导教师	
学号			班级	
组员姓名			组长	
任务目标	通过编写《食品安全管理与监管总结报告》，掌握我国食品安全管理与监管的概况			
任务内容	1. 参照相关知识及利用网络资源。 2. 编写一份《食品安全管理与监管总结报告》。 3. 每完成一次学习任务，同学及小组间可进行经验交流，教师可针对共性问题在课堂上组织讨论			
参考资料及使用工具				
实施步骤与过程记录				

文档清单	序号	文档名称	完成时间	负责人
	1			
	2			
	3			
	备注：填写本人完成文档信息			

评价标准	配分表					
	考核项目		配分	自我评价	组内评价	教师评价
	知识评价	食品安全相关概念的掌握	15			
		我国食品安全监管概况的掌握	20			
	技能评价	报告编写程序正确	15			
		思政元素内容充实	20			
	素质评价	具备制度自信、文化自信和食品行业自豪感	15			
		具备团队合作精神和社会主义核心价值观	15			
	总分		100			

评价记录	自我评价记录	
	组内评价记录	
	教师评价记录	

任务二　食品法律法规体系认知

任务描述

通过学习我国食品法律法规体系知识，对我国食品法律法规体系有总体认知，掌握检索食品企业相关法律法规的方法，并能够合理利用相关法律法规分析食品安全案例。

知识要点

一、食品法律法规

食品法律法规是指由国家制定的适用食品从农田到餐桌各个环节的一整套法律规定。其中，食品法律和由职能部门制定的规章是食品生产、销售企业必须强制执行的，而有些标准、规范为推荐性要求。食品法律法规是国家对食品进行有效监督管理的基础。目前，我国已基本形成了由国家基本法律、行政法规、部门规章和其他规范性文件构成的食品法律法规体系。

1. 食品法律

法律是由全国人民代表大会及其常务委员会依据特定立法程序制定的规范性法律文件。

食品法律包括《中华人民共和国食品安全法》《中华人民共和国产品质量法》《中华人民共和国农产品质量安全法》《中华人民共和国进出口商品检验法》《中华人民共和国国境卫生检疫法》《中华人民共和国动物防疫法》《中华人民共和国进出境动植物检疫法》《中华人民共和国消费者权益保护法》《中华人民共和国标准化法》等。

2. 食品行政法规

行政法规分为国务院制定行政法规和地方性行政法规两类。行政法规是对法律的补充，在完善的情况下它的法律效力仅次于法律。

食品行政法规包括《中华人民共和国食品安全法实施条例》《中华人民共和国进出口商品检验法实施条例》《乳品质量安全监督管理条例》《农业转基因生物安全管理条例》《农药管理条例》《兽药管理条例》《中华人民共和国工业产品生产许可证管理条例》《中华人民共和国认证认可条例》《饲料和饲料添加剂管理条例》《粮食流通管理条例》《国务院关于加强食品等产品安全监督管理的特别规定》等。

3. 食品部门规章

部门规章是指国务院各部门、各委员会、审计署等根据法律及行政法规的规定和国务院的决定，在本部门的权限范围内制定和发布的调整本部门范围内行政管理关系的，并且不得与宪法、法律和行政法规相抵触的规范性文件。其主要形式是命令、指示、规定等。

食品部门规章分为国务院各行政部门制定的部门规章和地方人民政府制定的规章。

食品部门规章包括《食品安全抽样检验管理办法》《食品安全国家标准管理办法》《进出口食品安全管理办法》《出入境检验检疫报检企业管理办法》《流通环节食品安全监督管理办法》《食品召回管理办法》《新食品原料安全性审查管理办法》《食品检验机构资质认定管理办法》《产品质量监督抽查管理办法》《食品添加剂新品种管理办法》《农产品质量安全监测管理办法》《食品生产许可管理办法》《进出口乳品检验检疫监督管理办法》《餐饮服务食品安全监督管理办法》《农业转基因生物安全评价管理办法》《无公害农产品管理办法》《食品添加剂生产监督管理规定》《水产养殖质量安全管理规定》等。

4. 其他规范性文件

规范性文件是指除政府规章外，行政机关及法律、法规授权的具有管理公共事务职能的组织，在法定职权范围内依照法定程序制定并公开发布的针对不特定的多数人和特定事项，涉及或影响公民、法人或其他组织权利义务，在本行政区域或其管理范围内具有普遍约束力，在一定时间内相对稳定、能够反复适用的行政措施、决定、命令等行政规范文件的总称。

食品规范性文件包括《国务院关于进一步加强食品安全工作的决定》《国务院关于加强食品安全工作的决定》《国务院关于加强产品质量和食品安全工作的通知》《国务院关于地方改革完善食品药品监督管理体制的指导意见》《国务院办公厅关于进一步加强乳品质量安全工作的通知》《国务院办公厅关于印发国家食品安全监管体系"十二五"规划的通知》《国务院办公厅关于加强地沟油整治和餐厨废弃物管理的意见》《国务院办公厅关于严厉打击食品非法添加行为切实加强食品添加剂监管的通知》《国务院办公厅转发食品药品监管总局等部门关于进一步加强婴幼儿配方乳粉质量安全工作意见的通知》等。

5. 食品法规文献检索

国内食品法规的检索可以选择合适的检索工具，如《中华人民共和国食品监督管理实用法规手册》（中国食品工业协会编辑）、《中华人民共和国法规汇编》（中国法制出版社出版）等书目检索工具，利用手工检索办法从中找到有关食品法规；也可以登录国内的专业网站检索食品法规，专业网站主要有国家市场监督管理总局（https://www.samr.gov.cn）、食品伙伴网（http://www.foodmate.net）等。

二、《中华人民共和国食品安全法》解读

1.《中华人民共和国食品安全法》立法的意义

现行的《中华人民共和国食品安全法》是 2021 年 4 月 29 日进行修正的。这部被誉为"史上最严"的食品安全法典的实施，对规范食品生产经营活动，重树我国食品安全公信力，开启食品安全监管新阶段发挥着积极作用。民以食为天，食以安为先。食品安全问题一直是公众最关心的话题之一。然而，近年来食品安全问题时有发生，三聚氰胺、苏丹红、地沟油等每一起事件都牵动着公众的神经。面对乱象丛生的食品安全格局和执法实践中暴露出的诸多问题，《中华人民共和国食品安全法》以食品生产经营者为"第一责任人"的角色定位凸显，食品安全社会共治的思路得到进一步展现，具体民事责任和刑事责任也更合乎国情、更具震慑力。

（1）保障食品安全，保证公众身体健康和生命安全。通过实施《中华人民共和国食品安

全法》，建立以食品安全标准为基础的科学管理制度，理顺食品监管体制，明确各监管部门的职责，确立食品生产经营者是保证食品安全第一责任人的义务，可以从法律制度上更好地解决我国当前食品安全工作中存在的主要问题，防控食品污染及食品中有害因素对人体健康的危害，预防和控制食源性疾病的发生，切实保障食品安全，保证公众身体健康和生命安全。

（2）促进我国食品工业和食品贸易发展。通过实施《中华人民共和国食品安全法》，可以更加严格地规范食品生产经营行为，促使食品生产者依照法律、法规和食品安全标准从事生产经营活动，在食品生产经营活动中重质量、重服务、重自律，对社会和公众负责，以良好的质量、可靠的信誉推动食品产业规模不断扩大、继续发展，从而极大地促进我国食品行业的发展，同时可以树立重视和保障食品安全的良好国际形象，有利于推动我国对外食品贸易的发展。

（3）加强社会领域立法，完善我国食品安全法律制度。实施《中华人民共和国食品安全法》要求在法律框架内解决食品安全问题，着眼于以人为本，关注民生，切实解决人民群众最关心、最直接、最现实的利益问题，促进社会的和谐稳定，维护广大人民群众根本利益的需要。同时，《中华人民共和国食品安全法》与农产品质量安全、农业、动物防疫、产品质量等方面法律、法规相配套，有利于进一步完善我国食品安全法律制度，为我国社会主义市场经济的健康发展提供法律保障。

2.《中华人民共和国食品安全法》的内容体系

《中华人民共和国食品安全法》共分 10 章 154 条，主要包括总则、食品安全风险监测和评估、食品安全标准、食品生产经营、食品检验、食品进出口、食品安全事故处置、监督管理、法律责任、附则。

《中华人民共和国食品安全法》（2021 年修正版）

第一章，总则，包括第 1 条至第 13 条，共 13 条。总则是整部法律的纲领性的规定，是法律的灵魂。分别为立法目的、调整范围、工作方针、生产经营者社会责任、部门及地方政府职责、评议考核制度、部门沟通配合、协会责任、宣传教育、举报、表彰与奖励等内容。明确指出食品安全工作的基本原则是预防为主、风险管理、全程控制、社会共治。

第二章，食品安全风险监测和评估，包括第 14 条至第 23 条，共 10 条，主要是食品安全风险监测、风险评估、风险警示、风险交流的规定和要求。

第三章，食品安全标准，包括第 24 条至第 32 条，共 9 条。分别规定了食品安全标准制定原则、制定内容、制定主体及程序和标准的公布、跟踪评价。

第四章，食品生产经营，包括第 33 条至第 83 条，共 51 条。该章占到全法律条款的三分之一，分为一般规定，生产经营过程控制，标签、说明书和广告，特殊食品四节。主要规定了食品生产经营者在生产经营过程中必须遵守的各项义务要求。食品生产经营者是保障食品安全最直接、最重要、最关键的因素，对食品安全负的是第一位的主体责任。现行食品安全法在这一部分增加了食品安全风险自查、全程追溯、责任约谈等 20 多项制度，这些重要制度的创新是全面贯彻落实党中央、国务院提出的"四个最严"要求的具体体现与制度保障。

第五章，食品检验，包括第 84 条至第 90 条，共 7 条，分别对食品检验机构、检验人的资质和职责规定，监督抽验、复检、委托检验等进行规定。

第六章，食品进出口，包括第 91 条至第 101 条，共 11 条。主要明确了进出口食品安全的监督管理部门及进出口食品的监管要求。

第七章，食品安全事故处置，包括第 102 条至第 108 条，共 7 条，主要对食品安全事故应急预案，应急处置、报告、通报，以及事故责任的调查进行了规定。

第八章，监督管理，包括第 109 条至第 121 条，共 13 条，规定了食品安全监督管理的职责内容。

第九章，法律责任，包括第 122 条至第 149 条，共 28 条。主要规定了食品生产经营者、政府、监管部门及风险监测、风险评估、检验、认证等机构和人员违反本法律规定所应承担的法律责任，包括行政责任、刑事责任及民事责任。

第十章，附则，包括第 150 条至第 154 条，共 5 条，对本法律相关术语和实施时间进行了规定。

3.《中华人民共和国食品安全法》配套法规概况

《中华人民共和国食品安全法》确立了我国保障食品安全各项制度的基本框架，对于法律内容的具体落实，需要通过各种配套的行政法规、规章或规范性文件的形式呈现。其主要涉及的行政法规和部门规章有《中华人民共和国食品安全法实施条例》《食品安全国家标准管理办法》《食品生产许可管理办法》《食品经营许可管理办法》《新食品原料安全性审查管理办法》《网络食品安全违法行为查处办法》《食品召回管理办法》等。

党的二十大报告指出：强化食品药品安全监管，建全生物安全监管预警防控体系。民以食为天，食以安为先。食品安全关系每个人的健康，是群众最关心的民生问题之一。习近平总书记指出："能不能在食品安全上给老百姓一个满意的交代，是对我们执政能力的重大考验。"提升检测水平及手段，为更好确保食品安全，守牢"舌尖上的安全"。以营养健康为重点，以一、二、三产业深度融合为举措，加快完善和提高农产品供给体系建设，坚持源头严防、过程严管、风险严控，就一定能更好提升人民群众的获得感、幸福感、安全感。

《中华人民共和国
食品安全法》
解读（一）

《中华人民共和国
食品安全法》
解读（二）

《中华人民共和国
食品安全法》
解读（三）

《中华人民共和国
食品安全法实施条
例》的内容体系

三、《中华人民共和国食品安全法实施条例》解读

《中华人民共和国食品安全法实施条例》是依据食品安全法制定的，是针对食品安全法具体实施的安排和要求，其内容是建立在食品安全法的内容之上的，也是对食品安全法细节的补充和说明，是食品安全法的具体细化。2019 年对《中华人民共和国食品安全法实施条例》实施修订。

《中华人民共和国
食品安全法实施条例》
（2019 年修订）

任务实施

步骤一：带领学生熟悉食品法律法规的相关概念，明确我国的食品法律法规体系，分析食品法律、食品行政法规、食品部门规章及其他规范性文件的内涵和区别，提升学生对食品法律法规的深刻认识，增强学生的法律意识。

步骤二：基础知识测试。

知识训练

步骤三：案例分析。

引导学生利用《中华人民共和国食品安全法》合理分析食品安全案例，提升学生对法律法规的应用能力。

[案例]请阐述下述案例违反了《中华人民共和国食品安全法》中的哪项条款？执法人员应该依据哪项条款处理违规企业？

食品市场监督管理部门查实某公司销售超过保质期的食品。执法人员在其超市货架上现场查获过期糕点，货值140元，至案发时止，销售额3 050元。

[分析]

违法行为：＿＿＿＿＿＿＿＿＿＿＿＿＿＿＿＿＿＿＿＿＿＿＿＿＿＿＿＿＿＿＿＿＿＿＿＿＿

＿＿＿

＿＿＿

案例违反的《中华人民共和国食品安全法》中的条款：＿＿＿＿＿＿＿＿＿＿＿＿＿＿＿

＿＿＿

＿＿＿

＿＿＿

执法人员应该依据哪项条款(《中华人民共和国食品安全法》)处理违规企业：＿＿＿＿＿

＿＿＿

＿＿＿

＿＿＿

任务三 食品标准体系认知

任务描述

通过学习我国食品标准体系知识，对我国食品标准体系有总体认知，加强标准化意识，明确标准化和标准的作用，理解食品标准制定的依据和程序，能够自主检索食品企业相关的食品标准。

知识要点

一、食品标准体系介绍

1. 标准化和标准

（1）标准化。《标准化工作指南 第 1 部分：标准化和相关活动的通用术语》（GB/T 20000.1—2014）中对"标准化"的定义是"为了在既定范围内获得最佳秩序，促进共同效益，对现实问题或潜在问题确立共同使用和重复使用的条款，以及编制、发布和应用文件的活动。"标准化活动确立的条款可形成标准化文件，包括标准和其他标准化文件。标准化的主要效益在于为了产品、过程或服务的预期目的改进它们的适用性，促进贸易、交流及技术合作。标准化可以有一个或更多特定目的，以使产品、过程或服务适合其用途。这些目的可能包括但不限于品种控制、可用性、兼容性、互换性、健康、安全、环境保护、产品防护、相互理解、经济绩效、贸易，这些目的可能相互重叠。

标准化工作
指南 第 1 部分

标准化和标准

作为食品生产企业来说，标准化是组织现代化生产的重要手段，是质量管理的重要组成部分，有利于提高产品质量和生产效率。对于国家来说，标准化是国家经济建设和社会发展的重要基础工作。搞好标准化工作，对加快发展国民经济，提高劳动生产率，有效利用资源，保护环境，维护人民身体健康都有重要作用。在当前全球经济一体化的世界格局下，标准化的重要意义在于改进产品、过程和服务的实用性，防止贸易壁垒，并促进各国的科学、技术、文化的交流与合作。

（2）标准。《标准化工作指南 第 1 部分：标准化和相关活动的通用术语》（GB/T 20000.1—2014）中对"标准"的定义是"通过标准化活动，按照规定的程序经协商一致制定，为各种活动或其结果提供规则、指南或特性，供共同使用和重复使用的文件。"其中，规定的程序是指制定标准的机构颁布的标准制定程序。标准宜以科学、技术和经验的综合成果为基础。协商一致是指普遍同意，即有关重要利益相关方对于实质性问题没有坚持反对意见，同时按照程序考虑了有关各方的观点并且协调了所有争议。协商一致并不意味着全体一致同意。

2. 食品标准的作用

食品标准是食品行业的技术规范，在食品生产经营中具有极其重要
的作用，具体体现在以下几个方面。

标准的
结构和编写

(1)保证食品的卫生质量。食品是供人食用的特殊商品，食品质量特
别是卫生质量关系到消费者的生命安全，食品标准在制定过程中充分考
虑到在食品生产销售过程中可能存在的和潜在有害因素，并通过一系列
标准的具体内容，对这些因素进行有效的控制，从而使符合食品标准的
食品都可以防止食品污染有毒有害物质，保证食品的卫生质量。

(2)国家管理食品行业的依据。国家为了保证食品质量、宏观调控食品行业的产业结
构和发展方向、规范稳定食品市场，就要对食品企业进行有效管理，例如，对生产设施、
卫生状况、产品质量进行检查等，这些检查就是以相关的食品标准为依据的。

(3)食品企业科学管理的基础。食品企业只有通过试验方法、检验规则、操作程序、
工作方法、工艺规程等各类标准，才能统一生产和工作的程序及要求，保证每项工作的质
量，使有关生产、经营、管理工作走上低耗高效的轨道，使企业获得最大的经济效益和社
会效益。

(4)促进交流合作，推动贸易。通过标准可以在企业间、地区间或国家间传播技术信
息，促进科学技术的交流与合作，加速新技术、新成果的应用和推广，并推动国际贸易的
健康发展。

3. 食品标准制定的依据

(1)法律依据：《中华人民共和国食品安全法》《中华人民共和国标准化法》等法律及有
关法规是制定食品标准的法律依据。

(2)科学技术依据：食品标准是科学技术研究和生产经验总结的产物。在标准制定的
过程中，应尊重科学，尊重客观规律，保证标准的真实性，应合理使用已有的科研成果，
善于总结和发现与标准有关的各种技术问题，应充分利用现代科学技术条件，促进标准具
有较高的先进性。

(3)有关国际组织的规定：世界贸易组织（WTO）制定的《卫生和植物卫生措施协定》
（SPS）、《贸易技术壁垒协定》（TBT）是食品贸易中必须遵守的两项协定。SPS 和 TBT 协
定都明确指出，国际食品法典委员会（CAC）的标准可作为解决国际贸易争端，协调各国食
品卫生标准的依据。因此，每一个 WTO 的成员国都必须履行 WTO 有关食品标准制定和
实施的各项协议及规定。

4. 食品标准的制定程序

标准制定是指标准制定部门对需要制定标准的项目进行编制计划，组织草拟、审批编
号、发布的活动。它是标准化工作任务之一，也是标准化活动的起点。

中国国家标准制定程序划分为 9 个阶段：预备阶段、立项阶段、起草阶段、征求意见
阶段、审查阶段、批准阶段、发布出版阶段、复审阶段、废止阶段。

(1)预备阶段。阶段任务：提出新工作项目建议。对将要立项的新工作项目进行研究
和论证，提出新工作项目建议，包括标准草案或标准大纲（如标准的范围、结构、相互关

系等）。

每项技术标准的制定，都是按一定的标准化工作计划进行的。技术委员会根据需要，对将要立项的新工作项目进行研究及必要的论证，并在此基础上提出新工作项目建议，包括技术标准草案或技术标准的大纲，如拟起草的技术标准的名称和范围，制定该技术标准的依据、目的、意义及主要工作内容，国内外相应技术标准及有关科学技术成就的简要说明，工作步骤及计划进度，工作分工，制定过程中可能出现的问题和解决措施，经费预算等。

（2）立项阶段。阶段任务：提出新工作项目。对新工作项目建议进行审查、汇总、协调、确定，下达计划。

主管部门对有关单位提出的新工作项目建议进行审查、汇总、协调、确定，直至列入技术标准制订计划并下达给负责起草的单位。

（3）起草阶段。阶段任务：提出标准草案征求意见稿。组织标准起草工作直至完成标准草案征求意见稿。

负责起草单位接到下达的计划项目后，即应组织有关专家成立起草工作组，通过调查研究，起草技术标准草案征求意见稿。

①调查研究：各类技术资料是起草技术标准的依据，是否充分掌握有关资料，直接影响技术标准的质量。因此，必须进行广泛的调查研究，这是制定好技术标准的关键环节。主要应收集的资料有试验验证资料、与生产制造有关的资料、国内外有关标准资料。

②起草征求意见稿：经过调查研究之后，根据标准化的对象和目的，按技术标准编写要求起草技术标准草案征求意见稿，同时起草编制说明。

（4）征求意见阶段。阶段任务：提出标准草案送审稿。对标准征求意见稿征求意见，根据返回意见完成意见汇总处理表和标准草案送审稿。

征求意见应广泛，还可以对一些主要问题组织专题讨论，直接听取意见。工作组对反馈意见要认真收集整理、分析研究、归并取舍，完成意见汇总处理并对征求意见稿及编制说明进行修改，完成技术标准草案送审稿。

（5）审查阶段。阶段任务：提出标准草案报批稿。对标准草案送审稿组织审查(可采取会审和函审)，形成会议纪要(或函审结论)和标准草案报批稿。

（6）批准阶段。阶段任务：提供标准出版稿。主管部门对标准草案报批稿及材料进行审核；国家标准审查部门对标准草案报批稿及材料进行审查；国务院标准化行政主管部门批准。

（7）发布出版阶段。阶段任务：提供标准出版物进行发布、出版。

技术标准出版稿统一由制定的出版机构负责印刷、出版和发行。

（8）复审阶段。阶段任务：定期复审。对实施周期达 5 年的标准进行复审，以确定是否确认、修改、修订或废止。

（9）废止阶段。对复审后确定为无必要存在的标准，经主管部门审核同意后发布，予以废止。

对于下列情况，制定国家标准可以采用快速程序。

①对等同采用、等效采用国际标准或国外先进标准的标准制定、修订项目，可直接由立项阶段进入征求意见阶段，省略起草阶段。

②对现有国家标准的修订项目或中国其他各级标准的转化项目，可直接由立项阶段进入审查阶段，省略起草阶段和征求意见阶段。

5. 食品标准的分类

(1)根据标准适用的范围分类。我国的食品标准分为国家标准、行业标准、地方标准和企业标准四级。从标准的法律级别来说，国家标准高于行业标准，行业标准高于地方标准，地方标准高于企业标准。但标准的内容不一定与级别一致，一般来说，企业标准的某些技术指标应严于地方标准、行业标准和国家标准。

标准的
制定与检索

(2)根据标准的性质分类。通常把标准分为基础标准、技术标准、管理标准和工作标准四大类。

①基础标准是在一定范围内作为其他标准的基础并普遍使用，具有广泛指导意义的标准。例如，术语、符号、代号、代码、计量与单位标准等都是目前广泛使用的综合性基础标准。

②技术标准是指对标准化领域中需要协调统一的技术事项所制定的标准。技术标准包括基础技术标准、产品标准、工艺标准、检测标准及安全、卫生、环保标准等。

③管理标准是指对标准化领域中需要协调统一的管理事项所制定的标准，主要规定人们在生产活动和社会生活中的组织结构、职责权限、过程方法、程序文件及资源分配等事宜。它是合理组织国民经济，正确处理各种生产关系，正确实现合理分配，提高生产效率和效益的依据。管理标准包括管理基础标准、技术管理标准、经济管理标准、行政管理标准、生产经营管理标准等。

④工作标准是指对工作的责任、权利、范围、质量要求、程序、效果、检查方法、考核办法所制定的标准。工作标准一般包括部门工作标准和岗位(个人)工作标准。

(3)根据法律的约束性分类。国家标准和行业标准分为强制性标准和推荐性标准。

国家通过法律的形式明确要求对标准所规定的技术内容和要求必须执行，不允许以任何理由或方式加以违反、变更，这样的标准称为强制性标准。对违反强制性标准的，国家将依法追究当事人的法律责任。一般保障人民身体健康、人身财产安全的标准是强制性标准。

推荐性标准是指国家鼓励自愿采用的具有指导作用而又不宜强制执行的标准，即标准所规定的技术内容和要求具有普遍的指导作用，允许使用单位结合自己的实际情况，灵活加以选用。虽然，推荐性标准本身并不要求有关各方遵守该标准，但在一定的条件下，推荐性标准可以转化成强制性标准，具有强制性标准的作用，如以下几种情况：①被行政法规、规章所引用；②被合同、协议所引用；③被使用者声明其产品符合某项标准。

食品卫生标准属于强制性标准，因为它是食品的基础性标准，关系到人体健康和安全。食品产品标准一部分为强制性标准，也有一部分为推荐性标准。我国加入 WTO 后，将会更多地采用国际标准或国外先进标准，食品标准的约束性也会根据具体情况进行调整。

(4)根据标准化的对象和作用分类。食品标准主要有食品卫生标准、食品产品标准、食品检验标准、食品包装材料和容器标准、食品添加剂标准、食品标签通用标准、食品企业卫生规范、食品工业基础及相关标准等。

①食品卫生标准是为了保护人的健康，对食品、医药及其他方面的卫生要求而制定的标准。内容主要包括食品生产车间、设备、环境、人员等生产设施的卫生标准，以及食品原

料、产品的卫生标准等。食品卫生标准内容包括环境感官指标、理化指标和微生物指标。

②食品产品标准是为保证产品的适用性，对产品必须达到的某些或全部特性要求所制定的标准。其内容较多，一般包括范围、引用标准、相关定义、技术要求、检验方法、检验规则、标志包装、运输和储存等。其中技术要求是标准的核心部分，主要包括原辅材料要求、感官要求、理化指标、微生物指标等。

③食品检验标准包括适用范围、引用标准、术语、原理、设备和材料、操作步骤、结果计算等内容。

④食品包装材料和容器标准的内容包括卫生要求及质量要求。

⑤其他食品标准有食品工业基础标准、质量管理、标志包装储运、食品机械设备等。

6. 标准的代号和编号

(1)国家标准的代号及编号。国家标准的代号由大写汉字拼音字母"GB"构成；强制性国家标准的代号为"GB"，推荐性国家标准的代号为"GB/T"。

国家标准的编号由国家标准的代号、国家标准发布的顺序号和国家标准发布的年号构成。

①强制性国家标准代号。

我国食品
安全标准体系

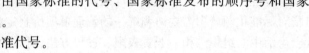

②推荐性国家标准代号。

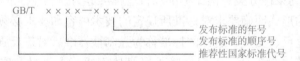

例如：GB/T 19001—2016《质量管理体系 要求》。

(2)行业标准的代号及编号。行业标准的代号由国务院标准化行政主管部门规定，如轻工为 QB，机械为 JB，商业为 SB。行业标准的编号由行业标准代号、标准顺序号及年号组成。

①强制性行业标准代号。

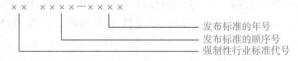

例如：QB 1409—1991《花生米罐头》。

②推荐性行业标准代号。

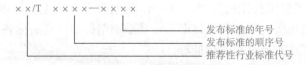

例如：QB/T 4892—2015《冷冻调制食品检验规则》。

(3)地方标准的代号及编号。地方标准的代号由汉字"地方标准"大写拼音字母"DB"加上省、自治区、直辖市行政区划代码前两位数字再加斜线组成。地方标准的编号由地方标准代号、地方标准发布顺序号、标准发布年代号组成。

①强制性地方标准代号。

例如：DB12/ 356—2018《污水综合排放标准》，本标准适用天津市辖区内的排污单位水污染物的排放管理、建设项目的环境影响评价、建设项目环境保护设施设计、竣工验收及其投产后的排放管理。

②推荐性地方标准代号。

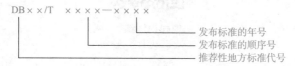

例如：DB12/T 510—2014《地理标志产品　黄花山核桃》，本标准适用天津市蓟州区孙各庄满族乡、下营镇 2 个乡镇现辖行政区域。

(4)企业标准的代号及编号。企业标准的代号由汉字"企"的大写拼音字母"Q"加斜线再加企业代号组成。企业标准的代号及编号是由企业标准代号、企业代号、发布顺序号、食品标准代号 S、年号组成。企业代号由企业名称简称的四个汉语拼音第一个大写字母组成。

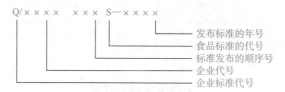

例如：Q/NTLY 0001S—2010《速冻调理油豆腐》(南通隆源食品有限公司)，南通市的企业标准。

二、食品标准的检索

国内食品标准的检索：选择合适的检索工具，如《中华人民共和国行业标准目录》《中国标准化年鉴》《中国国家标准汇编》《中国标准化》《中国食品工业标准汇编》《食品卫生国家标准汇编》等书目检索工具，利用手工检索办法从中找到有关食品标准；还可以登录国内的专业网站检索食品标准，主要有国家食品安全风险评估中心(https：// cfsa. net. cn/)、全国标准信息公共服务平台(http：// std. samr. gov. cn)、食品伙伴网(http：// www. foodmate. net)等。

食品国际标准简介

任务实施

步骤一：带领学生熟悉食品标准相关知识，明确标准化和标准的作用，理解食品标准制定的依据和程序，分析食品标准的分类特点，提升学生对食品标准的深刻认识，增强学生的标准和标准化意识。

步骤二：基础知识测试。

知识训练

步骤三：案例分析。

[**案例 1**]写出图中标准名称、标准文件编号和实施日期。

GB

中华人民共和国国家标准

GB 7099—2015

食品安全国家标准

糕点、面包

2015-09-22 发布   2016-09-22 实施

中 华 人 民 共 和 国
国 家 卫 生 和 计 划 生 育 委 员 会 发布

[**分析解答**]

标准名称：_____

标准文件编号：_____

实施日期：_____

[**案例2**]参照相关知识及利用网络资源，列出乳制品企业适用的标准清单(列举5条标准)。

[**分析解答**]

标准查询途径：_____

_____

_____

_____

_____

_____

_____

乳制品企业适用标准类型：_____

_____

_____

_____

_____

_____

_____

乳制品企业适用的标准清单见表 1-2。

表 1-2 乳制品企业适用的标准清单

序号	标准名称	标准文件编号	实施日期
1			
2			
3			
4			
5			

任务四　食品生产危害因素认识(生物、化学、物理)

任务描述

通过学习食品生产加工过程中可能引入的主要的生物性、化学性、物理性危害，解读致病菌、重金属、农兽药残留限量标准，初步掌握食品安全管理中主要的控制因素及食品安全国家标准相关要求。

知识要点

食品安全危害是潜在损坏或危及食品安全和质量的因子或因素，包括生物、化学及物理性的危害，对人体健康和生命安全造成危害。一旦食品含有这些危害因素或受到这些危害因素的污染，就会成为具有潜在危害的食品，尤其是指可能发生微生物性危害的食品。生物危害是整个食品工业中最重要的食源性危害。它们引起大多数食源性疾病，是食品安全计划的主要控制目标。

一、生物性危害

食品加工中的生物性危害主要是食品中微生物的污染。食品的微生物污染不仅降低食品质量，而且对人体健康产生危害。食品的微生物污染占整个食品污染比重很大，危害也很大。

食品微生物污染的来源有食品原料本身的污染，食品加工过程中的污染及食品储存、运输、销售中的污染。

1. 细菌性危害

(1)致病菌。致病菌能引起人和动物发热、恶心、呕吐、腹痛、腹泻等，潜伏期从1小时以内到48小时以上不等。据统计，我国每年由食品致病菌引起的食源性疾病报告病例数占全部报告的40%～50%。

致病菌一般是指肠道致病菌和致病性球菌，主要包括沙门氏菌、金黄色葡萄球菌、副溶血性弧菌、大肠埃希氏菌 $O_{157}H_7$、单核细胞增生李斯特菌、志贺氏菌、致病性链球菌等。

按照《中华人民共和国食品安全法》和《食品安全标准与监测评估"十三五"规划(2016—2020年)》的要求，为了进一步完善我国食品安全国家标准体系，适应行业的发展及监管部门的使用需求，根据风险监测和风险评估结果，结合国际上近年来食源性致病菌标准的修订动态及《食品安全国家标准 食品中致病菌限量》(GB 29921—2013)执行过程中遇到的问题，启动了该标准的修订。

本次修订将标准名称由"食品中致病菌限量"修改为"预包装食品中致病菌限量"，整合了乳制品和特殊膳食用食品中的致病菌限量要求，增加了食品类别(名称)说明的附录，对乳制品、肉制品、水产制品、即食蛋制品、粮食制品、即食豆类制品、巧克力类及可可制品、即食果蔬制品、饮料、冷冻饮品、即食调味品、坚果与籽实类食品、特殊膳食用食品13类食品中的沙门氏菌、单核细胞增生李斯特氏菌、致泻大肠埃希氏菌、金黄色葡萄球菌、副溶血性弧菌、克洛诺杆菌属(阪崎肠杆菌)6种致病菌指标和限量进行了调整。

《食品安全国家标准 预包装食品中致病菌限量》(GB 29921—2021)在实施中应当遵循以下原则：一是食品生产、加工、经营者应当严格依据法律法规及标准组织生产和经营活动，使其产品符合该标准的要求；二是对标准未涵盖的其他食源性致病菌，或未制定致病菌限量要求的食品类别，食品生产、加工、经营者均应通过采取各种控制措施，尽可能降低微生物污染，进行致病菌风险的防控；三是食品生产、加工、经营者应严格管理食品生产、经营过程，尽可能降低食品中致病菌含量水平及导致风险的可能性，保障食品安全。

(2)常见的食品细菌。

①肠杆菌科(Enterobacteriaceae)：本菌科为革兰氏阴性杆菌，需氧及兼性厌氧，包括志贺氏菌属及沙门氏菌属、耶尔森氏菌属等致病菌。

《食品安全国家标准
预包装食品中
致病菌限量》

②乳杆菌属(Lactobacillus)：本菌属为革兰氏阳性杆菌，厌氧或微需氧，在乳品中多见。

③微球菌属(Micrococcus)和葡萄球菌属(Staphylococcus)：本菌属为革兰氏阳性细菌，嗜中温，营养要求较低。在肉、水产食品和蛋品上常见，有的能使食品变色。

④芽孢杆菌属(Bacillus)与芽孢梭菌属(Clostridium)：分布较广泛，尤其多见于肉和鱼。前者需氧或兼性厌氧，后者厌氧，属中温菌者多，间或嗜热菌，是罐头食品中常见的腐败菌。

⑤假单胞菌属(Pseudomonas)：本菌属为革兰氏阴性无芽孢杆菌，需氧，嗜冷，在pH值为5.0~5.2下发育，是典型的腐败细菌，在肉和鱼上易繁殖，多见冷冻食品。

2. 病毒性危害

(1)肝炎病毒。我国食品的病毒污染以肝炎病毒最为严重，主要为甲型肝炎病毒和戊型肝炎病毒。甲型肝炎病毒可以通过食品传播。1987年12月至1988年1月，上海因食用含甲肝病毒的毛蚶(贝壳类水产)，引起甲型肝炎的暴发流行。究其原因是沿海或靠近湖泊居住的人们喜食毛蚶、蛏子、蛤蜊等贝壳，尤其上海人讲究取其味，因此，食用毛蚶时，仅用开水烫一下，然后取贝肉，蘸调味料食用。这种吃法固然味道鲜美，但其中的甲肝病毒并没有杀死，结果引起食源性病毒病。戊型肝炎病毒不稳定，容易被破坏。

(2)朊病毒。朊病毒是一种不含核酸的蛋白感染因子，能引起哺乳动物中枢神经组织病变。朊病毒能引起人和动物的可转移性神经退化疾病，如牛海绵脑病(BSE，俗称疯牛病)、克雅氏病(CJD)等疾病。目前英国已知至少有70人死于新型克雅氏病，而医学界怀疑克雅氏病可能和食用BSE病牛制成的肉制品有关。

3. 寄生虫危害

(1)猪囊虫。猪囊虫，俗称"米猪肉"，是指带囊尾蚴的猪肉。人如果食用了没有死亡的猪肉囊虫，由于肠液和胆汁的刺激，头节即可伸出包囊，以带钩的吸盘牢固地吸附在人的肠壁上，从中吸取营养并发育为成虫，即绦虫，使人患绦虫病。

(2)旋毛虫。旋毛虫是一种很小的线虫，肉眼不易看见。当人误食含旋毛虫幼虫的食品后，幼虫则从囊内逸出进入十二指肠和空肠，并迅速发育为成虫，每条成虫可产1 500个以上幼虫。幼虫穿过肠壁，随血液循环到全身，主要寄生在横纹肌肉内，使被寄生的肌肉发生变性。患者初期呈恶心、呕吐、腹痛和下痢等症状，随后体温升高。由于在肌肉内寄生，肌肉发炎，疼痛难忍。根据寄生的部位，出现声音嘶哑、呼吸和吞咽困难等症状。

二、化学性危害

1. 农药残留

(1)农药分类。《农药管理条例》对农药的定义：农药是指用于预防、控制危害农业、林业的病、虫、草、鼠和其他有害生物，以及有目的地调节植物、昆虫生长的化学合成或源于生物、其他天然物质的一种物质或几种物质的混合物及其制剂。农药按其化学组成又可分为有机氯、有机磷、氨基甲酸酯和拟除虫菊酯等类型。

①有机氯农药。有机氯农药是指在组成上含氯的有机杀虫、杀菌剂。有机氯农药包括滴滴涕（DDT，二氯二苯三氯乙烷）和六六六（BHC，六氯环己烷）、氯丹、林丹、艾氏剂和狄氏剂等。虽然此类农药于1983年就已停止生产和使用，但毕竟此类农药有30多年的使用历史，而且有机氯农药化学性质稳定、不易降解，因此，其对食品的污染和残留仍普遍存在。

农药残留

②有机磷农药。有机磷农药是指在组成上含磷的有机杀虫、杀菌剂等。多数有机磷农药化学性质不稳定，遇光和热易分解，在碱性环境中易水解，在作物中经过一段时间的自然分解转化为毒性较小的无机磷。有机磷农药对食品的污染普遍存在，主要污染植物性食品，尤其是含有芳香物质的植物，如水果、蔬菜等。主要的污染方式是直接施用农药或来自土壤的农药污染。

③氨基甲酸酯类农药。氨基甲酸酯类为氨基甲酸的N-甲基取代酯类，是含氮类农药，用于农业生产的主要有杀虫剂、杀菌剂和除草剂。氨基甲酸酯类杀虫剂具有致畸、致突变、致癌的可能。

④拟除虫菊酯类农药。拟除虫菊酯类农药是近年发展较快的一类农药，是模拟天然菊酯的化学结构而合成的有机化合物。中毒者可出现头痛、乏力、流涎、惊厥、抽搐、痉挛、呼吸困难、血压下降、恶心、呕吐等症状。该类农药还具有致突变作用。

(2)农药毒性。农药产品毒性按急性毒性分为剧毒、高毒、中等毒、低毒、微毒五个级别。农业部公告第2569号（《农药登记资料要求》）规定：农药产品毒性按急性毒性分级，农药产品毒性分级标准见公告附件14。

(3)农药监管。

①农药使用源头监管。我国实行农药登记制度：农药登记证应当载明农药名称、剂型、有效成分及其含量、毒性、使用范围、使用方法和剂量、登记证持有人、登记证号及有效期等事项。

②农药使用监管。农药使用者应当严格按照农药的标签标注的使用范围、使用方法和剂量、使用技术要求和注意事项使用农药，不得使用禁用的农药。剧毒、高毒农药不得用于防治卫生害虫，不得用于

农业部公告第**2569号《农药登记资料要求》附件14**

蔬菜、瓜果、茶叶、菌类、中草药材的生产，不得用于水生植物的病虫害防治。

③农药使用结果监管。制定农药残留限量标准。农药残留标准制定对规范科学合理用药、加强农产品质量安全监管、打击非法使用农药意义重大。

《食品安全国家标准　食品中农药最大残留限量》(GB 2763—2021)突出高风险农药品种监管，规定了甲胺磷等 29 种禁用农药 792 项限量标准、氧乐果等 20 种限用农药 345 项限量标准；为严格违法违规使用禁限农药监管提供了充分的判定依据。

《食品安全国家标准　食品中农药最大残留限量》

《食品安全国家标准　食品中农药最大残留限量》(GB 2763—2021)适用与限量相关的食品，食品类别及测定部位用于界定农药最大残留限量应用范围，仅适用本标准。《食品安全国家标准　食品中农药最大残留限量》(GB 2763—2021)标准使用方法：按照农药类别列出了每种农药在各食品类别中的限量指标，当查询某种食品中所有农药限量指标时，需要按照农药类别，将各个农药在该食品中的限量值逐个查出再进行汇总整理；某种农药的最大残留限量应用于某食品类别时，在该食品类别下的所有食品均适用，有特别规定的除外；所以按照附录 A 的食品类别顺序，先查食品大类再查食品小类，将该食品品种的农药残留限量要求查全。

关于《食品安全国家标准　食品中农药最大残留限量》(GB 2763—2021)中没有规定农残限量的农药，《农药管理条例》第 34 条：农药使用者应当严格按照农药的标签标注的使用范围、使用方法和剂量、使用技术要求和注意事项使用农药，不得扩大使用范围、加大用药剂量或改变使用方法。《食品安全国家标准　食品中农药最大残留限量》(GB 2763—2021)不是农药使用的肯定列表，而且包含部分已禁用农药的再残留限量。《食品安全国家标准　食品中农药最大残留限量》(GB 2763—2021)中暂时没有规定农残限量的，不代表不能在该作物上使用，但禁限用公告中的农药是禁止或限制使用的。

2. 兽药残留

(1)兽药残留的种类与危害。兽药是指用于预防和治疗畜禽疾病的药物，一些促进畜禽生长、提高生产性能、改善动物性食品品质的药用成分被开发为饲料添加剂，它们也属于兽药的范畴。常见兽药残留的种类有抗生素类、抗寄生虫类、杀虫剂和激素类药物。兽药残留的危害主要表现在急性中毒、过敏反应、致癌、致畸、致突变，激素(样)作用等方面。

(2)兽药残留的特点。兽药残留限量标准是评价动物性食品是否安全的准绳。兽药在动物源性食品中的残留具有以下四个特点。

①复杂性，兽药容易在肉、蛋、奶、心、肝、脾、肺、肾、脂肪、皮肤、毛发和尿液中残留；

②隐蔽性，兽药难以通过感官判断；

③微量性，兽药残留一般在 $\mu g/kg$ 水平，这也是造成兽药残留难以检测的重要原因；

④蓄积性，兽药可在动物和人体的特定靶器官进行蓄积，从而对人体造成危害。

《食品安全国家标准　食品中兽药最大残留限量》

(3)兽药残留的标准。《食品安全国家标准　食品中兽药最大残留限量》(GB 31650—2019)以农业部 235 号公告为基础，从我国动物养殖业用药的实际状况和动物性食品中兽药残留监测、监控的特点出发，综合参考了 CAC（国际食品法典委员会）、美国、欧盟等国际组织和国家（地区）的有关动物性产品中兽药及其污染物的最大残留限量标准，紧密结合我国养殖业发展及近年来兽药残留监测监控现状，确定兽药残留标准制修订原则。《食品安全国家标准 食品中兽药最大残留限量》（GB 31650—2019）涵盖兽药品种和限量数量大幅增加，标准要求与国际全面接轨，标准制定过程更加科学严谨。

《食品安全国家标准 食品中兽药最大残留限量》（GB 31650—2019）的技术要求部分分为三个小部分：已批准动物性食品中最大残留限量规定的兽药（共 28 类）；允许用于食品动物，但不需要制定残留限量的兽药（共有 154 种）；允许作治疗用，但不得在动物性食品中检出的兽药（共 9 种）。

食品动物中禁止使用的药品及其他化合物清单制定原则：一是有明确或可能致癌、致畸作用且无安全限量的化合物；二是有剧毒或明显蓄积毒性且无安全限量的化合物；三是性激素或有性激素样作用且无安全限量的化合物；四是非临床必须使用且无安全限量的精神类药物，如甲喹酮；五是对人类极其重要，一旦使用可能严重威胁公共卫生安全的药物，如万古霉素。

3. 真菌毒素危害

真菌毒素是真菌在生长繁殖过程中产生的次生有毒代谢产物。目前已知的霉菌毒素有 200 多种，主要有黄曲霉毒素、镰刀菌毒素（单端孢霉毒素、串珠镰刀菌素、玉米赤霉烯酮、伏马菌素等）、赭曲霉毒素、杂色曲霉素、展青霉素、3-硝基丙酸等。

（1）黄曲霉毒素（Aflatoxins）：包括黄曲霉和寄生曲霉产生的次级代谢产物。已发现的黄曲霉毒素有 20 多种，其中以黄曲霉毒素 B_1 的毒性和致癌性最强，在食品中的污染也最普遍。

（2）赭曲霉毒素（Ochratoxin）：是由曲霉属和青霉属的一些菌种产生的二次代谢产物。该毒素是异香豆素的系列衍生物，包括赭曲霉毒素 A、B 和 C，其中赭曲霉毒素 A 是植物性食品中的主要污染物，是谷物、大豆、咖啡豆和可可豆的污染物。

（3）单端孢霉烯族化合物（Trichothecenes）：是一组生物活性和化学结构相似的有毒代谢产物，大多数单端孢霉烯族化合物是由镰刀菌属的菌种产生的，其中最重要的菌种是产生脱氧雪腐镰刀菌烯醇（Deoxynivalenol，DON）和雪腐镰刀菌烯醇（Nivalenol，NIV）的禾谷镰刀菌，单端孢霉烯族化合物的主要毒性作用为细胞毒性、免疫抑制和致畸作用，可能有弱致癌性，是污染谷物和饲料的污染物。

4. 重金属污染

重金属是指相对密度大于 4 或 5 的金属，约有 45 种，如铜、铅、锌、铁、钴、镍、钒、铌、钽、钛、锰、镉、汞、钨、钼、金、银等。大部分重金属如汞、铅、镉等并非生命活动所必需，而且所有重金属超过一定浓度都对人体有毒。

（1）汞对食品的污染。汞分为无机汞和有机汞。其中，有机汞曾用作杀菌剂，用以拌种或田间喷粉，目前已禁止使用。通过食物进入人体的甲基汞可以直接进入血液，与红细胞血红蛋白的巯基结合，随血液分布于各组织器官，并可以透过血脑屏障侵入脑组织，严重损害小脑和大脑两半球，致使中毒患者视觉、听觉产生严重障碍。严重者出现精神错乱、痉挛死亡。

(2)砷对食品的污染。砷分为无机砷和有机砷。无机砷多数为三价砷和五价砷化合物，有机砷主要为五价砷。长期摄入少量的砷化物可导致慢性砷中毒，症状为进行性衰弱、食欲不振、恶心、呕吐等，同时出现皮肤色素沉着、角质增生、末梢神经炎等特有体征。患者出现末梢多发性神经炎，四肢感觉异常、麻木、疼痛，行走困难，直至肌肉萎缩。

(3)镉对食品的污染。镉广泛存在于自然界，但含量很低，一般食品中均可以检出镉。金属镉一般无毒，而化合物有毒。急性镉中毒出现流涎、恶心、呕吐等消化道症状。慢性镉中毒可使钙代谢失调，引起肾结石所致的肾绞痛，骨软化症或骨质疏松所致的骨骼症状。镉有致突变和致畸作用，对 DNA 的合成有强抑制作用，并可诱发肿瘤。

5. 食品加工储存过程中产生的有害物质

(1)N-亚硝基化合物对食品的污染。N-亚硝基化合物是一类具有 $R_1(R_2)=N-N=O$ 结构的有机化合物，对动物有较强的致癌作用，能诱发多种器官和组织的肿瘤。我国某些地区食管癌高发，被认为与当地食品中亚硝胺检出率较高有关。

(2)二噁英对食品的污染。二噁英的全称为多氯代二噁英，是一类三环芳香族化合物。二噁英属于脂溶性化合物，难于生物降解。二噁英具有强烈的致肝癌毒性。二噁英的主要来源是含氯化合物的生产和使用。垃圾的焚烧，煤、石油、汽油、沥青等的燃烧也会产生二噁英。一般人群接触的二噁英 90% 以上的来源是膳食，尤其是鱼、肉、蛋奶等高脂肪食物。

真菌毒素和重金属等化学污染物对食品的污染，主要是从生产、加工、包装、储存、运输、销售直至食用等过程中产生的或由环境污染带入的、非有意加入的化学性危害物质。《食品安全国家标准 食品中真菌毒素限量》(GB 2761—2017)规定了 6 种真菌毒素：黄曲霉毒素 B_1、黄曲霉毒素 M_1、脱氧雪腐镰刀菌烯醇、展青霉素、赭曲霉毒素 A 及玉米赤霉烯酮的限量指标。《食品安全国家标准 食品中污染物限量》(GB 2762—2017)规定了 13 种污染物：铅、镉、汞、砷、锡、镍、铬、亚硝酸盐、硝酸盐、苯并[a]芘、N-二甲基亚硝胺、多氯联苯、3-氯-1，2-丙二醇的限量指标。

①标准应用原则。无论是否制定真菌毒素/污染物限量，食品生产和加工者都应采取控制措施，使食品中真菌毒素/污染物的含量达到最低水平。标准列出了可能对公众健康构成较大风险的污染物/真菌毒素，制定限量值的食品是对消费者膳食暴露量产生较大影响的食品。食品中真菌毒素/污染物限量以食品通常的可食用部分计算，有特别规定的除外。

《食品安全国家标准 食品中真菌毒素限量》

②限量标准指标要求。GB 2761、GB 2762 标准中对于真菌毒素/污染物的指标要求均由限量指标表及检测方法构成：真菌毒素/污染物名称；限量指标表；检验方法。

③食品类别说明。GB 2761、GB 2762 标准中附录 A 为食品类别说明，用于界定污染物/真菌毒素限量的适用范围，仅适用本标准。当某种污染物/真菌毒素限量应用于某一食品类别(名称)时，则该食品类别(名称)内的所有类别食品均适用，有特别规定的除外。特别要注意不同标准体系需对应自己的分类。例如，豆芽在 GB 2762 标准中归类茎类蔬菜，在 GB 2763 标准中归类芽菜类蔬菜。

《食品安全国家标准 食品中污染物限量》

④限量标准使用方法。在使用真菌毒素和污染物限量标准时，要先考虑真菌毒素和污染物控制原则。就是无论是否制定真菌毒素和污染物限量标准，食品生产和加工者均应采取控制措施，使食品中真菌毒素和污染物的含量达到最低水平。查找限量要求时，要先查看标准的附录A，要注意与食品类别说明的对应。通过附录A明确该限量指标所涉及的食品类别范围后，查找限量规定。

6. 食品添加剂

《中华人民共和国食品安全法》规定，食品添加剂是指为改善食品品质和色、香、味，以及为防腐、保鲜和加工工艺的需要而加入食品中的人工合成或天然物质，包括营养强化剂。目前，我国建立了食品添加剂监督管理和安全性评价法规制度及相对完善的标准体系，规范食品添加剂的生产、经营和使用。

《食品安全国家标准 食品添加剂使用标准》

全世界批准使用的食品添加剂有 25 000 种，中国允许使用的品种有 2 300 余种。食品添加剂的使用对食品产业的发展起着重要作用，但如果不按要求科学地使用食品添加剂，也会带来很大的负面影响。

《食品安全国家标准 食品添加剂使用标准》(GB 2760—2014)规定了标准的适用范围、食品添加剂的定义、功能类别、使用原则、查询流程、分类系统、使用规定，以及食品用的香料、香精、食品工业用加工助剂等内容。作为食品安全基础标准，食品产品标准中关于食品添加剂的使用规定，应该直接引用本标准或是与本标准的规定协调一致，不需要另行规定。凡是生产经营和使用食品添加剂的单位、个人都必须执行本标准的规定，无论是预包装食品还是散装食品，食品添加剂的使用都必须符合本标准的规定。

7. 食品中的天然毒素危害

(1)植物食品中的天然毒素。

①红细胞凝集素又称外源凝集素，是一种糖蛋白，存在于大豆、四季豆、豌豆、小扁豆、蚕豆和花生等食物原料中。由四季豆等引起的食物中毒事件时有发生。

②生物碱是一类含氮的有机化合物，有类似碱的性质，遇酸可生成盐。存在于食用植物中的生物碱主要有龙葵碱、秋水仙碱和咖啡碱等。

龙葵碱又称茄碱、龙葵毒素和马铃薯毒素，是由葡萄糖残基和茄啶组成的一种弱碱性糖苷。它存在于马铃薯、番茄及茄子等茄科植物中。马铃薯中龙葵碱的含量随品种、部位和季节的不同而不同。发芽马铃薯的幼芽和芽眼部分含量最高，绿色马铃薯和出现黑斑的马铃薯块茎中含量也较高。当食入 0.2～0.4 g 茄碱时即可发生中毒。

(2)动物食品中的天然毒素。

①河豚毒素。河豚是一种味道极鲜美但含剧毒的鱼类。河豚中的有毒成分是河豚毒素(TTX)，其毒性比氰化钾高 1 000 倍，因此河豚中毒是世界上最严重的动物性食品中毒，其死亡率占食物中毒死亡率的首位。河豚毒素是一种神经毒素，能阻断神经传导，使神经麻痹，病死率高达 40%～60%。河豚毒素性质比较稳定，盐腌、日晒均不被破坏。在 100 ℃下加热 24 h，120 ℃下加热 60 min 才能被完全破坏。因此，一般家庭烹调难以去除毒性，所以严禁擅自经营、加工和销售河豚。

②动物腺体和内脏中的毒素。动物腺体和内脏中的毒素包括甲状腺素、肾上腺分泌的激素、变性淋巴腺、动物肝脏中的毒素及胆囊毒素等。为安全起见，防止甲状腺

素中毒，建议烹调前应注意摘除甲状腺；无论淋巴结有无病变，消费者应将其除去为宜；若食用健康的新鲜动物肝脏，需食用前充分清洗、煮熟煮透；一次摄入不能太多；如果在摘除胆囊时不小心弄破胆囊，应用清水充分洗涤、浸泡以便去除残留的胆囊毒素。

（3）毒蘑菇中的天然毒素。我国已知食用蘑菇有 700 多种，毒蘑菇为 190 多种。食用蘑菇和有毒蘑菇在外观上很难分辨，因此，因误食毒蘑菇而引起的中毒事件频频发生。蘑菇毒素从化学结构上可分为生物碱类、肽类（毒环肽）及其他化合物（如有机酸等）。根据中毒时出现的临床症状可分为胃肠毒素、神经精神毒素、血液毒素、原浆毒素和其他毒素五类。

鉴于毒蘑菇种类繁多，难以识别，所以在采集野蘑菇时，要在专业人员或有识别能力的人员指导下进行，以便剔除毒蕈。对一般人来说，最有效的措施是绝对不采摘不认识的野蘑菇，也不食用没有吃过的蘑菇。

三、物理性危害

物理性危害主要是由于食品中存在玻璃、金属、木头、首饰、塑料等硬物，食用时易引起口腔、牙齿甚至消化道的损伤。物理性危害是客户投诉最多的问题。需要说明的是这里所说的危害不包括头发、昆虫等异物。控制物理性危害的措施有金属检测器检测，可查看并剔除掺有金属片的小包装食品，X 光机可查出非铁硬物等。

食品的放射性污染也是物理性污染的一种。食品的放射性污染会对人体产生危害，如 ^{131}I 残留在牛奶中会对甲状腺产生影响，会导致甲状腺肿大、结节或萎缩，还有可能增加甲状腺癌的风险；^{90}Sr 进入人体后会导致骨癌及临近组织癌变或患白血病；^{137}Cs 摄入过量会导致造血系统、神经系统损伤、非正常生育，并有可能增加患癌症的风险等。

由于核能的应用逐渐广泛，核能生产、核武器试验、核事故及放射性同位素的使用，都可能将放射性物质带入环境，并经由大气、土壤和水源等污染食物。因此膳食摄入是放射性物质进入人体的主要途径之一，由此，我国开始制定食品中的放射性物质浓度限量标准。目前我国对于放射性物质的限量只有《食品中放射性物质限制浓度标准》（GB 14882—1994）这一个标准。

对于国内生产销售食品的监管，除对日常主要食品中放射性核素的例行监测外，还需要注意境外核泄漏事故对我国食品产生的影响。以福岛核事故为例，放射性核素随季风和洋流传入我国境内，对大部分地区的动植物造成污染，此时应按照《食品中放射性物质限制浓度标准》（GB 14882—1994）展开放射性核素监测应急响应。对于核电站周围居民消费的食品、铀矿周围的食品，应重点监测天然放射性核素。对于辐照工业及核医学设施周围的食品，应对辐照工业或核医学设施使用的放射性核素进行检测。

我国于 2011 年开始对《食品中放射性物质限制浓度标准》（GB 14882—1994）进行修订，规定了食品中 12 种人工放射性核素和 7 种天然放射性核素的调查水平及限制浓度，是针对正常情况下各类食品中残留污染物之一的放射性核素的限制标准，适用正常情况下各类食品，不适用核或放射事故紧急情况下对食品放射性污染的干预。

活动一：基础知识测试

知识训练

活动二：查阅资料，分析某品牌面包配料表中的原辅料可能会引入的危害

配料表：小麦粉、白砂糖、食用植物油、鸡蛋、饮用水、黄油、肉松、食用盐、食品添加剂（酵母、山梨糖醇、脱氢乙酸钠）。

步骤一：原辅料可能引入的危害（表 1-3）。

表 1-3　原辅料可能引入的危害

原料或辅料名称	可能引入的食品危害

步骤二：危害类别划分（表 1-4）。

表 1-4　危害类别划分

原料或辅料名称	可能引入的食品危害	生物性/化学性/物理性

活动三：预包装速冻水饺食品致病菌检出限量及检测方法确定

步骤一： 标准查阅（表 1-5）。

表 1-5　标准查阅

食品类别	标准依据（限量标准）	标准依据（检测方法）

步骤二： 确定致病菌指标及限量要求（表 1-6）。

表 1-6　致病菌指标及限量要求

致病菌指标	限量	检测方法
沙门氏菌		
金黄色葡萄球菌		

步骤三： 思考与讨论。

食品致病菌从不得检出到限量检出，是标准放宽了吗？食品生产企业应从哪些方面提高对微生物污染的控制能力？

活动四：查找小麦的农药残留限量要求

步骤一： 查询食品类别（表 1-7）。

表 1-7　查询食品类别

依次查询食品类别			
标准依据			

步骤二：确定农药残留限量(表1-8)。

表1-8 农药残留限量

食品类别/名称	小麦						
测定部位	整粒						
农药中文名称	农药英文名称	功能	最大残留 /(mg·kg^{-1})	ADI /(mg·kg^{-1}·bw^{-1})	残留物	检测方法标准 依据或说明

步骤三：思考与讨论。

1.《食品安全国家标准 食品中农药最大残留限量》(GB 2763—2021)中没有规定农残限量的农药是否不得在该作物上使用？

2.《食品安全国家标准 食品中农药最大残留限量》(GB 2763—2021)中无限量要求的农药是否不得检出？

考核评价

五星制考核评价见表1-9。

表1-9 考核评价

活动	一	二	三	四
自我评价				
组内评价				
教师评价				
综合评价				

任务五 食品质量安全管理常用工具的应用(七工具)

任务描述

通过学习食品质量安全管理常用工具，了解食品质量安全数据及随机变量的定义，能够根据生产实际情况对食品质量安全管理常用工具进行合理性分析，掌握分层法、调查表法、排列图法、因果图法、对策表格法及直方图法的应用。对于该任务完成情况，主要依据自我评价和教师评价两方面进行评价。

知识要点

一、食品质量安全数据及随机变量

1. 质量数据的性质

数据可分为两大类，即计量值数据和计数值数据。

(1)计量值数据。计量值数据是指可以连续取值的数据，通常是使用量具、仪器进行测量而取得的，如长度、温度、质量、时间、压力、化学成分等。例如，对于长度，在 $1\sim2$ mm 范围内，就可以连续测量出 1.1 mm、1.2 mm、1.3 mm 等数值；而在 $1.1\sim1.2$ mm 范围内，还可以进一步连续测量出 1.11 mm、1.12 mm、1.13 mm 等数值。

(2)计数值数据。计数值数据是指不能连续取值，而只能以个数计算的数据。这类数据一般不用测量仪器进行测量就可以"数"出来，它具有离散性，如不合格品数、罐头瓶数、发酵罐数等。

计数值数据可以细分为计件值数据和计点值数据。计件值数据是指按件计数的数据，如不合格品件数等；计点值数据是指按点计数的数据，如菌落斑点数、单位缺陷数等。

计量值数据与计数值数据的划分并非绝对的。如细菌的直径大小，用测量仪检查时所得到的质量特性值的数据是计量值数据；而用计数方法检查时，得到的就是以个数表示产品质量的计数值数据。

计数值为离散性数据，虽以整数值来表示，但它不是划分计数值数据与计量值数据的尺度。计量值是具有连续性的数据，往往表现为非整数，但也不能由此得出只要是非整数值就一定是计量值数据的结论。例如，大麦吸水率为 67.5%，是一个非整数，但此数据的取得并非测量仪取得的结果，也不具备连续性质，而是通过计算大麦吸水率得到的，它是计数值的相对数性质的数据。

注：大麦吸水率＝[(大麦吸水后质量－原大麦质量)/原大麦质量×100%]

对于上述相对数，判断其是计数值数据还是计量值数据，通常依照分子的数据性质来确定。例如，分子数据性质是计数值，则其分数值为计数值；分子数据性质为计量值，则其分数值为计量值。

2. 质量数据的收集方法

（1）收集数据的目的。

1）掌握和了解生产现状。如调查食品质量特性值的波动，推断生产状态。

2）分析质量问题，找出产生问题的原因，以便找到问题的症结所在。

3）对加工工艺进行分析、调查，判断其是否稳定，以便采取措施。

4）调节、调整生产。如测量 pH 值，然后使之达到规定的标准状态。

5）对一批加工食品的质量进行评价和验收。

（2）收集数据的方法。运用现代科学方法，开展质量管理，需要认真收集数据。在收集数据时，应当如实记录，根据不同的数据选用合适的收集方法。在质量管理中，主要通过抽样法或试验法获得数据。

1）抽样法。收集数据一般采用的是抽样法，即先从一批产品（总体）中抽取一定数量的样品，然后经过测量或判断，做出质量检验结果的数据记录。收集的数据应能客观地反映被调查对象的真实情况，因此对抽样总的要求是随机的抽取，即不挑不拣，使一批产品里每一件产品都有均等的机会被抽到。

2）试验法。试验法是用来设计试验方案、分析试验结果的一种科学方法，它是数理统计学的一个重要分支。这种方法能在考察范围内以最少的试验次数和最合理的试验条件，取得最佳的试验结果，并根据试验所获得的数据，对产品或某一质量指标进行估计。

3. 产品质量的波动

在生产过程中，尽管所用的设备是高精度的，操作是很谨慎的，但产品质量还会有波动。因此，反映产品质量的数据也相应地表现出波动，即表现为数据之间的参差不齐，例如，同一批次乳制品蛋白含量不完全相同等。总之，我们所收集的数据，都具有这样一个基本特征：即它们毫不例外的都具有分散性。数据的分散性乃产品质量本身的差异所致，是由生产过程中条件变化和各种误差造成的。即使条件相同、原料均匀、操作谨慎，生产出来的产品质量数据也是不相同的，但这仅仅是数据特征的一个方面；另一方面，如果收集数据的方法恰当，数据又足够多，经过仔细观察或适当整理，将会发现它们都在一定范围内围绕着一个中心值分散，越靠近中心值，数值出现的机会越多；而离中心值越远，出现的机会就越少。

从统计学角度来看，可以把产品质量波动分为正常波动和异常波动两类。

质量管理的一项重要工作，就是要找出产品质量波动规律，把正常波动控制在合理范围内，消除系统原因引起的异常波动。

从微观角度来看，引起产品质量波动的原因主要来自六个方面，即 5M1E-工序六大因素（Man、Machine、Material、Method、Measurement、Environment）。

正常波动和异常波动

所以，通过以上的分析可以得出这样的结论：造成产品不合格的根本原因就是变异（又称为波动、变差）。

4. 应用案例

食品工业中收集的数据大多为正态分布，乳制品企业产品质量分布也不例外。表 1-10 为某乳制品企业收集的原料奶 100 次蛋白质数据。

随机变异与非随机变异的区别

表 1-10　某乳制品企业收集的原料奶蛋白质数据

3.07	3.05	3.73	3.11	3.77	3.30	3.27	3.36	3.25	3.70
3.55	3.54	3.32	4.03	2.98	2.94	4.57	3.78	4.75	3.26
4.33	2.93	2.93	3.34	3.99	2.95	3.54	4.10	3.83	4.10
4.13	3.70	3.21	4.38	3.59	3.19	4.15	4.17	2.99	3.11
4.34	3.38	3.76	4.17	3.80	3.94	3.91	3.03	3.55	3.58
3.63	3.64	2.97	3.44	3.06	2.95	3.67	3.50	3.34	4.74
3.60	4.08	4.04	4.09	3.14	3.56	3.53	3.09	3.31	3.22
3.02	3.66	3.90	3.43	3.00	3.09	3.42	3.57	3.61	3.38
3.70	3.00	3.41	3.46	3.44	4.18	3.67	3.89	3.28	3.85
4.13	3.95	3.10	3.59	3.80	3.31	3.22	3.24	3.44	3.89

为找出这些数据的统计规律，将它们分组、统计、作直方图，如图 1-6 所示，图中的直方高度与该组数据成正比。

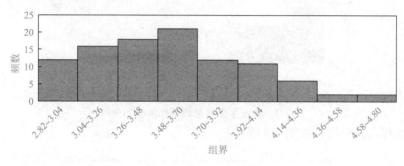

图 1-6　直方图

二、分层法的应用

1. 分层法的概念及应用

分层法也称分类法或分组法，是分析影响质量(或其他问题)原因的一种方法。它把所收集的质量数据依照使用目的，按其性质、来源和影响因素等进行分类，把性质相同、在同一生产条件下收集的质量特性数据归在一组，把划分的组称为层，通过数据分层，把错综复杂的影响质量的因素分析清楚，以便采取措施加以解决。

数据分层与收集数据的目的性紧密相连，目的不同，分层的方法和粗细程度也不同。另外，还与人们对生产情况掌握的程度有关，如果对生产过程的了解甚少，分层就比较困难，所以分层要结合生产实际情况进行。分层法经常同质量管理中的其他方法一起使用，可将数据分层之后再进行加工，整理成分层排列图、分层直方图、分层控制图和分层散布图等。

2. 常用的分层法

(1)按不同的时间分，如按不同的班次、不同的日期进行分类；

(2)按操作人员分，如按男工、女工，不同工龄，不同技术等级分类；

（3）按使用设备分，如按设备型号、新旧设备分类；

（4）按操作方法分，如按切削用量、温度、压力等分类；

（5）按原材料分，如按供料单位、进料时间、批次等分类；

（6）按不同检验手段、测量者、测量位置、仪器、取样方式等分类；

（7）其他分类，如按不同的工艺、使用条件、气候条件等进行分类。

3. 应用案例

某酸奶生产企业某年上半年生产的酸奶发生菌落总数超标事件 50 次，为了找出原因，明确责任，进行改进，防止事件再次发生，可以对数据进行如下分类：

（1）按发生菌落总数的时间分层，如图 1-7 所示；

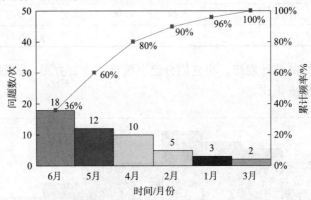

图 1-7　按发生菌落总数超标的时间分层

（2）按操作人员分层，如图 1-8 所示；

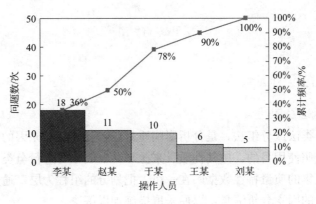

图 1-8　按操作人员分层

（3）按原料来源基地分层，如图 1-9 所示。

通过以上三种分层可以看出：分层时标志的选择十分重要，标志选择不当就不能达到"把不同质量的问题划分清楚"的目的。所以，分层标志的选择应使层内数据尽可能均匀，层与层之间数据差异明显。

按发生菌落总数超标的时间分层时，各月差异不明显，而 6 月份差错稍多，可能是受天气温度过高的影响；按操作人员分层时，李某及赵某操作时出现菌落总数超标事件所占比重较大，应作为重点问题来解决；从原料来源基地分层的情况看，赵庄和李台的两个奶源基地的原料造成菌落总数超标事件所占比重较大。经过分层就可以有针对性地分析原因，找出解决问题的办法。

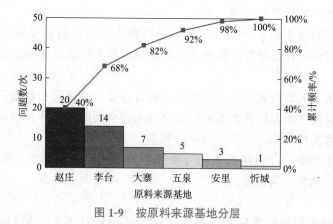

图1-9　按原料来源基地分层

分层法必须根据所研究问题的目的加以灵活运用。实践证明，分层法是分析并处理质量问题的关键，使用时必须具有一定的经验和技巧才能分好层。

三、调查表法的应用

1. 调查表的概念、意义和作用

调查表(Data-collection Form)也称检查表、核对表或统计分析表，是收集和积累数据的一种形式。调查表便于按统一的方式收集数据并进行分析，用于系统地收集数据，以获取对事实的明确认识，并可用于粗略的分析。调查表既适用于数字数据的收集和分析，也适用于非数字数据的收集和分析。调查表格式多种多样，常见的有缺陷位置调查表、不良项目调查表、质量分布调查表和矩阵调查表，可根据检查目的的不同，使用不同的调查表。

调查表用来系统地收集资料和积累数据，在质量管理活动中，特别是在 QC 小组活动、质量分析和改进活动中得到广泛的应用。其意义和作用表现在以下几个方面：

(1)为质量管理和质量改进提供第一手资料；

(2)为初步统计技术分析提供依据；

(3)与生产过程同步完成，起到记录和检测作用；

(4)调查表收集的资料着重于质量改进和 QC 应用；

(5)调查表要求系统完成数据的积累，有利于技术档案的完善。

2. 调查表的应用步骤和注意事项

(1)应用步骤。

1)明确收集资料的目的。目的必须明确，即要明确"为什么要调查"。

2)明确为达到目的所需收集的资料。要达到已确立的目的而解决某项质量问题，则需以一定的数据为基础。那么，首先必须识别和明确为达到目的所需要的数据是什么、有哪些，即必须确定调查表的种类及调查的项目。调查项目不要过于烦琐。

3)确定资料的分析方法和负责人。收集的数据类型及其内容决定了"用怎样的统计工具"和"怎样进行分析"，因此，需要的数据确定后，应确定由谁及如何分析这些数据。

4）根据目的的不同，设计用于记录资料的调查表格式，其内容应包括调查表的题目、调查对象和项目、调查方法、调查日期和期间、调查人、调查场所、调查结果的整理（合计、平均数、比例等的计算和考查）。

5）未完成前应对收集和记录的部分资料进行预先检查，目的是审查表格设计的合理性。可在小范围内试用已设计好的调查表，收集和填写某些数据以初步测试调查表的有效性与可行性。

6）对于一些重要的调查表，初步完成后，如有必要，应评审和修改调查表格式。组织有关的、具有丰富实际经验的各类人员对调查表进行全面的评估和审查，以使其在以后的使用中更加有效地发挥作用。

7）正式使用调查表。针对调查表的对象和项目，仔细观察事实，将观察到的结果如实地填入调查表。

调查表的分类

（2）注意事项。

1）调查表一般在现场同步完成，由生产班组或现场技术人员填写，不可事后补填，更不可提前杜撰。

2）调查表要求的数据必须准确记录，可不作为绩效考核的依据。

3）调查表应在应用过程中不断修订完善，成为成熟生产记录。

4）提倡应用计算机汇总数据，并利用调查表展开阶段性统计分析，提出质量改进意见和质量改进策划。

四、排列图法的应用

（一）排列图的概念和结构

排列图也称帕累托图，是找出影响产品质量的主要问题的一种有效方法。其形式如图 1-10 所示。

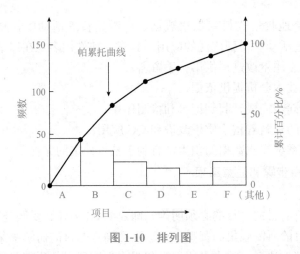

图 1-10　排列图

排列图最早由意大利经济学家帕累托（Pareto）用来分析社会财富分布状况而得名。他发现少数人占有大量财富，即所谓"关键的少数和次要的多数"的关系。后来，美国质量管理学家朱兰（J. M. Juran）把它的原理应用于质量管理，作为改善质量活动中寻找影响质量的主要因素的一种工具，它可以使质量管理者明确从哪里入手解决质量问题才能取得最好的效果。

1. 排列图的概念

排列图是根据"关键的少数，次要的多数"的原理，将数据分项目排列作图，以直观的方法来表明质量问题的主次及关键所在的一种方法，是针对各种问题按原因或状况分类，把数据从大到小排列而做出的累计柱状图。

2. 排列图的结构

排列图的结构是由两个纵坐标、一个横坐标、n 个柱型条和一条曲线组成的，左边的纵坐标表示频数(件数、金额、时间等)，右边的纵坐标表示频率(以百分比表示)，有时为了方便，也可把两个纵坐标都画在左边；横坐标表示影响质量的各个因素，按影响程度的大小从左至右排列，柱型条的高度表示某个因素影响的大小，曲线表示各影响因素大小的累计百分数，这条曲线称为帕累托曲线(排列线)。

排列图在质量管理中的作用主要是用来抓质量的关键性问题。

现场质量管理往往有各种各样的问题，应从何下手、如何抓住关键呢？一般来说，任何事物都遵循"少数关键，多数次要"的客观规律。例如，大多数废品由少数人员造成，大部分设备故障停顿时间由少数故障造成，大部分销售额由少数用户占有等。排列图正是能反映出这种规律的质量管理工具。

(二)排列图的作图步骤

(1)确定评价问题的尺度(纵坐标)。排列图主要是用来比较各问题(或一个问题的各原因)的重要程度。评价各问题的重要性，必须有一个客观尺度。确定评价问题的尺度，即决定作图时的纵坐标的标度内容。

一般的纵坐标可取：

1)金额(包括把不合格品换算成损失金额)；

2)不合格品件数；

3)不合格品率；

4)时间(包括工时)；

5)其他。

(2)确定分类项目(横坐标)。一个大的问题包括哪些小问题，或是一个问题与哪些因素有关，在作图时必须明确。分类项目在横坐标上表示，项目的多少决定横轴的长短。一般可按不合格品项目、缺陷项目、作业班组、车间、设备、不同产品、不同工序、工作人员和作业时间等进行分类。

(3)按分类项目收集数据。笼统的数据是无法作图的。作图时必须按分类项目收集数据。收集数据的期间无原则性的规定，应随所要分析的问题而异，例如，可按日、周、旬、月、季、年等。划分作图期间的目的是便于比较效果。

(4)统计各个项目在该期间的记录数据，并按频数大小顺序排列。首先统计每个项目的发生频数，它决定直方图的高低；然后根据需要统计各项频数所占的百分比(频率)；最后可按频数(频率)的大小顺序排列，并计算累计百分比，画成排列图用表。

(5)画排列图中的直方图。可利用 Excel 进行画图，纵横坐标轴的标度要适当，纵轴表示评价尺度，横轴表示分类项目。

在横轴上，按给出的频数大小顺序，把分类项目从左到右排列。"其他"一项无论其数值大小，务必排在最后一项。在纵轴上，以各项的频数为直方图高，以横轴项目为底宽，一一画出对应的直方图。图宽应相同，每个直方之间不留间隙，如果需要分开，它们之间的间隔也要相同。

(6)画排列线。为了观察各项累计占总体的百分比，可按右边纵坐标轴的标度画出排列线(又称帕累托线)。排列线的起点，可画在直方柱的中间、顶端中间或顶端右边的线上，其他各折点可按比例标注，并在折点处标上累计百分比。

(三)绘制排列图的注意事项

绘制排列图时应注意以下事项：

(1)一般来说，主要原因是一个或两个，至多不超过三个，就是说它们所占的频率必须高于50%(如果分类项目少时，则应高于70%或高于80%)；否则就失去找主要问题的意义，就要考虑重新进行分类。

(2)纵坐标可以用"件数"或"金额""时间"等来表示，原则是以更好地找到"主要原因"为准。

(3)不重要的项目很多时，为了避免横坐标过长，通常合并列入"其他"栏内，并置于最末一项。对于一些较小的问题，如果不容易分类，也可将其归为"其他"项里。如"其他"项的频数太多时，则需要考虑重新分类。

(4)为作排列图而取数据时，应考虑采用不同的原因、状况和条件对数据进行分类，如按时间、设备、工序、人员等分类，以取得更有效的信息。

(四)排列图的观察分析

利用ABC分析确定重点项目，一般来说，取图中前面的1～3项作为改善的重点即可。若再精确些可采用ABC分析法确定重点项目。ABC分析法是把问题项目按其重要程度分为三级。具体做法是把构成排列曲线的累计百分数分为三个等级：0～80%为A类，是累计百分数在80%以上的因素，它是影响质量的主要因素，作为解决的重点；累计百分数在80%～90%的为B类，是次要因素；累计百分数在90%～100%的为C类，在这一区间的因素是一般因素。

除对排列图作ABC分析外，还可以通过排列图的变化对生产、管理情况进行分析：

(1)在不同时间绘制的排列图，项目的顺序有了改变，但总的不合格品数仍没有改变时，可认为生产过程是不稳定的。

(2)排列图的各分类项目都同样减小时，则认为管理效果是好的。

(3)如果改善后的排列图的最高项和次高项一同减少，但顺序没变，则两个项目是相关的。

(五)应用案例

对某乳制品企业试生产的一批复合塑料袋装 UHT 灭菌乳 320 件产品的质量问题进行统计，并按问题项目作出统计表(表 1-11)和排列图进行分析。

排列图法的应用

表 1-11　某乳制品企业某批次复合塑料袋装 UHT 灭菌乳产品质量问题统计表

问题项目	颜色褐变	脂肪上浮	蛋白凝固	坏包	异味包	其他
问题数/包	42	7	69	10	23	5

作图步骤如下：

(1)按排列图的作图要求将缺陷项目进行重新排列(表 1-12)。

表 1-12　排列图数据表

问题项目	蛋白凝固	颜色褐变	异味包	坏包	脂肪上浮	其他	总计
问题数/包	69	42	23	10	7	5	156
频率/%	44.2	26.9	14.7	6.4	4.5	3.2	100
累计频率/%	44.2	71.2	85.9	92.3	96.8	100	

(2)计算各排列项目所占百分比(频率)。

(3)计算各排列项目所占累计百分比(累计频率)。

(4)用 Excel 进行直方图的制作。选择项目、不良数量、累计百分比生成柱状图，如图 1-11 所示。

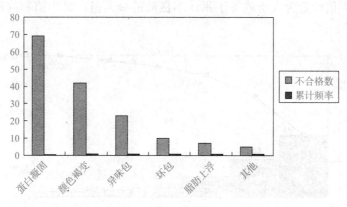

图 1-11　排列图制作过程 1

(5)在图上选择累计频率图形，单击鼠标右键选择"更改图标类型"，以此选择带标记的折线图。将累计百分比的柱状图变为折线图，如图 1-12 所示。

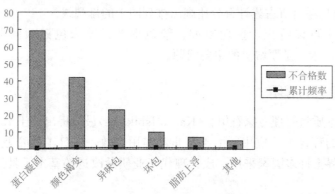

图 1-12　排列图制作过程 2

(6)更改成折线图后，选中折线图，单击鼠标右键选择"设置数据系列格式"，随后选择"次坐标轴"，得到图1-13。

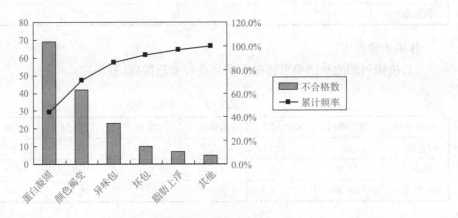

图1-13　排列图制作过程3

(7)选择累积频率的坐标轴，单击鼠标右键选择"设置坐标轴格式"，将最大值改为1，最小值改为0，其他可按照需求或选择默认设置。选择数量坐标轴，单击右键选择"设置坐标轴格式"，最大值设置为大于或等于累计不良数的最大值。最小值和间隔可按照需要进行选择，得到图1-14。

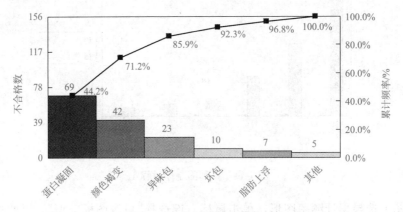

图1-14　排列图制作过程4

(8)根据各排列项目所占累计百分比画出排列图中的排列线。

分析：从图中可以看出，蛋白凝固、颜色褐变、异味包三项问题累计百分比占85.9%，为A类因素，是要解决的主要问题。

五、因果图法的应用

因果图由日本质量管理专家石川馨(Kaoru Ishikawa)最早提出，于1953年首先开始在日本川崎制铁所的茸合工厂应用，由于其非常实用有效，在日本的企业得到了广泛的应用，很快又被世界上许多国家采用，成为现代工业质量改进的基本工具。因果图也称"石川图"。

1. 因果图的概念和结构

任何一项质量问题的发生或存在都是有原因的，而且经常是多种复杂因素平行或交错的共同作用所致。要有效地解决质量问题，首先要从不遗漏地找出这些原因入手，而且要从粗到细地追究到最原始的因素，因果图正是解决这一问题的有效工具。

因果图又称特性因素图，因其形状颇像树枝和鱼刺，也被称为树枝图或鱼刺图，它是把对某项质量特性具有影响的各种主要因素加以归类和分解，并在图上用箭头表示其间关系的一种工具。由于它使用起来简便有效，在质量管理活动中应用广泛。

因果图是由以下几部分组成的(图1-15)：

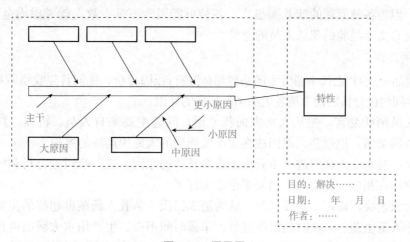

图1-15 因果图

(1)特性，即生产过程或工作过程中出现的结果，一般指质量有关的特性，如产量、不合格率、缺陷数、事故件数、成本等与工作质量有关的特性。因果图中所提出的特性是指要通过管理工作和技术措施予以解决的问题。

(2)原因，即对质量特性产生影响的主要因素，一般是导致质量特性发生分散的几个主要来源。原因通常又分为大原因、中原因、小原因等。

(3)枝干，是表示特性(结果)与原因之间的关系，或原因与原因之间关系的各种箭头。

2. 因果图的作图步骤

(1)确认质量特性(结果)。质量特性是准备改善和控制的对象。应当通过有效的调查研究加以确认，也可以通过画排列图确认。

(2)画出特性(结果)与主干。

(3)选取影响特性的大原因。先找出影响质量特性的大原因，然后进一步找出影响质量特性的中原因、小原因，再画出中枝、小枝和细枝等。注意所分析的各层次原因之间的关系必须是因果关系，分析原因直到能采取措施为止。

(4)检查各项主要因素和细分因素是否有遗漏。

(5)对特别重要的原因要附以标记，用明显的记号将其框起来。特别重要的原因，即对质量特性影响较大的因素，可通过排列图来确定。

(6)记载必要的有关事项，如因果图的标题、制图者、时间及其他备查事项。

3. 绘制因果图的注意事项

绘制因果图时，应注意以下事项：

（1）主干线箭头指向的结果（要解决的问题）只能是一个，即分析的问题只能是一个。

（2）因果图中的原因是可以归类的，类与类之间的原因不发生联系，要注意避免归类不当和因果倒置的错误。

（3）在分析原因时，要设法找到主要原因，注意大原因不一定都是主要原因。为了找出主要原因，可作进一步调查、验证。

（4）要广泛而充分地汇集各方面的意见，包括技术人员、生产人员、检验人员，以至辅助人员。因为各种问题的涉及面很广，各种可能因素不是少数人能考虑周全的。另外，要特别重视有实际经验的现场人员的意见。

4. 应用案例

某乳制品企业对"巴氏杀菌乳大肠菌群超标"进行原因分析，他们首先收集质量数据，请有关人员共同讨论分析巴氏杀菌乳大肠菌群超标的原因。

与会人员踊跃发言，先从大的方面找原因，问题主要来自人员、机器、材料、环境等。然后画因果图，把这些大原因放在主干线两侧的大原因箭线的尾端。

大家又针对每个大原因进一步分析了许多具体的原因，进一步讨论分析和验证，把具体原因分别标在相应的位置上，因果图也就画好了。

然后大家表决，确定了主要原因。认为造成巴氏杀菌乳大肠菌群超标的主要原因：工艺卫生与个人卫生差、杀菌时的温度过低、杀菌时间不够、生产用水大肠菌群较高、室内卫生及滋生微生物源。在这五项主要原因上标记（★），最终画出的因果图如图1-16所示。

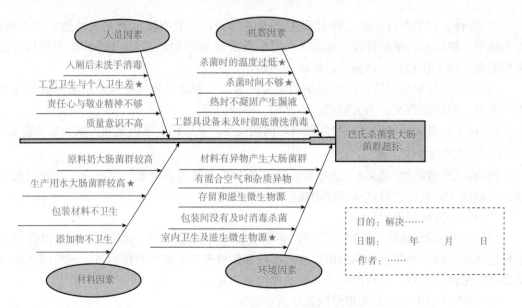

图 1-16　巴氏杀菌乳大肠菌群超标因果图

随后记录必要的有关事项，如参加讨论的人员、绘制日期、绘制者等。

最后对主要原因制订对策表，落实改进措施。

六、对策表法的应用

1. 对策表的概念

对策表也称措施表或措施计划表，是针对存在的质量问题制定解决对策的质量管理工具。利用"排列图"找到了主要的质量问题（即主要矛盾），但问题并未迎刃而解，再通过因果图找到了产生主要问题的主要原因，问题依然存在。为彻底解决问题，就应求助对策表了。

对策表是一种矩阵式的表格，其中包括序号、质量问题（或原因）、对策（或措施）、执行人、检查人（或负责人）、期限、备注等栏目。其基本格式见表1-13。

表 1-13　对策表

序号	质量问题	对策	执行人	检查人	期限	备注
(1)	(2)	(3)	(4)	(5)	(6)	(7)
1						
2						
3						
4						

2. 对策表的制作及注意事项

对策表各栏目的设置可在基本格式的基础上根据实际需要进行增删或变换。如在第1栏与第3栏之间增设"目标"一栏，在第3栏与第4栏之间增加"地点"一栏，第6栏之后增加"检查记录"一栏等。第2栏的栏目名称也可改为"问题现状"；当对策表与排列图、因果图构成"两图一表"联用时，第2栏应改为"主要原因"（或"主要因素"）等。

制定对策表的程序：首先根据需要设计表格，填好表头名称。然后讨论制定对策（或措施）后，逐一将有关内容填入表内。

填写对策表各栏目的具体内容时，应注意前后相对应。如第2栏填写一条问题（或原因）之后，可以与其他一条或几条对策（或措施）相对应。对策（措施）要尽量具体明确，有可操作性。

3. 应用案例

第一步：查找原因。

某乳制品企业对"巴氏杀菌乳大肠菌群超标"原因进行分析，经QC小组分析找出造成此问题的主要原因：

(1)工艺卫生与个人卫生差；

(2)杀菌时的温度过低；

(3)杀菌时间不够；

(4)生产用水大肠菌群较高；

(5)室内卫生及滋生微生物源。

第二步：召开QC小组会议。

针对造成质量问题的主要原因制定对策，并对每一项对策进行分工，明确完成期限等。

第三步：绘制"对策表"（表1-14），将有关内容填入表内。

表 1-14　某乳制品企业解决巴氏杀菌乳大肠菌群超标问题对策

序号	主要原因	对策	执行人	检查人	期限	备注
1	工艺卫生与个人卫生差	操作人员必须体检合格才能上岗	（略）	（略）	周一～周二	由人事处配合
		加强操作人员卫生培训	（略）	（略）	周一～周二	由教师讲解
		操作人员工作服、鞋、帽每班次统一彻底清洗消毒	（略）	（略）	周一～周二	由后勤部配合
2	杀菌时的温度过低	严格控制杀菌温度在 72 ℃～75 ℃范围内	（略）	（略）	周一～周二	由生产部配合
		采用热交换性能更好的板式热交换器	（略）	（略）	周一～周二	由生产部配合
3	杀菌时间不够	严格控制乳液流过热交换器时间在 15～20 s	（略）	（略）	周三～周四	由原料奶采购处配合
4	生产用水大肠菌群较高	生产用水进行严格检验，合格后采用	（略）	（略）	周三～周四	由质检部配合
5	室内卫生及滋生微生物源	每班次后用消毒液进行室内消毒	（略）	（略）	周六～周日	由生产部配合
		所有进出口加装防护网	（略）	（略）	周六～周日	由工程部配合

第四步：按对策表实施。

第五步：定期统计巴氏杀菌乳大肠菌群情况。经过一周活动，大肠菌群超标问题解决，说明该对策表制定正确，实施有效。

七、直方图法的应用

1. 直方图的概念及作用

直方图是从总体中随机抽取样本，将从样本中经过测定或收集来的数据加以整理，描绘质量分布状况，反应质量分散程度，进而判断和预测生产过程质量及不合格品率的一种常用工具。直方图是连续随机变量频率分布的一种图形表示，它以有线性刻度的轴上的连续区间来表示组，组的频率（或频数）以相应区间为底的矩形表示，矩形的面积与各组频率（或频数）成比例，如图 1-17 所示。

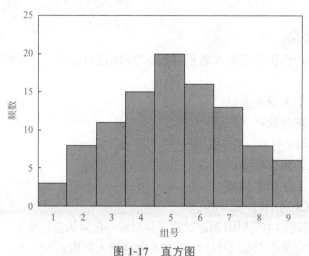

图 1-17　直方图

直方图的主要作用有以下几点：

(1)能比较直观地看出产品质量特性值的分布状态，借此可判断生产过程是否处于稳定状态并进行工序质量分析。

(2)便于掌握工序能力及工序能力保证产品质量的程度，并通过工序能力来估算工序的不合格品率。

(3)用以简练及较精确地计算质量数据的特征值。

2. 直方图的作法

(1)收集数据：数据个数一般为 50 个以上，最低不少于 30 个。

(2)求极差值：在原始数据中找出最大值和最小值，计算两者的差，其值就是极差，即

$$R = X_{max} - X_{min}$$

(3)确定分组的组数和组距：一批数据究竟分多少组，通常根据数据个数的多少来定。具体方法参考表 1-15。

表 1-15 数据个数与组数

数据个数	分组数 k	一般使用组数
50～100	6～10	
100～250	7～12	10
250 以上	10～20	

需要注意：如果分组数取得太多，每组里出现的数据个数就会很少，甚至为零，作出的直方图就会过于分散或呈现锯齿状；若组数取得太少，则数据会集中在少数组内，而掩盖了数据的差异。分组数 k 确定以后，组距 h 也就确定了，$h = R/k$。

(4)确定各组界限值：分组的组界值要比抽取的数据多一位小数，以使边界值不致落入两个组内，因此先取测量值单位的 1/2。例如，测量单位为 0.001 mm，组界的末位数应取 0.000 1 mm/2 = 0.000 5 mm；然后用最小值减去测定单位的 1/2，作为第一组的下界值；再将此下界值加上组距，作为第一组的上界值，依次加到最大一组的上界值(包括最大值为止)；为了计算的需要，往往要决定各组的中心值(组中值)；每组的上下界限值相加除以 2，所得数据即组中值，组中值为各组数据的代表值。

(5)制作频数分布表：将测得的原始数据分别归入到相应的组中，统计各组的数据个数，即频数。各组频数填好以后检查总数是否与数据总数相符，避免重复或遗漏。

3. 直方图的观察分析

直方图的观察、判断主要从形状分析进行。

4. 应用案例

从某乳品成品车间随机抽取 100 袋巴氏乳样品，分别测定其净含量，结果见表 1-16，各组频数统计见表 1-17。

直方图的观察分析

表 1-16　某乳品厂 100 袋巴氏乳净含量数据

198.2	204.0	200.3	195.1	202.5	203.4	201.1	205.2	206.8	210.0
197.3	204.0	199.9	191.2	201.7	203.2	201.1	204.4	206.3	210.0
198.4	204.1	200.5	195.4	202.5	203.5	201.2	205.3	207.0	210.2
198.7	204.2	200.6	196.0	202.6	203.7	201.3	206.0	207.2	210.3
199.2	204.2	200.7	196.2	202.7	203.7	201.3	206.0	207.2	212.8
199.8	204.3	201.0	196.7	202.9	204.0	201.4	206.2	207.2	216.1
199.9	204.3	201.1	197.2	203.0	204.0	201.4	206.2	209.0	210.0
198.0	204.0	200.3	193.4	202.5	203.3	201.1	204.9	206.6	210.2
198.6	204.1	200.5	195.7	202.6	203.5	201.2	206.0	207.1	213.3
199.7	204.2	201.0	196.4	202.8	203.9	201.4	206.1	207.3	210.2

表 1-17　各组频数统计

组号	组界	频数(f)	组号	组界	频数(f)
1	189.7～192.7	1	6	204.7～207.7	18
2	192.7～195.7	4	7	207.7～210.7	8
3	195.7～198.7	11	8	210.7～213.7	2
4	198.7～201.7	25	9	213.7～216.7	1
5	201.7～204.7	30			

依据直方图的作法绘制直方图，如图 1-18 所示。

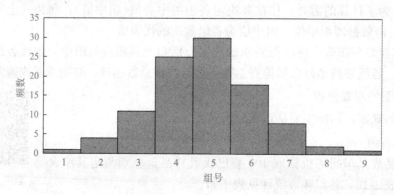

图 1-18　某乳品厂 100 袋巴氏乳净含量直方图

任务实施

步骤一：认知引导。

引导问题 1：食品生产过程中如何收集技术参数数据？

引导问题 2：解决食品安全质量问题时可采用哪些管理工具？

引导问题 3：如何应用食品安全管理工具进行分析？

步骤二：基础知识测试。

知识训练

步骤三：工作程序。

(1)带领学生了解食品质量安全管理常用工具，分析食品安全问题发生时应采用何种有效的管理工具进行食品安全问题原因分析及解决问题措施，提升学生对于管理工具的掌握情况，帮助学生灵活运用 Q7 工具进行问题系统化分析，使其能熟练使用食品安全管理工具分析和解决问题。

(2)引导学生明确食品安全的良好品质是生产出来的，而不是检验出来的。运用课程思政将思政元素融入专业知识，使学生充分了解和掌握各项工具的使用方法，以及在生产过程中对于食品安全管理的重要性，从而引导学生树立良好的职业道德素养和科学严谨的学习态度与工作态度，培养学生具备优良的职业素养。

(3)带领学生利用信息化手段完成食品安全管理问题分析，查阅国标、行标、企标使学生掌握各类标准中食品安全管理的相关要素，从而选择适宜的管理手段分析问题。

(4)组织学生完成案例分析总结及相关报告，展开自我评估和小组评价，最后教师进行评价反馈，填写完成工单(表 1-18)。

表 1-18　食品质量安全管理常用工具工单

任务名称	食品质量安全管理常用工具		指导教师		
学号			班级		
组员姓名			组长		
任务目标	分析某乳制品企业巴氏杀菌乳质量缺陷情况，并完成排列图				
任务内容	1. 找出该企业巴氏杀菌乳的缺陷项目并进行排列； 2. 计算各排列项目所占百分比（频率）； 3. 计算各排列项目所占累计百分比（累计频率）； 4. 用 Excel 进行直方图制作； 5. 找出主要问题； 6. 从职业素养角度出发，如何避免产生巴氏杀菌乳的质量安全问题				

参考资料及使用工具

质量缺陷	2022 年 2—7 月			
	问题	产量/t	缺陷次数	缺陷/产量/%
	胀包	1 080	32	2.96
	变味	1 080	21	1.94
	杂质	1 080	18	1.67
	脂肪上浮	1 080	23	2.13
	其他	1 080	17	1.57

实施步骤与过程记录

文档清单	序号	文档名称	完成时间	负责人
	1			
	2			
	3			
	备注：填写本人完成文档信息			

评价标准

配分表

考核项目		配分	自我评价	组内评价	教师评价
知识评价	食品质量安全管理工具的种类及概念	15			
	正确使用 Q7 工具	20			
技能评价	报告编写程序正确	15			
	思政元素内容充实	20			
素质评价	具备制度自信、文化自信和食品行业自豪感	15			
	具备团队合作精神和社会主义核心价值观	15			
总分		100			

评价记录	自我评价记录	
	组内评价记录	
	教师评价记录	

项 目 小 结

本项目对我国食品安全监管体系进行了分析总结，利用我国食品法律法规进行案例分析判定、参照国家标准编写食品企业标准、对食品安全危害分析进行识别和分析、应用食品质量安全管理常用工具对食品生产进行分析等任务实现对食品安全管理的基础学习。

成 果 评 价

考评任务	自我评价	组内评价	教师评价	备注
任务一				
任务二				
任务三				
任务四				
任务五				
项目平均值				
综合评价				

思 考 与 实 训

一、单选题

1. 以治疗人类疾病为目的而食用的物品属于(　　)。

　　A. 食品　　　　B. 保健食品　　　　　　C. 药品　　　　　　D. 以上答案都不对

2. 美国质量管理专家哈林顿(H. J. Harrington)说，这不是一场使用枪炮的战争，而是一场商业战争，战争中的主要武器就是(　　)。

　　A. 产品质量　　B. 产品数量　　　　　　C. 产品价格　　　　D. 产品名称

3. 关于食品安全表述，下列正确的是(　　)。

　　A. 经过高温灭菌过程，食品中不含有任何细菌

　　B. 食品无毒、无害，符合应当的营养要求，对身体健康不造成任何急性、亚急性或慢性危害

　　C. 原料天然，食品中不含有任何人工合成物质

　　D. 虽然过了保质期，但外观、口感正常

4. 负责拟订进出口食品安全和检验检疫的工作制度的是(　　)。

　　A. 海关总署　　B. 国家市场监督管理总局　　C. 国家卫健委　　D. 农业农村部

二、实训题

1. 编写食品安全管理基础因素与基础工具运用情况的综合报告。

2. 食品添加剂是指为改善食品品质和色、香、味，以及为防腐、保鲜和加工工艺的需要而加入食品中的人工合成或天然物质。食品添加剂作为食品生产添加物，被广泛地用于各类食品生产加工，可是目前社会上很多消费者依然谈之色变。为此，很多企业推出"零添加""零含有"等宣传用语。针对目前国内这一现象，请发表您的看法，并说明理由。

项目二　食品生产与经营规范化管理

项目导读

随着食品产业的快速发展，食品生产、经营规范化管理项目主要介绍食品生产、经营过程中规范化管理的相关知识，通过本项目的学习能够深入认知食品生产、经营许可和过程管理及原辅料、标签管理等内容，为社会、行业和企业培养规范认真、严谨细致的高素质技术技能型"食品人"打下基础。本项目包括食品生产与经营许可的管理、食品原辅料的管理、食品生产与经营过程的卫生规范、食品检验管理与追溯召回、食品标签与广告管理、食品安全风险监测与评估管控等内容。

学习目标

1. 知识目标

(1)了解食品生产、经营许可的管理方法。

(2)了解生产、经营过程的卫生规范。

(3)了解食品检验管理与追溯召回的方法。

(4)了解食品标签与广告的管理方法。

2. 能力目标

(1)能够对食品企业生产、经营许可进行管理。

(2)能够对食品企业生产、经营过程进行卫生规范化管理。

(3)能够对食品企业进行检验管理与追溯召回管理。

(4)能够对食品企业的产品标签与广告进行管理。

3. 素质目标

(1)具有深厚的中华民族自豪感和民族自信心与自强不息精神。

(2)具有食品行业的职业道德、社会责任感。

(3)树立食品安全意识、规范生产意识、诚信守规意识、节约意识。

(4)具有认真细致的工匠精神和严谨的科学态度。

(5)自觉践行自由、平等、公正、法治的社会主义核心价值观。

(6)具有生态文明、和谐发展及可持续发展观。

(7)具有在生产过程中爱惜、保护水资源的意识，促进水资源的开发、利用、保护和管理。

(8)锻炼学生的沟通能力和生产管理的临场判断、决策的能力。

(9)具有较强的集体意识、集体荣誉感及团队合作精神。

任务一 食品生产与经营许可的管理

任务描述

通过学习食品生产规范化管理的相关内容，了解我国食品生产许可办法和食品经营许可的相关规定，掌握保健食品注册与备案管理制度及申报流程、婴幼儿配方乳粉配方注册管理制度及设备流程、特殊医学用途配方食品概况及贮藏管理的相关内容。对于该任务完成情况，主要依据自我评价和教师评价两个方面进行评价。

知识要点

一、食品生产许可制度

1. 食品生产许可制度的概念

食品生产许可制度是工业产品许可证制度的一个组成部分，是为保证食品的质量安全，由国家主管食品生产领域质量监督工作的行政部门制定并实施的一项旨在控制食品生产加工企业生产条件的监控制度。

凡在中华人民共和国境内从事以销售为最终目的的食品生产加工活动的国有企业、集体企业、私营企业、三资企业，以及个体工商户、具有独立法人资格企业的分支机构和其他从事食品生产加工经营活动的每个独立生产场所，都必须申请《食品生产许可证》。食品生产许可实行一企一证原则，即同一个食品生产者从事食品生产活动，应当取得一个《食品生产许可证》。

没有取得《食品生产许可证》的企业不得生产食品，任何企业和个人不得销售无证食品。保健食品、特殊医学用途配方食品、婴幼儿配方食品的生产许可由省、自治区、直辖市食品药品监督管理部门负责。

2. 食品生产许可证编号

从 2015 年 10 月起，我国开始启用新版食品生产许可证(SC)。2018 年 10 月 1 日及以后生产的食品一律不得继续使用原包装和标签及"QS"标志。食品包装袋上印制的"QS"标识(全国工业产品生产许可证)，将被"SC"(食品生产许可证)替代。"SC"体现了食品生产企业在保证食品安全方面的主体地位，而监管部门则从单纯发证，变成了事前事中事后的持续监管。食品生产许可证编号一经确定便不再改变，以后申请许可延续及变更时，许可证编号也不再改变。

(1)编号结构。食品生产许可证编号应由"SC"("生产"的汉语拼音字母缩写)和 14 位阿拉伯数字组成。编号 14 位阿拉伯数字从左至右依次为 3 位食品类别编码、2 位省(自治区、直辖市)代码、2 位市(地)代码、2 位县(区)代码、4 位顺序码、1 位校验码。

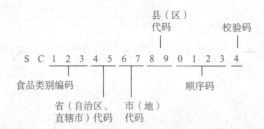

（2）食品、食品添加剂类别编码。食品、食品添加剂类别编码用第1～3位数字标识，具体如下：

第1位数字代表食品、食品添加剂生产许可识别码，阿拉伯数字"1"代表食品，阿拉伯数字"2"代表食品添加剂。

第2、3位数字代表食品、食品添加剂类别编号。其中，食品类别编号按照《食品生产许可管理办法》第十一条所列食品类别顺序依次标识，即"01"代表粮食加工品，"02"代表食用油、油脂及其制品，"03"代表调味品，以此类推……，"27"代表保健食品，"28"代表特殊医学用途配方食品，"29"代表婴幼儿配方食品，"30"代表特殊膳食食品，"31"代表其他食品。食品添加剂类别编号标识为"01"代表食品添加剂，"02"代表食品用香精，"03"代表复配食品添加剂（表2-1）。

表2-1　食品、食品添加剂类别编码

类别编码	类别名称	类别编码	类别名称	类别编码	类别名称
101	粮食加工品	113	糖果制品	125	豆制品
102	食用油、油脂及其制品	114	茶叶及相关制品	126	蜂产品
103	调味品	115	酒类	127	保健食品
104	肉制品	116	蔬菜制品	128	特殊医学用途配方食品
105	乳制品	117	水果制品	129	婴幼儿配方食品
106	饮料	118	炒货食品及坚果制品	130	特殊膳食食品
107	方便食品	119	蛋制品	131	其他食品
108	饼干	120	可可及焙烤咖啡产品	⋮	⋮
109	罐头	121	食糖	201	食品添加剂
110	冷冻饮品	122	水产制品	202	食品用香精
111	速冻食品	123	淀粉及淀粉制品	203	复配食品添加剂
112	薯类和膨化食品	124	糕点		

（3）省级行政区划代码。省级行政区划代码按《中华人民共和国行政区划代码》（GB/T 2260—2007）执行，按照该标准中表1省、自治区、直辖市、特别行政区代码表中的"数字码"的前两位数字取值，2位数字。

（4）市级行政区划代码。市级行政区划代码按《中华人民共和国行政区划代码》（GB/T 2260—2007）执行，按照该标准中表2～表32各省、自治区、直辖市代码表中各地市的"数字码"中间两位数字取值，2位数字。

(5)县级行政区划代码。县级行政区划代码按《中华人民共和国行政区划代码》(GB/T 2260—2007)执行，按照该标准中表2～表32各省、自治区、直辖市代码表中各区县的"数字码"后两位数字取值，2位数字。

(6)顺序码。许可机关按照准予许可事项的先后顺序，依次编写许可证的流水号码，一个顺序码只能对应一个生产许可证，且不得出现空号。

(7)校验码。用于检验本体码的正确性，采用《信息技术 安全技术 校验字符系统》(GB/T 17710—2008)中的规定的"MOD11，10"校验算法，1位数字。

(8)食品生产许可证编号的赋码和使用。食品生产许可证编号应按照以下原则进行赋码和使用：

①属地性。食品生产许可证编号坚持"属地编码"原则，第4位至第9位数字组合表示获证生产者的具体生产地址所在地县级行政区划代码，涉及两个及以上县级行政区划生产地址的，第8、9位代码可任选一个生产地址所在县级行政区划代码加以标识。

②唯一性。食品生产许可证编号在全国范围内是唯一的，任何一个从事食品、食品添加剂生产活动的生产者只能拥有一个许可证编号，任何一个许可证编号只能赋给一个生产者。

③不变性。生产者在从事食品、食品添加剂生产活动存续期间，许可证编号保持不变。

④永久性。食品生产许可证注销后，该许可证编号不再赋给其他生产者。

3. 食品生产许可证证书

食品生产许可证发证日期为许可决定做出的日期，有效期为5年。食品生产许可证分为正本、副本。正本、副本具有同等法律效力。食品生产者应当妥善保管食品生产许可证，不得伪造、涂改、倒卖、出租、出借、转让。食品生产者应当在生产场所的显著位置悬挂或摆放食品生产许可证正本。

食品生产许可证应当载明：生产者名称、社会信用代码(个体生产者为身份证号码)、法定代表人(负责人)、住所、生产地址、食品类别、许可证编号、有效期、日常监督管理机构、日常监督管理人员、投诉举报电话、发证机关、签发人、发证日期和二维码。日常监督管理人员为负责对食品生产活动进行日常监督管理的工作人员。日常监督管理人员发生变化的，可以通过签章的方式在许可证上变更。副本还应当载明食品明细和外设仓库(包括自有和租赁)具体地址。生产保健食品、特殊医学用途配方食品、婴幼儿配方食品的，还应当载明产品注册批准文号或者备案登记号；接受委托生产保健食品的，还应当载明委托企业名称及住所等相关信息。

食品生产许可证有效期内，现有工艺设备布局和工艺流程、主要生产设备设施、食品类别等事项发生变化，需要变更食品生产许可证载明的许可事项的，食品生产者应当在变化后10个工作日内向原发证的食品药品监督管理部门提出变更申请。生产场所迁出原发证的食品药品监督管理部门管辖范围的，应当重新申请食品生产许可。食品生产许可证副本载明的同一食品类别内的事项、外设仓库地址发生变化的，食品生产者应当在变化后10个工作日内向原发证的食品药品监督管理部门报告。

食品生产许可证正本格式(在证书右上角打印证书序号)，如图2-1所示。

食品生产许可证副本格式，如图2-2所示。

图 2-1　食品生产许可证正本格式

图 2-2　食品生产许可证副本格式

食品生产许可明细格式，如图 2-3 和图 2-4 所示。

图 2-3　食品生产许可明细格式(1)

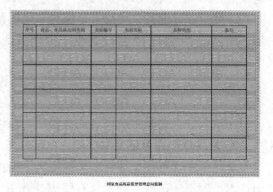
图 2-4　食品生产许可明细格式(2)

4. 食品生产许可证的申请

食品生产许可证申请条件必须由下列内容组成。

(1)申请人。申请食品生产许可，应当先取得营业执照等合法主体资格。企业法人、合伙企业、个人独资企业、个体工商户等，以营业执照载明的主体作为申请人。申请人应当如实向食品药品监督管理部门提交有关材料并反映真实情况，对申请材料的真实性负责，并在申请书等材料上签名或盖章。

(2)食品类别。申请食品生产许可，应当按照以下食品类别提出：粮食加工品，食用油、油脂及其制品，调味品，肉制品，乳制品，饮料，方便食品，饼干，罐头，冷冻饮品，速冻食品，薯类和膨化食品，糖果制品，茶叶及相关制品，酒类，蔬菜制品，水果制品，炒货食品及坚果制品，蛋制品，可可及焙烤咖啡产品，食糖，水产制品，淀粉及淀粉制品，糕点，豆制品，蜂产品，保健食品，特殊医学用途配方食品，婴幼儿配方食品，特殊膳食食品，其他食品等。

(3)企业条件。取得食品生产许可证，应当符合食品安全标准，并应符合下列要求：

①具有与生产的食品品种、数量相适应的食品原料处理和食品加工、包装、储存等场所，保持该场所环境整洁，并与有毒、有害场所及其他污染源保持规定的距离；

②具有与生产的食品品种、数量相适应的生产设备或者设施，有相应的消毒、更衣、盥洗、采光、照明、通风、防腐、防尘、防蝇、防鼠、防虫、洗涤及处理废水、存放垃圾

和废弃物的设备或设施;

③有专职或兼职的食品安全管理人员和保障食品安全的规章制度;

④具有合理的设备布局、工艺流程,防止待加工食品与直接入口食品、原料与成品交叉污染,避免食品接触有毒物、不洁物;

⑤法律、法规规定的其他条件。

5. 食品生产许可证的受理

县级以上地方食品药品监督管理部门对申请人提出的食品生产许可申请,应当根据下列情况分别做出处理:

(1)申请事项依法不需要取得食品生产许可的,应当即时告知申请人不受理。

(2)申请事项依法不属于食品药品监督管理部门职权范围的,应当即时做出不予受理的决定,并告知申请人向有关行政机关申请。

(3)申请材料存在可以当场更正的错误的,应当允许申请人当场更正,由申请人在更正处签名或者盖章,注明更正日期。

(4)申请材料不齐全或不符合法定形式的,应当当场或在5个工作日内一次告知申请人需要补正的全部内容。当场告知的,应当将申请材料退回申请人;在5个工作日内告知的,应当收取申请材料并出具收到申请材料的凭据。逾期不告知的,自收到申请材料之日起即为受理。

(5)申请材料齐全、符合法定形式,或者申请人按照要求提交全部补正材料的,应当受理食品生产许可申请。

县级以上地方食品药品监督管理部门对申请人提出的申请决定予以受理的,应当出具受理通知书;决定不予受理的,应当出具不予受理通知书,说明不予受理的理由,并告知申请人依法享有申请行政复议或提起行政诉讼的权利。

6. 食品生产许可证申请材料

(1)申请食品生产许可。申请食品生产许可,应当向申请人所在地县级以上地方食品药品监督管理部门提交下列材料(图2-5):

①食品生产许可申请书;

②营业执照复印件(营业执照载明的经营范围应当覆盖其申请的食品许可类别);

③食品生产加工场所及其周围环境平面图、各功能区间布局平面图、工艺设备布局图和食品生产工艺流程图;

④食品生产主要设备、设施清单;

⑤进货查验记录、生产过程控制、出厂检验记录、食品安全自查、从业人员健康管理、不安全食品召回、食品安全事故处置等保证食品安全的规章制度。

⑥申请保健食品、特殊医学用途配方食品、婴幼儿配方食品的生产许可,还应当提交与所生产食品相适应的生产质量管理体系文件及相关注册和备案文件。

申请人委托他人办理食品生产许可申请的,代理人应当提交授权委托书及代理人的身份证明文件。

(2)申请食品添加剂生产许可。申请食品添加剂生产许可,应当具备与所生产食品添加剂品种相适应的场所、生产设备或设施、食品安全管理人员、专业技术人员和管理制度,应当向申请人所在地县级以上地方食品药品监督管理部门提交下列材料:

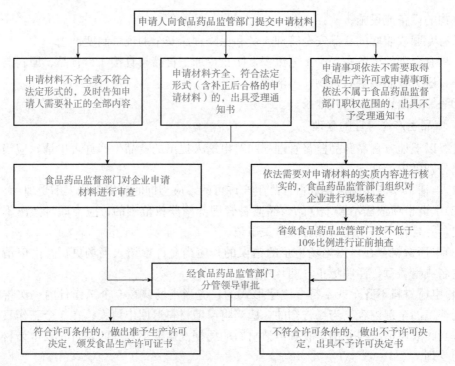

图2-5　食品生产许可证核发、变更(委托下放)权力运行流程

①食品添加剂生产许可申请书；

②营业执照复印件；

③食品添加剂生产加工场所及其周围环境平面图和生产加工各功能区间布局平面图；

④食品添加剂生产主要设备、设施清单及布局图；

⑤食品添加剂安全自查、进货查验记录、出厂检验记录等保证食品添加剂安全的规章制度。

7. 食品生产许可证的审查

2015年8月31日，国家食品药品监督管理总局发布了《食品生产许可管理办法》(国家食品药品监督管理总局令第16号)(以下简称《许可办法》)，并于2015年10月1日起施行。《许可办法》中明确规定了国家食品药品监督管理总局负责制定食品生产许可审查通则和细则，作为《许可办法》的配套技术文件，用以指导食品生产许可审查工作。

(1)《食品生产许可审查通则》及适用范围。为加强食品生产许可管理，规范食品生产许可审查工作，依据《中华人民共和国食品安全法》及其实施条例、《许可办法》等有关法律法规、规章和食品安全国家标准，国家食品药品监督管理总局组织制定了《食品生产许可审查通则》(以下简称《通则》)，自2016年10月1日起施行。

《通则》适用于食品药品监管部门对申请人的食品(含保健食品、特殊医学用途配方食品、婴幼儿配方食品)、食品添加剂生产许可申请以及许可的变更、延续等审查工作，包括申请材料审查和现场核查。《通则》应结合相关审查细则开展审查。地方特色食品依据生产许可审查细则开展审查，审查细则应符合《许可办法》的规定。保健食品、特殊医学用途配方食品和婴幼儿配方食品，以及另有法律、法规、规章规定的，应遵从其规定。本通则不适用于食品生产加工小作坊，其审查依照各省、自治区、直辖市的相关规定执行。

（2）材料审查。食品药品监督管理部门应当对申请人提交的申请材料进行审查。

①审查部门应当对申请人提交的申请材料的完整性、规范性进行审查。

②审查部门应当对申请人提交的申请材料的种类、数量、内容、填写方式以及复印材料与原件的符合性等方面进行审查。

③申请材料均须由申请人的法定代表人或负责人签名，并加盖申请人公章。复印件应当由申请人注明"与原件一致"，并加盖申请人公章。

④食品生产许可申请书应当使用钢笔、签字笔填写或打印，字迹应当清晰、工整，修改处应当签名并加盖申请人公章。申请书中各项内容填写完整、规范、准确。

⑤申请人名称、法定代表人或负责人、社会信用代码或营业执照注册号、住所等填写内容应当与营业执照一致，所申请生产许可的食品类别应当在营业执照载明的经营范围内，且营业执照在有效期限内。

⑥申证产品的类别编号、类别名称及品种明细应当按照食品生产许可分类目录填写。

⑦申请材料中的食品安全管理制度设置应当完整。

⑧申请人应当配备食品安全管理人员及专业技术人员，并定期进行培训和考核。

⑨申请人及从事食品生产管理工作的食品安全管理人员应当未受到从业禁止。

⑩食品生产加工场所及其周围环境平面图、食品生产加工场所各功能区间布局平面图、工艺设备布局图、食品生产工艺流程图等图表清晰，生产场所、主要设备设施布局合理、工艺流程符合审查细则和所执行标准规定的要求。

⑪食品生产加工场所及其周围环境平面图、食品生产加工场所各功能区间布局平面图、工艺设备布局图应当按比例标注。

许可机关发现申请人存在隐瞒有关情况或提供虚假申请材料的，应当及时依法处理。申请材料经审查，按规定不需要现场核查的，应当按规定程序由许可机关做出许可决定。许可机关决定需要现场核查的，应当组织现场核查。

（3）现场核查。

①需要现场核查的情况。食品药品监督管理部门需要对申请材料的实质内容进行核实的，应当进行现场核查。

②现场核查范围。现场核查范围主要包括生产场所、设备设施、设备布局和工艺流程、人员管理、管理制度与其执行情况，以及按规定需要查验试制产品检验合格报告。

现场核查的情况

在生产场所方面，核查申请人提交的材料是否与现场一致，其生产场所周边和厂区环境、布局和各功能区划分、厂房及生产车间相关材质等是否符合有关规定和要求。申请人在生产场所外建立或租用外设仓库的，应当承诺符合《食品、食品添加剂生产许可现场核查评分记录表》中关于库房的要求，并提供相关影像资料。必要时，核查组可以对外设仓库实施现场核查。

在设备设施方面，核查申请人提交的生产设备设施清单是否与现场一致，生产设备设施材质、性能等是否符合规定并满足生产需要；申请人自行对原辅料及出厂产品进行检验的，是否具备审查细则规定的检验设备设施，性能和精度是否满足检验需要。在设备布局和工艺流程方面，核查申请人提交的设备布局图和工艺流程图是否与现场一致，设备布局、工艺流程是否符合规定要求，是否能防止交叉污染。

实施复配食品添加剂现场核查时，核查组应当依据有关规定，根据复配食品添加剂品种特点，核查复配食品添加剂配方组成、有害物质及致病菌是否符合食品安全国家标准。

在人员管理方面，核查申请人是否配备申请材料所列明的食品安全管理人员及专业技术人员；是否建立生产相关岗位的培训及从业人员健康管理制度；从事接触直接入口食品工作的食品生产人员是否取得健康证明。

在管理制度方面，核查申请人的进货查验记录、生产过程控制、出厂检验记录、食品安全自查、不安全食品召回、不合格品管理、食品安全事故处置及审查细则规定的其他保证食品安全的管理制度是否齐全，内容是否符合法律法规等相关规定。

在试制产品检验合格报告方面，现场核查时，核查组可以根据食品生产工艺流程等要求，按申请人生产食品所执行的食品安全标准和产品标准核查试制食品检验合格报告。

实施食品添加剂生产许可现场核查时，可以根据食品添加剂品种，按申请人生产食品添加剂所执行的食品安全标准核查试制食品添加剂检验合格报告。

试制产品检验合格报告可以由申请人自行检验，或者委托有资质的食品检验机构出具。试制产品检验报告的具体要求按审查细则的有关规定执行。

审查细则对现场核查相关内容进行细化或有补充要求的，应当一并核查，并在《食品、食品添加剂生产许可现场核查评分记录表》中记录。申请变更及延续的，申请人声明其生产条件发生变化的，审查部门应当依照本通则的规定就申请人声明的生产条件变化情况组织现场核查。

③现场核查结论。现场核查按照《食品、食品添加剂生产许可现场核查评分记录表》的项目得分进行判定。核查项目单项得分无 0 分项且总得分率≥85％的，该食品类别及品种明细判定为通过现场核查；核查项目单项得分有 0 分项或总得分率＜85％的，该食品类别及品种明细判定为未通过现场核查。

因申请人的下列原因导致现场核查无法开展的，核查组应当向委派其实施现场核查的市场监督管理部门报告，本次现场核查的结论判定为未通过现场核查：不配合实施现场核查的；现场核查时生产设备设施不能正常运行的；存在隐瞒有关情况或提供虚假材料的；其他因申请人主观原因导致现场核查无法正常开展的。

因不可抗力原因，或者供电、供水等客观原因导致现场核查无法开展的，申请人应当向审批部门书面提出许可中止申请。中止时间原则上不超过 10 个工作日，中止时间不计入食品生产许可审批时限。因申请人涉嫌食品安全违法且被食品药品监督管理部门立案调查的，审批部门应当中止生产许可程序，中止时间不计入食品生产许可审批时限。

④现场核查文件。

现场核查文件

二、食品经营许可制度

《食品经营许可管理办法》已经国家食品药品监督管理总局局务会议审议通过，现予公布，自 2015 年 10 月 1 日起施行。

食品经营许可证是指在中华人民共和国境内，取得营业执照等，从事食品销售和餐饮服务活动的合法主体，经食品药品监督管理部门审查批准后发给的食品经营许可凭证。食品经营许可实行一地一证原则，即食品经营者在一个经营场所从事食品经营活动，应当取得一个食品经营许可证。食品经营许可证发证日期为许可决定做出的日期，有效期为5年。

1. 食品经营许可证申请条件

(1)申请食品经营许可，应当先行取得营业执照等合法主体资格。企业法人、合伙企业、个人独资企业、个体工商户等，以营业执照载明的主体作为申请人。机关、事业单位、社会团体、民办非企业单位、企业等申办单位食堂，以机关或者事业单位法人登记证、社会团体登记证或营业执照等载明的主体作为申请人。

(2)具有与经营的食品品种、数量相适应的食品原料处理和食品加工、销售、储存等场所，保持该场所环境整洁，并与有毒、有害场所及其他污染源保持规定的距离。

(3)具有与经营的食品品种、数量相适应的经营设备或者设施，有相应的消毒、更衣、盥洗、采光、照明、通风、防腐、防尘、防蝇、防鼠、防虫、洗涤及处理废水、存放垃圾和废弃物的设备或设施。

(4)有专职或者兼职的食品安全管理人员和保证食品安全的规章制度。

(5)具有合理的设备布局和工艺流程，防止待加工食品与直接入口食品、原料与成品交叉污染，避免食品接触有毒物、不洁物。

2. 食品经营许可证申请材料

(1)食品经营许可申请书。

(2)营业执照或者其他主体资格证明文件复印件。

(3)与食品经营相适应的主要设备设施布局、操作流程等文件。

(4)食品安全自查、从业人员健康管理、进货查验记录、食品安全事故处置等保证食品安全的规章制度。

(5)利用自动售货设备从事食品销售的，申请人还应当提交自动售货设备的产品合格证明、具体放置地点，经营者名称、住所、联系方式、食品经营许可证的公示方法等材料。

(6)申请人委托他人办理食品经营许可申请的，代理人应当提交授权委托书及代理人的身份证明文件。

(7)申请人应当如实向食品药品监督管理部门提交有关材料和反映真实情况，对申请材料的真实性负责，并在申请书等材料上签名或者盖章。

(8)申请食品经营许可，应当按照食品经营主体业态和经营项目分类提出。

食品经营主体业态可分为食品销售经营者、餐饮服务经营者、单位食堂。食品经营者申请通过网络经营、建立中央厨房或从事集体用餐配送的，应当在主体业态后以括号标注。

食品经营项目可分为预包装食品销售(含冷藏冷冻食品、不含冷藏冷冻食品)、散装食品销售(含冷藏冷冻食品、不含冷藏冷冻食品；含散装熟食、不含散装熟食)、特殊食品销售(保健食品、特殊医学用途配方食品、婴幼儿配方乳粉、其他婴幼儿配方食品)、其他类食品销售；热食类食品制售、冷食类食品制售、生食类食品制售、糕点类食品制售、自制饮品制售、其他类食品制售等。列入其他类食品销售和其他类食品制售的具体品种应当报国家食品药品监督管理总局批准后执行，并明确标注。具有热、冷、生、固态、液态等多种情形，难以明确归类的食品，可以按照食品安全风险等级最高的情形进行归类。

3. 食品经营许可证备案申请

根据优化市场环境，从事仅销售预包装食品的食品经营者在办理市场主体登记注册时，同步提交《仅销售预包装食品经营者备案信息采集表》，一并办理仅销售预包装食品备案，各地市场监管部门要加强仅销售预包装食品备案政策宣传解读，引导网络食品交易第三方平台依法开展对仅销售预包装食品的入网食品经营者的审核把关。

4. 食品经营许可管理制度内容

(1)食品经营许可证可分为正本、副本。正本、副本具有同等法律效力。国家食品药品监督管理总局负责制定食品经营许可证正本、副本式样。省、自治区、直辖市食品药品监督管理部门负责本行政区域食品经营许可证的印制、发放等管理工作。

(2)食品经营许可证应当载明：经营者名称、社会信用代码(个体经营者为身份证号码)、法定代表人(负责人)、住所、经营场所、主体业态、经营项目、许可证编号、有效期、日常监督管理机构、日常监督管理人员、投诉举报电话、发证机关、签发人、发证日期和二维码。在经营场所外设置仓库(包括自有和租赁)的，还应当在副本中载明仓库具体地址。

(3)食品经营许可证编号由JY("经营"的汉语拼音字母缩写)和14位阿拉伯数字组成。数字从左至右依次为1位主体业态代码、2位省(自治区、直辖市)代码、2位市(地)代码、2位县(区)代码、6位顺序码、1位校验码。

(4)日常监督管理人员为负责对食品经营活动进行日常监督管理的工作人员。日常监督管理人员发生变化的，可以通过签章的方式在许可证上变更。

(5)食品经营者应当妥善保管食品经营许可证，不得伪造、涂改、倒卖、出租、出借、转让。食品经营者应当在经营场所的显著位置悬挂或摆放食品经营许可证正本。

> **学而思**
>
> 随着生活水平的不断提升，民众越来越关注食品安全问题，食品安全问题成为民众关注的核心。我国于2009年2月28日第十一届全国人民代表大会常务委员会第七次会议审议通过了《中华人民共和国食品安全法》，将食品生产经营领域的行政许可做出了调整，设立了食品生产经营许可制度，提高了食品经营者及餐饮服务者进入市场的"门槛"，进一步从源头上加强了对各个阶段的监管。

5. 保健食品注册与备案管理制度及申请流程介绍

按照《中华人民共和国食品安全法》第七十四条~第七十八条、第八十二条等相关规定，制定《保健食品注册与备案管理办法》，并于2016年7月1日实施。《保健食品注册与备案管理办法》规定，在中华人民共和国境内保健食品的注册与备案及其监督管理适用本办法。保健食品注册与备案工作应当遵循科学、公开、公正、便民、高效的原则。

申请流程

《保健食品注册与备案管理办法》规定，保健食品注册，是指食品药品监督管理部门根据注册申请人申请，依照法定程序、条件和要求，对申请注册的保健食品的安全性、保健功能和质量可控性等相关申请材料进行系统评价和审评，并决定是否准予其注册的审批过程。保健食品备案，是指保健食品生产企业依照法定程序、条件和要求，将表明产品安全性、保健功能和质量可控性的材料提交食品药品监督管理部门进行存档、公开、备查的过程。

产品受理

国家食品药品监督管理总局行政受理机构（以下简称受理机构）负责受理保健食品注册。

学而思

近年来，随着"健康中国"战略的提出与推进，"健康"理念深入人心。加上我国自古以来就有"医食同源""食补"的传统，现在有越来越多的人将目光投向保健食品。我国是14亿人口的大国，人口老龄化使我国出现庞大的老年人队伍。中老年人身体机能衰退，容易出现一些心脑血管等疾病，中老年人更希望通过服用保健食品达到益寿延年、提高生活质量的目的。因此，我国保健食品市场大，未来仍有很大发展空间。在落实国务院"放管服"政策要求下，我国的保健食品注册与备案并存，为提高行政效能，促进行业良好发展提供了动力。

三、婴幼儿配方乳粉产品配方注册管理制度及申报流程介绍

1. 婴幼儿配方乳粉法律法规及标准现状

（1）我国婴幼儿配方乳粉的定义。依据《婴幼儿配方乳粉生产许可审查细则（2022版）》，婴幼儿配方乳粉是指以牛（羊）乳及（或）其乳蛋白制品为主要蛋白来源，加入适量的维生素、矿物质和（或）其他原料，仅用物理方法生产加工制成的适用于0～36月龄婴幼儿食用乳粉状婴幼儿配方食品。

（2）我国婴幼儿配方乳粉的分类。婴幼儿配方乳粉分为婴儿配方乳粉（0～6月龄，1段）、较大婴儿配方乳粉（6～12月龄，2段）和幼儿配方乳粉（12～36月龄，3段）。

2. 婴幼儿配方乳粉产品配方注册管理及申报流程

（1）婴幼儿配方乳粉产品配方注册管理。《中华人民共和国食品安全法》第七十四条规定，对婴幼儿配方食品等特殊食品实行严格监督管理。第八十一条规定，婴幼儿配方乳粉的产品配方应当经国务院食品安全监督管理部门注册。注册时应当提交配方研发报告和其他表明配方科学性、安全性的材料。

为贯彻落实食品安全法，进一步严格婴幼儿配方乳粉监管，国家食品药品监督管理总局制定发布《婴幼儿配方乳粉产品配方注册管理办法》，对应生产企业的研发能力、生产能力、检验能力提出要求，督促企业科学研制产品配方，保障婴幼儿配方乳粉质量安全和均衡营养需求，对于产品配方有关的声称做出详细规定，禁止利用婴幼儿配方乳粉的配方进

行夸大宣传和误导消费者。

《婴幼儿配方乳粉产品配方注册管理办法》《婴幼儿配方乳粉生产企业监督检查规定》《婴幼儿配方乳粉生产许可审查细则（2022版）》等相关规章制度一起，初步构成严格统一规范的乳制品监管制度体系。具体有关婴幼儿配方乳粉法律法规可以从以下三个方面进行梳理：

①婴幼儿配方乳粉注册相关的法律法规，规定了应配粉如何落实产品配方注册制度，规定了产品配方注册申报过程所需材料标签如何制作及稳定性实验要求的。

②相关标准，从食品安全国家标准的角度，规范应配粉的各项理化指标和营养素含量，以及添加剂和营养，强化剂的使用标签的规范等。现行的我国婴幼儿配方乳粉标准的制定，除参考中国居民膳食营养素参考摄入量和我国相关食品安全标准外，还参考了国外的法规和标准。例如，国际食品法典及美国、欧盟、澳大利亚、新西兰等国家和组织的婴幼儿配方食品的法规与标准。

③生产许可相关规定，针对应配粉生产企业在生产过程中涉及的生产工艺条件，人员管理、设备设施管理、生产制度的建立等方面进行规定。对于进口应配粉，其生产企业需要依据进口食品境外生产企业注册管理规定，经海关总署注册审核。

（2）婴幼儿配方乳粉产品配方申报流程。

1）注册管理机构。注册管理机构主要包括注册申请材料受理机构、注册的审评机构。

2）注册流程。

①申请与受理。申请人将资料提交后，受理机构对于申请材料不齐全或不符合法定形式的，应当当场或在5个工作日内一次性告知申请人需要补正的全部内容。逾期不告知的，自收到申请材料之日起即为受理，受理后3个工作日内将申请材料送交审评机构。

注册的审评机构

②技术审评。受理机构将申请资料递交审批机构后，审批机构应当自收到受理材料之日起60个工作日内，根据现场核查报告、抽样检验报告及专家论证形成的专家意见，完成技术审评工作并做出审查结论。其中，现场核查是从核查机构接到审评机构通知之日起算，20个工作日内完成；抽样检验是从检验机构接受委托之日算起，30个工作日内完成。境外现场核查和抽样检验的时限，要根据境外生产企业的实际情况来决定，这两项是审评机构根据实际需要来决定是否开展的。

审评过程中需要补正材料的审评机构应当一次性告知需要补正的全部内容，申请人应当在3个月内一次性补正材料，补正材料的时间不计算，在审评时间内，特殊情况下需要延长审评时间的，经审评机构负责人同意，可以延长30个工作日，延长决定应当及时书面告知申请人。

③行政审批。审评机构认为申请材料真实，产品科学安全，生产工艺合理可行和质量可控，技术要求和检验方法科学合理的，应当提出予以注册的建议。国家市场监督管理总局会在20个工作日内，对婴幼儿配方乳粉产品配方注册申请做出是否准予注册的决定。如果审评机构给出不予注册的建议，申请人可自收到不予注册通知之日起20个工作日内，向审评机构提出复审。审评机构应当自受理复审申请之日起30个工作日内做出复审决定。

国家市场监督管理总局做出准予注册决定的，受理机构自决定之日起10个工作日内颁发送达注册证书，做出不予注册决定的，应当说明理由，受理机构自决定之日起10个工作日内发出不予注册决定，并告知申请人享有依法申请行政复议或者提起行政诉讼的权利。

3) 注册申请要求。注册申请人应当为在我国境内生产并销售婴幼儿配方乳粉的生产企业，或者向我国出口婴幼儿配方乳粉的境外生产企业，申请数量每个申请人不得超过3个系列9个产品。

申请材料一般要求：一是产品注册申请材料提交原件1份、复印件5份及电子版本，产品补正材料提交原件一份、复印件4份和电子版本；二是使用A4规格纸张打印；三是除注册申请书和检验机构出具的检验报告外，应逐页加盖公章，印章应加盖在文字处；四是申请材料中名称、地址、法定代表人等内容，应当与申请人主体资质证明文件中相关信息一致；五是申请材料中的外文证明性文件，外文参考文献的摘要关键词给予配方科学性、安全性有关部分的内容，应以规范的中文、外文资料附后；六是申请人到受理大厅提交纸质版的申请材料之前，应当先完成电子申请程序。申请材料清单包括以下9项内容：

①婴幼儿配方乳粉产品配方注册申请书。

②申请人主体资质证明文件。

③原辅料的质量安全标准。

④产品配方。

⑤产品配方研发论证报告。

⑥生产工艺说明。

⑦产品检验报告。

⑧研发能力、生产能力、检验能力的证明材料。

⑨标签和说明书样稿及其声称的说明、证明材料。

特殊医学用途
配方食品概况及
注册管理介绍

注册证书管理及审批信息查询。证书有效期为5年，证书有效期届满，需要继续使用原产品配方的，应当在有效期届满6个月前向国家市场监督管理总局提出延续注册申请。

4) 查询应配配方注册批准情况。可通过国家市场监督管理总局食品审评中心重要通知批件代领取信息及审批意见通知书清单进行查询。

查询已批准的应配产品的详细信息，可通过国家市场监督管理总局，特殊食品安全监督管理司，特殊食品信息查询平台，婴幼儿配方乳粉产品配方注册进行搜索查询。

 学而思

婴幼儿配方乳粉制度的实施体现了国家对婴幼儿配方乳粉行业的监督重视，提升了企业的准入门槛，带动了企业和产品配方的优胜劣汰及市场择优，监管和企业的发展相辅相成，向良性的市场发展，实现共赢。婴幼儿配方乳粉注册制度的不断发展和完善，必将实现中国市场上婴幼儿配方乳粉的品质持续提升。

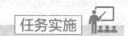

任务实施

步骤一： 认知引导。

引导问题1：食品生产许可证办理的流程是什么？

引导问题2：食品经营许可证办理的流程是什么？

引导问题3：婴幼儿配方乳粉注册流程是什么？

步骤二： 基础知识测试。

知识训练

步骤三： 工作程序。

(1)带领学生熟悉食品生产许可证申请所需的材料及申请流程，并了解食品生产许可证的审查流程及审查内容。熟悉相关法律法规要求，使学生充分认识食品生产许可制度的相关内容，对食品生产许可制度所涉及的相关法律法规内容有深入认识，加强学生对食品安全的认识深度。

(2)带领学生熟悉食品经营许可制度内容，以及申请食品经营许可证时所应符合的条件及所需材料。熟悉食品经营许可证申请及备案流程，使学生从阅读过程中逐渐认识到经营许可制度内容所涉及的食品安全知识，培养学生科学严谨的职业品质。

(3)组织学生模拟完成我国婴幼儿配方乳粉配方的申请，完成相关报告，展开自我评估和小组评价，最后教师进行评价反馈，填写完成工单。

1)封面(表2-2)。

表 2-2 封面

受理编号：国食注申 YP
受理日期： 年 月 日

国产婴幼儿配方乳粉产品配方
注册申请书

产品名称

原国家食品药品监督管理总局制

填表说明：

①申请人登录国家市场监督管理总局网站(www. samr. gov. cn)，按规定格式和内容填写并打印本申请书。

②本申请书及所有申请材料均须打印。

③本申请书内容应完整、清楚、不得涂改。

④填写本申请书前，请认真阅读有关法规及用请与受理规定。未按要求申请的产品，将不予受理。

2)产品情况(表2-3)。

表 2-3 产品情况

产品情况		
产品名称	商品名称	
	通用名称	
适用月龄		
工艺类别		

3)申请人情况(表2-4、表2-5)。

表2-4 申请人情况

申请人情况	
申请人	
申请人组织机构代码	
申请人统一社会信用代码	
法定代表人	
生产地址	
通信地址	
电子邮箱	
联系人	
传真	
联系电话	
邮编	
其他需要说明的问题	

表2-5 申请人承诺书

申请人承诺书

　　本产品申请人保证：1. 本申请遵守《中华人民共和国食品安全法》《中华人民共和国食品安全法实施条例》《婴幼儿配方乳粉产品配方注册管理办法》等法律、法规和规章的规定。2. 申请书内容及所附材料均真实、合法，未侵犯他人的权益。其中实验研究的方法和数据均为本产品所采用的方法和由检测本产品得到的试验数据。一并提交的电子文件与打印文件、复印件内容完全一致。如查有不实之处，我们承担由此导致的一切法律后果。

申请人(签章)　　　　　　　　　　　　　　申请人法定代表人(签字)

　　　　　　　　　　　　　　　　　　　　　　　年　月　日

4)所附材料(表 2-6)。

表 2-6　所附材料

所附材料(请在所提供材料前的□内打"√")

□1. 婴幼儿配方乳粉产品配方注册申请书;

□2. 申请人主体资质证明文件;

□3. 原辅料的质量安全标准;

□4. 产品配方;

□5. 产品配方研发报告;

□6. 生产工艺说明;

□7. 产品检验报告;

□8. 研发能力、生产能力、检验能力的证明材料;

□9. 其他表明配方科学性、安全性的材料;

□10. 说明书和标签样稿及其声称的说明、证明材料。

5)材料任务清单(表 2-7)。

表 2-7 材料任务清单

任务名称	婴幼儿配方乳粉配方申请	指导教师	
学号		班级	
组员姓名		组长	
任务目标	通过编写《婴幼儿配方乳粉配方的申请》，掌握我国食品安全管理与监管的概况		
任务内容	1. 参照相关知识及利用网络资源。 2. 完成上述 4)所附材料中的相关内容。 3. 每完成一次学习任务，同学及小组间可进行经验交流，教师可针对共性问题在课堂上组织讨论		
参考资料及使用工具			
实施步骤与过程记录	婴幼儿配方乳粉产品配方注册申请书 申请人主体资质证明文件 原辅料的质量安全标准 产品配方 产品配方研发报告 生产工艺说明 产品检验报告 研发能力、生产能力、检验能力的证明材料 其他表明配方科学性、安全性的材料 说明书和标签样稿及其声称的说明、证明材料		

续表

文档清单	序号	文档名称	完成时间	负责人
	1			
	2			
	3			
		备注：填写本人完成文档信息		

评价标准		配分表				
	考核项目		配分	自我评价	组内评价	教师评价
	知识评价	食品生产许可管理相关概念的掌握	15			
		食品经营许可管理相关概念的掌握	20			
	技能评价	申请流程程序正确	15			
		思政元素内容充实	20			
	素质评价	具备制度自信、文化自信和食品行业自豪感	15			
		具备团队合作精神和社会主义核心价值观	15			
	总分		100			

评价记录	自我评价记录	
	组内评价记录	
	教师评价记录	

任务二　食品原辅料的管理

任务描述

　　通过学习食品原辅料的管理相关知识，明确食品原辅料管理相关法规、标准，掌握对食品原料、食品添加剂、营养强化剂和食品接触材料的管理要点。对于该任务完成情况，主要依据自我评价和教师评价两个方面进行评价。

知识要点

　　食品生产加工用原辅料包括主料、辅料、食品添加剂和包装材料等。其对食品的质量安全和生产加工的正常运行有着重要的影响，加强食品原辅料的管理，将从源头上确保食品的质量安全。企业应依据《中华人民共和国食品安全法》《食品安全国家标准 食品生产通用卫生规范》(GB 14881—2013)、《食品安全国家标准 食品添加剂使用标准》(GB 2760—2014)、《食品安全国家标准 食品营养强化剂使用标准》(GB 14880—2012)和《食品安全国家标准 食品接触材料及制品生产通用卫生规范》(GB 31603—2015)等法律法规及规范性文件加强食品原辅料的管理。

食品原辅料一般要求建立食品原料，以及食品添加剂和食品相关产品的采购、验收、运输与储存管理制度，确保所使用的食品原料、食品添加剂和食品相关产品符合国家有关要求。不得将任何危害人体健康和生命安全的物质添加到食品中。

一、食品原料

1. 食品原料管理

《食品安全国家标准 食品生产通用卫生规范》（GB 14881—2013）中对食品原料管理的要求为：采购的食品原料应当查验供货者的许可证和产品合格证明文件；对无法提供合格证明文件的食品原料，应当依照食品安全标准进行检验；食品原料必须经过验收合格后方可使用；经验收不合格的食品原料应在指定区域与合格品分开放置并明显标记，并应及时进行退、换货等处理用；加工前宜进行感官检验，必要时应进行实验室检验；检验发现涉及食品安全项目指标异常的，不得使用，只应使用确定适用的食品原料；食品原料运输及储存中应避免日光直射、备有防雨防尘设施，根据食品原料的特点和卫生需要，必要时还应具备保温、冷藏、保鲜等设施；食品原料运输工具和容器应保持清洁、维护良好，必要时应进行消毒；食品原料不得与有毒、有害物品同时装运，避免污染食品原料；食品原料仓库应设专人管理，建立管理制度，定期检查质量和卫生情况，及时清理变质或超过保质期的食品原料；仓库出货顺序应遵循先进先出的原则，必要时应根据不同食品原料的特性确定出货顺序。

2. 新食品原料管理

新食品原料是指在我国无传统食用习惯的物品，包括：动物、植物和微生物；从动物、植物和微生物中分离的成分；原有结构发生改变的食品成分；其他新研制的食品原料。新食品原料应当具有食品原料的特性，符合应当有的营养要求，且无毒、无害，对人体健康不造成任何急性、亚急性、慢性或其他潜在性危害。新食品原料应当经过国家卫生健康委员会安全性审查后，方可用于食品生产经营。

依据《新食品原料安全性审查管理办法》国家卫生健康委员会负责新食品原料安全性评估材料的审查和许可工作。国家卫生健康委员会新食品原料技术审评机构（以下简称审评机构）负责新食品原料安全性技术审查，提出综合审查结论及建议。

拟从事新食品原料生产、使用或进口的单位或个人（以下简称申请人），应当提出申请并提交的材料包括：申请表；新食品原料研制报告；安全性评估报告；生产工艺；执行的相关标准（包括安全要求、质量规格、检验方法等）；标签及说明书；国内外研究利用情况和相关安全性评估资料；有助于评审的其他资料。另附未启封的产品样品 1 件或原料30 g。申请进口新食品原料的，除提交以上材料外，还应当提交出口国（地区）相关部门或机构出具的允许该产品在本国（地区）生产或销售的证明材料，以及生产企业所在国（地区）有关机构或组织出具的对生产企业审查或认证的证明材料。

二、食品添加剂

1. 食品添加剂管理

食品添加剂是为改善食品品质和色、香、味，以及为防腐、保鲜和加工工艺的需要而加入食品中的人工合成或天然物质；食品用香料、胶基糖果中基础剂物质、食品工业用加工助剂也包括在内。

食品添加剂普遍应用于食品生产，是现代食品工业中不可缺少的重要辅助材料。科学规范地使用添加剂，不但不会影响食品的营养价值，反而能改善食品的品质和色、香、味、形，防止食品变质，提高食品的质量，丰富食品品种，满足消费者的各种需求。可以说，现代化的食品加工生产离不开食品添加剂。正确合理使用食品添加剂一般对人体无害，但如果滥用添加剂或使用不科学、不规范，就会造成食品的化学污染，影响食品的安全性。依据食品添加剂使用标准，合理规范地使用食品添加剂尤为重要。现行食品添加剂使用标准为《食品安全国家标准 食品添加剂使用标准》(GB 2760—2014)。

《食品安全国家标准 食品添加剂使用标准》(GB 2760—2014)规定了食品添加剂的使用原则，允许使用的食品添加剂品种、使用范围及最大使用量或残留量。此标准基本结构包括正文和附录两个部分。正文部分包括范围、术语和定义、食品添加剂的使用原则、食品分类系统、食品添加剂的使用规定、食品用香料、食品工业用加工助剂七个部分；附录部分包括附录A"食品添加剂的使用规定"、附录B"食品用香料使用规定"、附录C"食品工业用加工助剂使用规定"、附录D"食品添加剂功能类别"、附录E"食品分类系统"、附录F"附录A中食品添加剂使用规定索引"，共六个附录。

采购食品添加剂应当查验供货者的许可证和产品合格证明文件。食品添加剂必须经过验收合格后方可使用。运输食品添加剂的工具和容器应保持清洁、维护良好，并能提供必要的保护，避免污染食品添加剂。食品添加剂的储藏应有专人管理，定期检查质量和卫生情况，及时清理变质或超过保质期的食品添加剂。仓库出货顺序应遵循先进先出的原则，必要时应根据食品添加剂的特性确定出货顺序。

2. 食品添加剂新品种管理

食品添加剂新品种是指：未列入食品安全国家标准的食品添加剂品种；未列入国家卫生健康委员会公告允许使用的食品添加剂品种；扩大使用范围或用量的食品添加剂品种。为加强食品添加剂新品种管理，根据《中华人民共和国食品安全法》和《中华人民共和国食品安全法实施条例》有关规定，制定了《食品添加剂新品种管理办法》，该办法对食品添加剂新品种管理提出了总体要求。该办法从食品添加剂新品种的范畴、食品添加剂的基本要求、使用原则、申请人主要负责机构、申报所需材料、许可程序、公告要求等方面进行了规定。国家卫生健康委员会负责食品添加剂新品种的审查许可工作，组织制定食品添加剂新品种技术评价和审查规范。国家卫生健康委员会食品添加剂新品种技术审评机构(以下简称审评机构)负责食品添加剂新品种技术审查，提出综合审查结论及建议。

申请食品添加剂新品种生产、经营、使用或进口的单位或个人(以下简称申请人)，应当提出食品添加剂新品种许可申请，并提交材料，包括：添加剂的通用名称、功能分类、用量和使用范围；证明技术上确有必要和使用效果的资料或文件；食品添加剂的质量规格要求、生产工艺和检验方法，食品中该添加剂的检验方法或相关情况说明；安全性评估材料，包括生产原料或来源、化学结构和物理特性、生产工艺、毒理学安全性评价资料或检验报告、质量规格检验报告，标签、说明书和食品添加剂产品样品；其他国家(地区)、国际组织允许生产和使用等有助于安全性评估的资料。申请食品添加剂品种扩大使用范围或用量的，可以免于提交前款第四项材料，但是技术评审中要求补充提供的除外。

三、营养强化剂使用管理

营养强化剂是为了增加食品的营养成分(价值)而加入食品中的天然或人工合成的营养素和其他营养成分。营养素是指食物中具有特定生理作用,能维持机体生长、发育、活动、繁殖及正常代谢所需的物质,包括蛋白质、脂肪、碳水化合物、矿物质、维生素等。其他营养成分是指除营养素外的具有营养和(或)生理功能的其他食物成分。

营养强化的主要目的:弥补食品在正常加工、储存时造成的营养素损失;在一定的地域范围内,有相当规模的人群出现某些营养素摄入水平低或缺乏,通过强化可以改善其摄入水平低或缺乏导致的健康影响;某些人群由于饮食习惯和(或)其他原因可能出现某些营养素摄入量水平低或缺乏,通过强化可以改善其摄入水平低或缺乏导致的健康影响;补充和调整特殊膳食用食品中营养素和(或)其他营养成分的含量。

使用营养强化剂的要求:营养强化剂的使用不应导致人群食用后营养素及其他营养成分摄入过量或不均衡,不应导致任何营养素及其他营养成分的代谢异常;营养强化剂的使用不应鼓励和引导与国家营养政策相悖的食品消费模式;添加到食品中的营养强化剂应能在特定的储存、运输和食用条件下保持质量的稳定;添加到食品中的营养强化剂不应导致食品一般特性如色泽、滋味、气味、烹调特性等发生明显不良改变;不应通过使用营养强化剂夸大食品中某一营养成分的含量或作用误导和欺骗消费者。

依据《食品安全国家标准 食品营养强化剂使用标准》(GB 14880—2012)的规定,营养强化剂在食品中的使用范围、使用量应符合标准中附录 A"食品营养强化剂使用规定"的要求,允许使用的化合物来源应符合标准中附录 B"允许使用的营养强化剂化合物来源名单"的规定。特殊膳食用食品中营养素及其他营养成分的含量按相应的食品安全国家标准执行,允许使用的营养强化剂及化合物来源应符合标准中附录 C"允许用于特殊膳食用食品的营养强化剂及化合物来源和(或)相应产品标准"的要求。

四、食品接触材料管理

食品接触材料及制品(以下简称食品接触材料)是在正常使用条件下,各种已经或预期可能与食品或食品添加剂(以下简称食品)接触,或其成分可能转移到食品中的材料和制品,包括食品生产、加工、包装、运输、储存、销售,使用过程中用于食品的包装材料、容器、工具和设备,以及可能直接或间接接触食品的油墨、黏合剂、润滑油等;不包括洗涤剂、消毒剂和公共输水设施。食品接触材料作为食品直接或间接接触对象,在与食品接触过程中,其成分不可避免地迁移到食品中,其安全直接关系到食品安全。

依据《食品安全国家标准 食品接触材料及制品通用安全要求》(GB 4806.1—2016)的规定,食品接触材料在推荐的使用条件下与食品接触时,迁移到食品中的物质水平不应危害人体健康,迁移到食品中的物质不应造成食品成分、结构或色香味等性质的改变,不应对食品产生技术功能(有特殊规定的除外)。食品接触材料中使用的物质应符合相应的质量规格要求,在可达到预期效果的前提下应尽可能降低在食品接触材料及制品中的用量。食品接触材料及制品的生产应符合《食品安全国家标准 食品接触材料及制品生产通用卫生规范》(GB 31603—2015)的要求。

任务实施

步骤一： 认知引导。

引导问题1：应该如何管理食品原料？

引导问题2：应该如何管理食品添加剂和营养强化剂？

引导问题3：应该如何管理食品接触材料？

步骤二： 工作程序。

(1)带领学生完成食品原辅料的管理相关知识的学习，掌握对食品原料、食品添加剂、营养强化剂和食品接触材料的管理要点，提升学生管控食品原辅料的能力。

(2)带领学生阅读食品原辅料管理相关法规、标准，熟悉文献相关要求，增强学生知法守法意识，提升学生对法律法规的应用能力。

(3)组织学生完成食品原辅料的管理并进行分析总结，完成相关报告，展开自我评估和小组评价，最后教师进行评价反馈，填写完成工单(表2-8)。

表2-8　食品原辅料的管理工单

任务名称		食品原辅料的管理	指导教师			
学号			班级			
组员姓名			组长			
任务目标		通过回答问题，掌握食品原辅料的管理相关知识				
任务内容		1. 永明食品厂以生产面包为主营业务，假设你是该厂技术人员，请你撰写一份该厂食品原辅料管理方案； 2. 同学及小组间可进行经验交流，教师可针对共性问题在课堂上组织讨论				
参考资料及 使用工具						
实施步骤与过程记录						
评价标准	配分表					
		考核项目	配分	自我 评价	组内 评价	教师 评价
	知识 评价	食品原辅料的管理知识的掌握	20			
		食品原辅料的管理相关法规、标准的掌握	15			
	技能 评价	正确管控食品原辅料	15			
		思政元素内容充实	20			
	素质 评价	具备知法守法的意识	15			
		具备团队合作精神和社会主义核心价值观	15			
	总分		100			
评价记录	自我评价记录					
	组内评价记录					
	教师评价记录					

任务三　食品生产与经营过程的卫生规范

任务描述

通过学习《食品安全国家标准 食品生产通用卫生规范》(GB 14881—2013)(良好生产操作规范 GMP)、卫生标准操作程序(SSOP)、《食品安全国家标准 食品经营过程卫生规范》(GB 31621—2014)、企业良好卫生规范通用要求,编写《食品生产、经营企业卫生规范手册》,最终由企业质量负责人或主讲教师进行评价。

知识要点

一、《食品安全国家标准 食品生产通用卫生规范》(GB 14881—2013)(良好生产操作规范 GMP)

1. 由来和发展

GMP 原较多应用于制药工业,现许多国家将其用于食品工业,制定出相应的 GMP 法规。美国最早将 GMP 用于工业生产,1969 年 FDA 发布了食品制造、加工、包装和保存的良好生产规范,简称 GMP 或 FGMP 基本法,并陆续发布各类食品的 GMP。我国食品企业质量管理规范的制定开始于 20 世纪 80 年代中期。从 1988 年开始,我国先后颁布了包括《食品安全国家标准 食品生产通用卫生规范》(GB 14881—2013)在内的 21 个食品企业卫生规范。重点对厂房、设备、设施和企业自身卫生管理等方面提出卫生要求,以促进我国食品卫生状况的改善、预防和控制各种有害因素对食品的污染。

2. 实施的作用

实施 GMP 的目标要素在于将人为的差错控制在最低的限度,防止对食品的污染,保证高质量产品的质量管理体系。GMP 是对食品生产过程中各个环节、各个方面实行严格监控,提出了具体要求和采取的必要的良好的质量监控措施,从而形成和完善质量保证体系。GMP 将保证食品质量的重点放在成品出厂前的整个生产过程的各个环节上,而不仅仅着

GMP 概述

眼于最终产品上,其目的是从全过程入手,从根本上保证食品质量。企业要建立 GMP,就需要了解 GMP 的内容。食品企业实施 GMP 有利于食品质量控制,有利于企业的长远发展;有利于食品质量的提高,提高食品企业和产品的声誉,促进竞争力;有利于食品进入国际市场,促进食品企业质量管理的科学化和规范化,提高卫生行政部门对食品企业进行监督检查的水平,为企业提供生产和质量遵循的基本原则与必需的标准组合。

3.GMP 的分类

(1)从适用范围来说,现行的 GMP 可分为以下三类:

①具有国际性质的 GMP。如 WHO 的 GMP，北欧七国自由贸易联盟制定的 GMP(或 Pharmaceutical Inspection Convention，IPC)，东南亚国家联盟的 GMP 等。

②国家权力机构颁发的 GMP。如原中华人民共和国卫生部及后来国家药品监督管理局、美国 FDA、英国卫生和社会保险部、日本厚生省等政府机关制定的 GMP。

③工业组织制定的 GMP。如原美国制药工业联合会制定的，其标准不低于美国政府制定的 GMP、中国医药工业公司制定的 GMP 及其实施指南，甚至包括药厂或公司自己制定的 GMP。

(2)若从 GMP 的性质来分，可分为以下两类：

①GMP 作为法典规定，如中国、美国和日本的 GMP。

②将 GMP 作为建议性的规定，对药品生产和质量管理起到指导性作用，如联合国的 WHO 的 GMP。

(3)按 GMP 的权威性和法律效力分，可分为强制性和指导性(推荐性)。

4. GMP 主要内容

我国食品 GMP 体系要求企业从原料、人员、设施设备、生产过程、包装运输、质量控制等方面按照国家有关法规达到卫生质量要求，形成一套可操作的作业规范，使得生产出来的产品在质量与安全方面有保证。该内容是依据《食品安全国家标准 食品生产通用卫生规范》(GB 14881—2013)。该标准包括范围，术语和定义，选址及厂区环境，厂房和车间，设施与设备，卫生管理，食品原料、食品添加剂和食品相关产品，生产过程的食品安全控制，检验，食品的储存和运输，产品召回管理，培训，管理制度和人员，记录和文件管理 14 个部分。其具体内容如下。

1. 范围

本标准规定了食品生产过程中原料采购、加工、包装、储存和运输等环节的场所、设施、人员的基本要求和管理准则。

本标准适用于各类食品的生产，如确有必要制定某类食品生产的专项卫生规范，应当以本标准作为基础。

2. 术语和定义

2.1　污染

在食品生产过程中发生的生物、化学、物理污染因素传入的过程。

2.2　虫害

由昆虫、鸟类、啮齿类动物等生物(包括苍蝇、蟑螂、麻雀、老鼠等)造成的不良影响。

2.3　食品加工人员

直接接触包装或未包装的食品、食品设备和器具、食品接触面的操作人员。

2.4　接触表面

设备、工器具、人体等可被接触到的表面。

2.5　分离

通过在物品、设施、区域之间留有一定空间，而非通过设置物理阻断的方式进行隔离。

2.6　分隔

通过设置物理阻断如墙壁、卫生屏障、遮罩或独立房间等进行隔离。

2.7　食品加工场所

用于食品加工处理的建筑物和场地，以及按照相同方式管理的其他建筑物、场地和周围环境等。

2.8　监控

按照预设的方式和参数进行观察或测定，以评估控制环节是否处于受控状态。

2.9　工作服

根据不同生产区域的要求，为降低食品加工人员对食品的污染风险而配备的专用服装。

3. 选址及厂区环境

3.1　选址

3.1.1　厂区不应选择对食品有显著污染的区域。如某地对食品安全和食品宜食用性存在明显的不利影响，且无法通过采取措施加以改善，应避免在该地址建厂。

3.1.2　厂区不应选择有害废弃物以及粉尘、有害气体、放射性物质和其他扩散性污染源不能有效清除的地址。

3.1.3　厂区不宜择易发生洪涝灾害的地区，难以避开时应设计必要的防范措施。

3.1.4　厂区周围不宜有虫害大量滋生的潜在场所，难以避开时应设计必要的防范措施。

3.2　厂区环境

3.2.1　应考虑环境给食品生产带来的潜在污染风险，并采取适当的措施将其降至最低水平。

3.2.2　厂区应合理布局，各功能区域划分明显，并有适当的分离或分隔措施，防止交叉污染。

3.2.3　厂区内的道路应铺设混凝土、沥青，或者其他硬质材料；空地应采取必要措施，如铺设水泥、地砖或铺设草坪等方式，保持环境清洁，防止正常天气下扬尘和积水等现象的发生。

3.2.4　厂区绿化应与生产车间保持适当距离，植被应定期维护，以防止虫害的滋生。

3.2.5　厂区应有适当的排水系统。

3.2.6　宿舍、食堂、职工娱乐设施等生活区应与生产区保持适当距离或分隔。

4. 厂房和车间

4.1　设计和布局

4.1.1　厂房和车间的内部设计和布局应满足食品卫生操作要求，避免食品生产中发生交叉污染。

4.1.2　厂房和车间的设计应根据生产工艺合理布局，预防和降低产品受污染的风险。

厂房车间的
设计布局（一）

4.1.3　厂房和车间应根据产品特点、生产工艺、生产特性以及生产过程对清洁程度的要求合理划分作业区，并采取有效分离或分隔。如：通常可划分为清洁作业区、准清洁作业区和一般作业区；或清洁作业区和一般作业区等。一般作业区应与其他作业区域分隔。

4.1.4　厂房内设置的检验室应与生产区域分隔。

4.1.5　厂房的面积和空间应与生产能力相适应，便于设备安置、清洁消毒、物料存储及人员操作。

厂房车间的设计
布局（二）

4.2　建筑内部结构与材料

4.2.1　内部结构

建筑内部结构应易于维护、清洁或消毒。应采用适当的耐用材料建造。

4.2.2　顶棚

厂房车间的设计
布局(三)

4.2.2.1　顶棚应使用无毒、无味、与生产需求相适应、易于观察清洁状况的材料建造；若直接在屋顶内层喷涂涂料作为顶棚，应使用无毒、无味、防霉、不易脱落、易于清洁的涂料。

4.2.2.2　顶棚应易于清洁、消毒，在结构上不利于冷凝水垂直滴下，防止虫害和霉菌滋生。

4.2.2.3　蒸汽、水、电等配件管路应避免设置于暴露食品的上方；如确需设置，应有能防止灰尘散落及水滴掉落的装置或措施。

4.2.3　墙壁

4.2.3.1　墙面、隔断应使用无毒、无味的防渗透材料建造，在操作高度范围内的墙面应光滑、不易积累污垢且易于清洁；若使用涂料，应无毒、无味、防霉、不易脱落、易于清洁。

4.2.3.2　墙壁、隔断和地面交界处应结构合理、易于清洁，能有效避免污垢积存。例如设置漫弯形交界面等。

4.2.4　门窗

4.2.4.1　门窗应闭合严密。门的表面应平滑、防吸附、不渗透，并易于清洁、消毒。应使用不透水、坚固、不变形的材料制成。

4.2.4.2　清洁作业区和准清洁作业区与其他区域之间的门应能及时关闭。

4.2.4.3　窗户玻璃应使用不易碎材料。若使用普通玻璃，应采取必要的措施防止玻璃破碎后对原料、包装材料及食品造成污染。

4.2.4.4　窗户如设置窗台，其结构应能避免灰尘积存且易于清洁。可开启的窗户应装有易于清洁的防虫害窗纱。

4.2.5　地面

4.2.5.1　地面应使用无毒、无味、不渗透、耐腐蚀的材料建造。地面的结构应有利于排污和清洗的需要。

4.2.5.2　地面应平坦防滑、无裂缝、并易于清洁、消毒，并有适当的措施防止积水。

5.　设施与设备

5.1　设施

5.1.1　供水设施

5.1.1.1　应能保证水质、水压、水量及其他要求符合生产需要。

5.1.1.2　食品加工用水的水质应符合 GB 5749 的规定，对加工用水水质有特殊要求的食品应符合相应规定。间接冷却水、锅炉用水等食品生产用水的水质应符合生产需要。

5.1.1.3　食品加工用水与其他不与食品接触的用水(如间接冷却水、污水或废水等)应以完全分离的管路输送，避免交叉污染。各管路系统应明确标识以便区分。

5.1.1.4　自备水源及供水设施应符合有关规定。供水设施中使用的涉及饮用水卫生安全产品还应符合国家相关规定。

5.1.2　排水设施

5.1.2.1　排水系统的设计和建造应保证排水畅通、便于清洁维护；应适应食品生产的需要，保证食品及生产、清洁用水不受污染。

5.1.2.2　排水系统入口应安装带水封的地漏等装置，以防止固体废弃物进入及浊气逸出。

5.1.2.3　排水系统出口应有适当措施以降低虫害风险。

5.1.2.4　室内排水的流向应由清洁程度要求高的区域流向清洁程度要求低的区域，且应有防止逆流的设计。

5.1.2.5　污水在排放前应经适当方式处理，以符合国家污水排放的相关规定。

5.1.3　清洁消毒设施

应配备足够的食品、工器具和设备的专用清洁设施，必要时应配备适宜的消毒设施。应采取措施避免清洁、消毒工器具带来的交叉污染。

5.1.4　废弃物存放设施

应配备设计合理、防止渗漏、易于清洁的存放废弃物的专用设施；车间内存放废弃物的设施和容器应标识清晰。必要时应在适当地点设置废弃物临时存放设施，并依废弃物特性分类存放。

5.1.5　个人卫生设施

5.1.5.1　生产场所或生产车间入口处应设置更衣室；必要时特定的作业区入口处可按需要设置更衣室。更衣室应保证工作服与个人服装及其他物品分开放置。

5.1.5.2　生产车间入口及车间内必要处，应按需设置换鞋（穿戴鞋套）设施或工作鞋靴消毒设施。如设置工作鞋靴消毒设施，其规格尺寸应能满足消毒需要。

5.1.5.3　应根据需要设置卫生间，卫生间的结构、设施与内部材质应易于保持清洁；卫生间内的适当位置应设置洗手设施。卫生间不得与食品生产、包装或储存等区域直接连通。

5.1.5.4　应在清洁作业区入口设置洗手、干手和消毒设施；如有需要，应在作业区内适当位置加设洗手和（或）消毒设施；与消毒设施配套的水龙头其开关应为非手动式。

5.1.5.5　洗手设施的水龙头数量应与同班次食品加工人员数量相匹配，必要时应设置冷热水混合器。洗手池应采用光滑、不透水、易清洁的材质制成，其设计及构造应易于清洁消毒。应在临近洗手设施的显著位置标示简明易懂的洗手方法。

5.1.5.6　根据对食品加工人员清洁程度的要求，必要时应可设置风淋室、淋浴室等设施。

手的清洗与消毒

5.1.6　通风设施

5.1.6.1　应具有适宜的自然通风或人工通风措施；必要时应通过自然通风或机械设施有效控制生产环境的温度和湿度。通风设施应避免空气从清洁度要求低的作业区域流向清洁度要求高的作业区域。

5.1.6.2　应合理设置进气口位置，进气口与排气口和户外垃圾存放装置等污染源保持适宜的距离和角度。进、排气口应装有防止虫害侵入的网罩等设施。通风排气设施应易于清洁、维修或更换。

5.1.6.3　若生产过程需要对空气进行过滤净化处理，应加装空气过滤装置并定期清洁。

5.1.6.4　根据生产需要，必要时应安装除尘设施。

5.1.7　照明设施

5.1.7.1 厂房内应有充足的自然采光或人工照明，光泽和亮度应能满足生产和操作需要；光源应使食品呈现真实的颜色。

5.1.7.2 如需在暴露食品和原料的正上方安装照明设施，应使用安全型照明设施或采取防护措施。

5.1.8 仓储设施

5.1.8.1 应具有与所生产产品的数量、储存要求相适应的仓储设施。

5.1.8.2 仓库应以无毒、坚固的材料建成；仓库地面应平整，便于通风换气。仓库的设计应能易于维护和清洁，防止虫害藏匿，并应有防止虫害侵入的装置。

5.1.8.3 原料、半成品、成品、包装材料等应依据性质的不同分设储存场所或分区域码放，并有明确标识，防止交叉污染。必要时仓库应设有温、湿度控制设施。

5.1.8.4 储存物品应与墙壁、地面保持适当距离，以利于空气流通及物品搬运。

5.1.8.5 清洁剂、消毒剂、杀虫剂、润滑剂、燃料等物质应分别安全包装，明确标识，并应与原料、半成品、成品、包装材料等分隔放置。

5.1.9 温控设施

5.1.9.1 应根据食品生产的特点，配备适宜的加热、冷却、冷冻等设施，以及用于监测温度的设施。

5.1.9.2 根据生产需要，可设置控制室温的设施。

5.2 设备

5.2.1 生产设备

5.2.1.1 一般要求

应配备与生产能力相适应的生产设备，并按工艺流程有序排列，避免引起交叉污染。

5.2.1.2 材质

5.2.1.2.1 与原料、半成品、成品接触的设备与用具，应使用无毒、无味、抗腐蚀、不易脱落的材料制作，并应易于清洁和保养。

5.2.1.2.2 设备、工器具等与食品接触的表面应使用光滑、无吸收性、易于清洁保养和消毒的材料制成，在正常生产条件下不会与食品、清洁剂和消毒剂发生反应，并应保持完好无损。

5.2.1.3 设计

5.2.1.3.1 所有生产设备应从设计和结构上避免零件、金属碎屑、润滑油或其他污染因素混入食品，并应易于清洁消毒、易于检查和维护。

5.2.1.3.2 设备应不留空隙地固定在墙壁或地板上，或在安装时与地面和墙壁间保留足够空间，以便清洁和维护。

5.2.2 监控设备

用于监测、控制、记录的设备，如压力表、温度计、记录仪等，应定期校准、维护。

5.2.3 设备的保养和维修

应建立设备保养和维修制度，加强设备的日常维护和保养，定期检修，及时记录。

6. 卫生管理

6.1 卫生管理制度

6.1.1 应制定食品加工人员和食品生产卫生管理制度以及相应的考核标准，明确岗位职责，实行岗位责任制。

6.1.2 应根据食品的特点以及生产、储存过程的卫生要求，建立对保证食品安全具有显著意义的关键控制环节的监控制度，良好实施并定期检查，发现问题及时纠正。

6.1.3 应制定针对生产环境、食品加工人员、设备及设施等的卫生监控制度，确立内部监控的范围、对象和频率。记录并存档监控结果，定期对执行情况和效果进行检查，发现问题及时整改。

6.1.4 应建立清洁消毒制度和清洁消毒用具管理制度。清洁消毒前后的设备和工器具应分开放置妥善保管，避免交叉污染。

6.2 厂房及设施卫生管理

6.2.1 厂房内各项设施应保持清洁，出现问题及时维修或更新；厂房地面、屋顶、吊顶及墙壁有破损时，应及时修补。

6.2.2 生产、包装、储存等设备及工器具、生产用管道、裸露食品接触表面等应定期清洁消毒。

6.3 食品加工人员健康管理与卫生要求

6.3.1 食品加工人员健康管理

6.3.1.1 应建立并执行食品加工人员健康管理制度。

6.3.1.2 食品加工人员每年应进行健康检查，取得健康证明；上岗前应接受卫生培训。

6.3.1.3 食品加工人员如患有痢疾、伤寒、甲型病毒性肝炎、戊型病毒性肝炎等消化道传染病，以及患有活动性肺结核、化脓性或者渗出性皮肤病等有碍食品安全的疾病，或有明显皮肤损伤未愈合的，应当调整到其他不影响食品安全的工作岗位。

6.3.2 食品加工人员卫生要求

6.3.2.1 进入食品生产场所前应整理个人卫生，防止污染食品。

6.3.2.2 进入作业区域应规范穿着洁净的工作服，并按要求洗手、消毒；头发应藏于工作帽内或使用发网约束。

6.3.2.3 进入作业区域不应佩戴饰物、手表，不应化妆、染指甲、喷洒香水；不得携带或存放与食品生产无关的个人用品。

6.3.2.4 使用卫生间、接触可能污染食品的物品或从事与食品生产无关的其他活动后，再次从事接触食品、食品工器具、食品设备等与食品生产相关的活动前应洗手消毒。

6.3.3 来访者

非食品加工人员不得进入食品生产场所，特殊情况下进入时应遵守和食品加工人员同样的卫生要求。

6.4 虫害控制

6.4.1 应保持建筑物完好、环境整洁，防止虫害侵入及滋生。

6.4.2 应制定和执行虫害控制措施，并定期检查。生产车间及仓库应采取有效措施（如纱帘、纱网、防鼠板、防蝇灯、风幕等），防止鼠类昆虫等侵入。若发现有虫鼠害痕迹时，应追查来源，消除隐患。

6.4.3 应准确绘制虫害控制平面图，标明捕鼠器、粘鼠板、灭蝇灯、室外诱饵投放点、生化信息素捕杀装置等放置的位置。

6.4.4 厂区应定期进行除虫灭害工作。

6.4.5　采用物理、化学或生物制剂进行处理时，不应影响食品安全和食品应有的品质、不应污染食品接触表面、设备、工器具及包装材料。除虫灭害工作应有相应的记录。

6.4.6　使用各类杀虫剂或其他药剂前，应做好预防措施避免对人身、食品、设备工具造成污染；不慎污染时，应及时将被污染的设备、工具彻底清洁，消除污染。

6.5　废弃物处理

6.5.1　应制定废弃物存放和清除制度，有特殊要求的废弃物其处理方式应符合有关规定。废弃物应定期清除；易腐败的废弃物应尽快清除；必要时应及时清除废弃物。

6.5.2　车间外废弃物放置场所应与食品加工场所隔离防止污染；应防止不良气味或有害有毒气体溢出；应防止虫害滋生。

6.6　工作服管理

6.6.1　进入作业区域应穿着工作服。

6.6.2　应根据食品的特点及生产工艺的要求配备专用工作服，如衣、裤、鞋靴、帽和发网等，必要时还可配备口罩、围裙、套袖、手套等。

6.6.3　应制定工作服的清洗保洁制度，必要时应及时更换；生产中应注意保持工作服干净完好。

6.6.4　工作服的设计、选材和制作应适应不同作业区的要求，降低交叉污染食品的风险；应合理选择工作服口袋的位置、使用的连接扣件等，降低内容物或扣件掉落污染食品的风险。

7.食品原料、食品添加剂和食品相关产品

7.1　一般要求

应建立食品原料、食品添加剂和食品相关产品的采购、验收、运输和储存管理制度，确保所使用的食品原料、食品添加剂和食品相关产品符合国家有关要求。不得将任何危害人体健康和生命安全的物质添加到食品中。

7.2　食品原料

7.2.1　采购的食品原料应当查验供货者的许可证和产品合格证明文件；对无法提供合格证明文件的食品原料，应当依照食品安全标准进行检验。

食品原料采购(一)

7.2.2　食品原料必须经过验收合格后方可使用。经验收不合格的食品原料应在指定区域与合格品分开放置并明显标记，并应及时进行退、换货等处理。

7.2.3　加工前宜进行感官检验，必要时应进行实验室检验；检验发现涉及食品安全项目指标异常的，不得使用；只应使用确定适用的食品原料。

7.2.4　食品原料运输及储存中应避免日光直射、备有防雨防尘设施；根据食品原料的特点和卫生需要，必要时还应具备保温、冷藏、保鲜等设施。

7.2.5　食品原料运输工具和容器应保持清洁、维护良好，必要时应进行消毒。食品原料不得与有毒、有害物品同时装运，避免污染食品原料。

7.2.6　食品原料仓库应设专人管理，建立管理制度，定期检查质量和卫生情况，及时清理变质或超过保质期的食品原料。仓库出货顺序应遵循先进先出的原则，必要时应根据不同食品原料的特性确定出货顺序。

7.3 食品添加剂

7.3.1 采购食品添加剂应当查验供货者的许可证和产品合格证明文件。食品添加剂必须经过验收合格后方可使用。

7.3.2 运输食品添加剂的工具和容器应保持清洁、维护良好，并能提供必要的保护，避免污染食品添加剂。

7.3.3 食品添加剂的储藏应有专人管理，定期检查质量和卫生情况，及时清理变质或超过保质期的食品添加剂。仓库出货顺序应遵循先进先出的原则，必要时应根据食品添加剂的特性确定出货顺序。

7.4 食品相关产品

7.4.1 采购食品包装材料、容器、洗涤剂、消毒剂等食品相关产品时应当查验产品的合格证明文件，实行许可管理的食品相关产品还应查验供货者的许可证。食品包装材料等食品相关产品必须经过验收合格后方可使用。

食品原料采购(二)

7.4.2 运输食品相关产品的工具和容器应保持清洁、维护良好，并能提供必要的保护，避免污染食品原料和交叉污染。

7.4.3 食品相关产品的储藏应有专人管理，定期检查质量和卫生情况，及时清理变质或超过保质期的食品相关产品。仓库出货顺序应遵循先进先出的原则。

7.5 其他

盛装食品原料、食品添加剂、直接接触食品的包装材料的包装或容器，其材质应稳定、无毒无害，不易受污染，符合卫生要求。

食品原料、食品添加剂和食品包装材料等进入生产区域时应有一定的缓冲区域或外包装清洁措施，以降低污染风险。

8. 生产过程的食品安全控制

8.1 产品污染风险控制

8.1.1 应通过危害分析方法明确生产过程中的食品安全关键环节，并设立食品安全关键环节的控制措施。在关键环节所在区域，应配备相关的文件以落实控制措施，如配料(投料)表、岗位操作规程等。

8.1.2 鼓励采用危害分析与关键控制点体系(HACCP)对生产过程进行食品安全控制。

8.2 生物污染的控制

8.2.1 清洁和消毒

8.2.1.1 应根据原料、产品和工艺的特点，针对生产设备和环境制定有效的清洁消毒制度，降低微生物污染的风险。

8.2.1.2 清洁消毒制度应包括以下内容：清洁消毒的区域、设备或器具名称；清洁消毒工作的职责；使用的洗涤、消毒剂；清洁消毒方法和频率；清洁消毒效果的验证及不符合的处理；清洁消毒工作及监控记录。

8.2.1.3 应确保实施清洁消毒制度，如实记录；及时验证消毒效果，发现问题及时纠正。

8.2.2 食品加工过程的微生物监控

8.2.2.1 根据产品特点确定关键控制环节进行微生物监控；必要时应建立食品加工过程的微生物监控程序，包括生产环境的微生物监控和过程产品的微生物监控。

8.2.2.2　食品加工过程的微生物监控程序应包括微生物监控指标、取样点、监控频率、取样和检测方法、评判原则和整改措施等，具体可参照附录A的要求，结合生产工艺及产品特点制定。

8.2.2.3　微生物监控应包括致病菌监控和指示菌监控，食品加工过程的微生物监控结果应能反映食品加工过程中对微生物污染的控制水平。

8.3　化学污染的控制

8.3.1　应建立防止化学污染的管理制度，分析可能的污染源和污染途径，制定适当的控制计划和控制程序。

8.3.2　应当建立食品添加剂和食品工业用加工助剂的使用制度，按照GB 2760的要求使用食品添加剂。

食品加工过程
微生物监控

8.3.3　不得在食品加工中添加食品添加剂以外的非食用化学物质和其他可能危害人体健康的物质。

8.3.4　生产设备上可能直接或间接接触食品的活动部件若需润滑，应当使用食用油脂或能保证食品安全要求的其他油脂。

8.3.5　建立清洁剂、消毒剂等化学品的使用制度。除清洁消毒必需和工艺需要，不应在生产场所使用和存放可能污染食品的化学制剂。

8.3.6　食品添加剂、清洁剂、消毒剂等均应采用适宜的容器妥善保存，且应明显标示、分类储存；领用时应准确计量、做好使用记录。

8.3.7　应当关注食品在加工过程中可能产生有害物质的情况，鼓励采取有效措施减低其风险。

8.4　物理污染的控制

8.4.1　应建立防止异物污染的管理制度，分析可能的污染源和污染途径，并制定相应的控制计划和控制程序。

8.4.2　应通过采取设备维护、卫生管理、现场管理、外来人员管理及加工过程监督等措施，最大限度地降低食品受到玻璃、金属、塑胶等异物污染的风险。

8.4.3　应采取设置筛网、捕集器、磁铁、金属检查器等有效措施降低金属或其他异物污染食品的风险。

8.4.4　当进行现场维修、维护及施工等工作时，应采取适当措施避免异物、异味、碎屑等污染食品。

8.5　包装

8.5.1　食品包装应能在正常的储存、运输、销售条件下最大限度地保护食品的安全性和食品品质。

8.5.2　使用包装材料时应核对标识，避免误用；应如实记录包装材料的使用情况。

9.　检验

9.1　应通过自行检验或委托具备相应资质的食品检验机构对原料和产品进行检验，建立食品出厂检验记录制度。

9.2　自行检验应具备与所检项目适应的检验室和检验能力；由具有相应资质的检验人员按规定的检验方法检验；检验仪器设备应按期检定。

9.3　检验室应有完善的管理制度，妥善保存各项检验的原始记录和检验报告。应建立产品留样制度，及时保留样品。

9.4 应综合考虑产品特性、工艺特点、原料控制情况等因素合理确定检验项目和检验频次以有效验证生产过程中的控制措施。净含量、感官要求以及其他容易受生产过程影响而变化的检验项目的检验频次应大于其他检验项目。

9.5 同一品种不同包装的产品，不受包装规格和包装形式影响的检验项目可以一并检验。

10. 食品的储存和运输

10.1 根据食品的特点和卫生需要选择适宜的储存和运输条件，必要时应配备保温、冷藏、保鲜等设施。不得将食品与有毒、有害或有异味的物品一同储存运输。

10.2 应建立和执行适当的仓储制度，发现异常应及时处理。

10.3 储存、运输和装卸食品的容器、工器具和设备应当安全、无害，保持清洁，降低食品污染的风险。

10.4 储存和运输过程中应避免日光直射、雨淋、显著的温湿度变化和剧烈撞击等，防止食品受到不良影响。

11. 产品召回管理

11.1 应根据国家有关规定建立产品召回制度。

11.2 当发现生产的食品不符合食品安全标准或存在其他不适于食用的情况时，应当立即停止生产，召回已经上市销售的食品，通知相关生产经营者和消费者，并记录召回和通知情况。

11.3 对被召回的食品，应当进行无害化处理或者予以销毁，防止其再次流入市场。对因标签、标识或者说明书不符合食品安全标准而被召回的食品，应采取能保证食品安全且便于重新销售时向消费者明示的补救措施。

11.4 应合理划分记录生产批次，采用产品批号等方式进行标识，便于产品追溯。

12. 培训

12.1 应建立食品生产相关岗位的培训制度，对食品加工人员以及相关岗位的从业人员进行相应的食品安全知识培训。

12.2 应通过培训促进各岗位从业人员遵守食品安全相关法律法规标准和执行各项食品安全管理制度的意识和责任，提高相应的知识水平。

12.3 应根据食品生产不同岗位的实际需求，制定和实施食品安全年度培训计划并进行考核，做好培训记录。

12.4 当食品安全相关的法律法规标准更新时，应及时开展培训。

12.5 应定期审核和修订培训计划，评估培训效果，并进行常规检查，以确保培训计划的有效实施。

13. 管理制度和人员

13.1 应配备食品安全专业技术人员、管理人员，并建立保障食品安全的管理制度。

13.2 食品安全管理制度应与生产规模、工艺技术水平和食品的种类特性相适应，应根据生产实际和实施经验不断完善食品安全管理制度。

13.3 管理人员应了解食品安全的基本原则和操作规范，能够判断潜在的危险，采取适当的预防和纠正措施，确保有效管理。

14. 记录和文件管理

14.1　记录管理

14.1.1　应建立记录制度，对食品生产中采购、加工、储存、检验、销售等环节详细记录。记录内容应完整、真实，确保对产品从原料采购到产品销售的所有环节都可进行有效追溯。

14.1.1.1　应如实记录食品原料、食品添加剂和食品包装材料等食品相关产品的名称、规格、数量、供货者名称及联系方式、进货日期等内容。

14.1.1.2　应如实记录食品的加工过程（包括工艺参数、环境监测等）、产品储存情况及产品的检验批号、检验日期、检验人员、检验方法、检验结果等内容。

14.1.1.3　应如实记录出厂产品的名称、规格、数量、生产日期、生产批号、购货者名称及联系方式、检验合格单、销售日期等内容。

14.1.1.4　应如实记录发生召回的食品名称、批次、规格、数量、发生召回的原因及后续整改方案等内容。

14.1.2　食品原料、食品添加剂和食品包装材料等食品相关产品进货查验记录、食品出厂检验记录应由记录和审核人员复核签名，记录内容应完整。保存期限不得少于2年。

14.1.3　应建立客户投诉处理机制。对客户提出的书面或口头意见、投诉，企业相关管理部门应做记录并查找原因，妥善处理。

14.2　应建立文件的管理制度，对文件进行有效管理，确保各相关场所使用的文件均为有效版本。

14.3　鼓励采用先进技术手段（如电子计算机信息系统），进行记录和文件管理。

二、卫生标准操作程序(SSOP)

卫生标准操作程序（Sanitation Standard Operation Procedure，SSOP），是食品加工企业为了保证达到 GMP 所规定的要求，确保加工过程中消除不良的人为因素，使其加工的食品符合卫生要求而制定的指导食品生产加工过程中如何实施清洗、消毒和卫生保持的作业指导文件。SSOP 应由食品生产加工企业根据卫生规范及企业实际情况编制，尤其应充分考虑到其实用性和可操作性。

SSOP 概述

SSOP 一般要求和主要内容

SSOP 文件一般应包含监控对象、监控方法、监控频率、监控人员、纠偏措施及监控、纠偏结果的记录要求等内容。SSOP 的一般要求：加工企业必须建立和实施 SSOP，以强调加工前、加工中和加工后的卫生状况和卫生行为；SSOP 应该描述加工者如何保证某一个关键的卫生条件和操作得到满足；SSOP 应该描述加工企业的操作如何受到监控来保证达到 GMP 规定的条件和要求；须保持 SSOP 记录，至少应记录与相关的关键卫生条件和操作受到监控和纠偏的结果；官方执法部门或第三方认证机构应鼓励和督促企业建立书面 SSOP。

生产用水（冰）的卫生质量是影响食品卫生的关键因素。对于任何的食品生产加工企业，首要的一点就是要保证水的安全。

1. 水源

食品加工厂的水源一般由城市供水、自供水和海水构成。

（1）城市供水。城市供水又称公共供水或城乡生活饮用水，是由自来水厂供应的饮用水。使用城市供水具有许多优点，如它具有良好的化学和微生物标准；经过了净化或处理，在决定使用前经过了检验符合国家饮用标准等。但是它的费用也较其他种类的水源高。城市供水是各种水源中最常用的。

（2）自供水。自供水由自备水井供水。相比较而言自供水供水费用较低，但比城市供水更易污染。由于井水中含有大量的可溶性矿物质、不溶性固体、有机物质、可溶性气体及微生物，因此使用井水需进行水处理。

（3）海水。海水也是食品生产企业经常使用的一种水源。使用海水时应考虑水源周围环境、季节变化、污水排放等因素对海水的污染。

2. 水的储存和处理

（1）水的储存方式。水的储存方式包括水塔、蓄水池、贮水罐等。

（2）水的处理方式。水的处理方式包括物理处理（沉淀、过滤）、化学处理（离子交换）。水的消毒处理有加氯处理（自动加氯系统）、臭氧处理、紫外线消毒等几种方法。

水

除对水进行处理外，还必须对水塔、蓄水池、贮水罐等水的储存环境进行定期的清洗消毒，清洗消毒的方法和频率必须在 SSOP 中做出规定，清洗消毒的记录予以保存。

3. 设施

水的安全

供水设施要完好，一旦损坏后就能立即维修好，管道的设计要防止冷凝水集聚下滴污染裸露的加工食品。

（1）防虹吸设备：水管离水面距离为 2 倍水管直径。

（2）防止水倒流：水管管道有一死水区；水管龙头真空阻断。

（3）洗手消毒水龙头为非手动开关。

（4）加工案台等工具有将废水直接导入下水道装置。

（5）备有高压水枪。

（6）有蓄水池（塔）的工厂，水池要有完善的防尘、防虫鼠措施，并进行定期清洗消毒。

4. 操作

（1）清洗、解冻用流动水，清洗时防止污水溢溅。

（2）软水管颜色要浅，使用时不能拖在地面上。

5. 监测

无论城市公用水还是自备水源都必须充分有效地加以监控，有合格的证明后方可使用。

（1）监测频率。

①企业对水的余氯每天一次监测，一年对所有水龙头都监测到；

②企业对微生物至少每周一次监测；

③当地卫生部门对城市公用水全项目每年至少两次监测，并有报告正本；

④对自备水源监测频率要增加。

（2）取样计划。每次取样必须包括总出水口；一年内做完所有的出水口。

（3）取样方法。先对出水口进行消毒，放水 5 min 后取样。

（4）日常检测采用试纸、比色法、化学滴定方法检测余氯和 pH 值及微生物指标。

6. 污水排放

(1)污水的处理应符合国家环保部门规定；符合防疫的要求；处理池地点的选择应远离生产车间。

(2)废水排放设置。

①地面处理(坡度)：为便于排水和防止周围的水逆流进入车间，车间整个地面的水平在设计和建造时应该比厂区的地面略高，并在建造时使地面有一定的坡度，一般为1°～1.5°斜坡。

②加工用水、台案或清洗消毒用水不能直接流到地面，而应直接入沟，以防止地面的污水飞溅，污染产品和工器具。

③废水流向应从清洁区向非清洁区。

④排水沟：排水沟应采用表面光滑、不渗水的材料铺砌，施工时不得出现凹凸不平和裂缝。

7. 纠偏

监控时发现加工用水存在问题，应停止使用这种水源，直到问题得到解决。

监测时发现在硬管道处有交叉连接时，须立即解决。出现问题处若不能被隔离(如用关闭的阀门)，加工应终止，直到修好为止。在不合理的情况下生产的产品不能运销，除非其安全性得到验证。

8. 记录

水的监控、维护及其他问题处理都要记录、保持。

记录一般应包括城市供水水费单、水分析报告、管道交叉污染等日常检查记录、纠偏记录等。

三、食品接触面表面的清洁度

1. 与食品接触的表面

与食品接触的表面是指接触人类食品的那些表面，以及在正常加工过程中会将水滴溅在食品或食品接触的表面上的那些表面。根据潜在的食品污染的可能来源途径，通常把食品接触面分成直接与食品接触的表面和间接与食品接触的表面。

直接与食品接触的表面有加工设备、工器具、操作台案、传送带、贮冰池、内包装物料、加工人员的工作服、手套等。

间接与食品接触的表面有未经清洁消毒的冷库、车间和卫生间的门把手、操作设备的按钮、车间内电灯开关等。

2. 材料要求

食品接触面的材料应采用无毒(无化学物的渗出)、不吸水(不积水和或干燥)、抗腐蚀、不生锈，不与清洁剂、消毒剂产生化学反应、表面光滑易清洗的材料，如不用黄铜制品，黑铁或铸铁及含锌、铅材料，竹、木制品，纤维制品等。可采用不锈钢、无毒塑料、混凝土、瓷砖等。

3. 设计安装要求

食品接触面的设计和安装应无粗糙焊缝、破裂、凹陷，要求表面包括缝、角和边在内，无不良的关节连接、已腐蚀部件、暴露的螺栓、螺母或其他可以藏匿水或污物的地方，真正做到表里如一始终保持完好的维修状态，安装应满足在加工人员犯错误情况下不致造成严重后果的要求。

接触面(一)　　接触面(二)　　接触面(三)

4. 清洗消毒

(1)方法。

①物理方法。

a. 臭氧消毒：一般消毒 1 h，适用于加工车间。

b. 紫外线照射消毒法：每 10～15 m²，安装一只 3 W 紫外线灯，消毒时间不少于 30 min，车间低于 20 ℃，高于 40 ℃，湿度大于 60％时，要延长消毒时间，此方法适用于更衣室、厕所等。

c. 药物熏蒸法：用过氧乙酸、甲醛，每平方米 10 mL，适用于冷库、保温车等。

d. 肉类加工厂应首选 82 ℃热水清洗消毒。

此外，还有电子灭菌消毒法等。

②化学方法：一般使用含氯消毒剂，如次氯酸钠 100～150 mg/kg。

(2)程序。使用化学清洗消毒剂时一般可分为 5～6 个步骤，即清除→预冲洗→使用清洁剂→再冲洗→消毒→最后冲洗。

首先，必须彻底的清洗，以除去微生物赖以生长的营养物质。如清除大的残渣，预冲洗去除表面附着的残渣，使用清洁剂清洗顽垢，冲洗清洗剂和去除顽垢。然后，进行消毒确保消毒效果。再进行冲洗，去除残留的化学消毒剂。在清洗过程中应注意清洁剂的使用和浸洗都需要恰当的时间，此外，清洁剂的温度也直接影响清洁效果。

清洁剂的类型包括普通清洁剂(GP)、碱、含氯的清洗剂、酸、酶等。

清洁剂的效果与接触时间、温度、物理擦洗及化学等因素有关，应对清洗效果实施监控。

(3)设备和工器具的清洗消毒及其管理。

①清洗消毒频率。大型设备：每班加工结束之后。清洁区工器具：每 2～4 h 一次。屠宰线上用的刀具：每用一次消毒一次(每个岗位至少两把刀，交替使用)。加工设备、器具被污染之后应立即进行清洗消毒。

②手和手套。每次进车间前和加工过程中手被污染时，必须洗手消毒。要做到必须在车间的入口处、车间流水线和操作台附近设有足够的洗手消毒设备，在清洁区的车间入口处还应派专人检查手的清洗消毒情况，检查是否戴首饰、是否留过长的指甲等。手套一般在一个班次结束或中间休息时更换。手套不得使用线手套，所用材料应不易破损和脱落。手套清洗消毒后储存在清洁的密闭容器中送往更衣室。

③工作服。工作服应在专用的洗衣房进行集中清洗和消毒。洗衣设备的数量、能力与实际需求相适应。不同清洁要求区域的工作服应分开清洗，不同清洁区的工作服分别清洗消毒。清洁工作服与脏工作服分区域放置，存放工作服的房间应设有臭氧消毒、紫外线等设备，且干净、干燥和清洁。工作服必须每天清洗消毒。一般工人至少配备两套工作服。工人出车间、去卫生间，必须脱下工作服、帽和工作鞋。

④工器具清洗消毒的注意事项。要有固定的清洗消毒场所或区域，推荐使用82 ℃的热水；要根据清洗对象的性质选择相应的清洗剂；在使用清洗剂、消毒剂时要考虑接触时间和温度；冲洗时要用流动的水，同时，应防止清洗、消毒水溅到产品上造成污染。设有隔离的工器具洗涤消毒间，不同清洁工器具应分开清洗。

5. 监控

(1)监测对象。食品接触面的状况；食品接触面的清洁和消毒；使用消毒剂的类型和浓度；可能接触食品的手套和外衣是否清洁卫生，且状态良好。

(2)监测方法。

①感官检查：表面状况良好。表面已清洁和消毒；手套和外衣清洁且保养良好。

②化学检测：消毒剂的浓度是否符合规定的要求。

③表面微生物检测：检测方法包括平板、棉拭涂抹和发光法。

(3)监测频率。

①感官监测频率：每天加工前、加工过程中及生产结束后进行。洗手消毒主要在员工进入车间时、从卫生间出来后和加工过程中检查。

②实验室监测频率：按实验室制定的抽样计划，一般每周1~2次。

食品接触
表面清洁要求

6. 纠偏

在检查发现问题时应采取适当的方法及时纠正，如再清洁、消毒、检查消毒剂浓度、培训等。

7. 记录

卫生监控记录的目的是提供证据，证实工厂消毒计划充分，并已执行，此外发现问题能及时纠正。记录包括检查食品接触面状况；消毒剂浓度，表面微生物检验结果等。记录的种类包括每日记录监控记录、检查、纠偏记录等。

四、防止交叉污染

交叉污染是指通过生的食品、食品加工人员和食品加工环境把生物的、化学的污染物转移到食品上的过程。防止交叉污染的途径包括防止员工操作造成的产品污染；生的和即食食品的隔离；内外包装材料存放的隔离及外包装与内包装操作间的隔离；防止工厂设计造成的污染。

1. 污染的来源

交叉污染的来源包括工厂选址、设计、车间不合理；加工人员个人卫生不良；清洁消毒不当；卫生操作不当；生、熟产品未分开；原料和成品未隔离。

2. 预防

(1)工厂选址、设计。

①为了使工厂和车间的选址、设计、布局尽量合理，企业应提前与有关政府主管部门取得联系，了解有关规定和要求。

②车间的布局既要便于各生产环节的相互联结，又要便于加工过程的卫生控制，防止交叉污染的发生。

③加工工艺布局合理，能采取物理隔离的地方尽量采取物理隔离。应遵守的原则有：前后工序，如生熟之间、不同清洁度要求的区域之间应完全隔离；原料库、辅料库、成品

库、内包装材料库、外包装材料库、化学品库、杂品库等应专库专用。

④同一车间不能同时加工不同类别的产品。

⑤明确人流、物流、水流、气流的方向。人流应从高清洁区到低清洁区；物流应不造成交叉污染，可用时间、空间分隔；水流应从高清洁区到低清洁区；气流应采用进气控制、正压排气、鼓风排气、非抽气等措施控制，注意采用负压排气时需有一个回气孔，以免从下水道抽气。

(2)卫生操作防止交叉污染。生的煮熟或即食食品加工活动的充分隔离；储藏中的产品的充分隔离或保护；食品处理或加工区域的设备充分的清洁和消毒；员工卫生、衣着和手清洗操作，员工食品加工操作和工器具；员工在厂区附近的活动。

(3)隔离生的和即食产品。当接收产品或辅料时；在加工整理操作期间；储存期间；运输期间。

(4)防止加工中的交叉污染。指定区域将生的和即食产品的加工区分隔；控制设备由一个加工区域向另一个加工区域的移动；控制人员由一个加工区域通往另一个加工区域。

3. 监控

(1)在开工时，交接时，餐后继续加工进入生产车间。

(2)采用生产连续监控。

(3)产品储存区域(如冷库)每回检查。

4. 纠偏

(1)发生交叉污染，采取措施防止再发生，必要时停产直到改进，如有必要需对产品的安全性进行评估。

(2)必要时对车间布局进行改造，避免不同清洁区人员交叉流动及工器具的交叉使用。

(3)及时清除顶棚上的冷凝物，调节空气流通和房间温度以减少水的凝结，安装遮盖物防止冷凝物落到食品、包装材料或食品接触面上。

(4)清扫地板，清除地面上的积水。

(5)及时清洗消毒被污染的食品接触面。

(6)在非产品区域操作有毒化合物时，设立遮蔽物以保护产品。

(7)增加培训程序，加强对员工的培训，纠正不正确的操作。

(8)转移或丢弃没有标签的化学品。

5. 记录

(1)消毒控制记录。

(2)改正措施记录。

防止交叉污染

五、手的清洗与消毒，厕所设备的维护与卫生保护

1. 洗手消毒设施

(1)洗手消毒设施应设在车间入口处、车间内加工岗位的附近和卫生间。

(2)洗手消毒设施包括非手动开关的水龙头、冷热水、皂液器、消毒槽、干手设施、流动消毒车等。此外，还应注意温水一般以 43 ℃为宜；每 10～15 人设一水龙头为宜。洗手消毒液应保持清洁且有效氯含量至少为 100 mg/kg。

2. 厕所设施

(1)位置：与车间相连接或不连接；门不能直接朝向车间；卫生间的门应能自动关闭；卫生间最好不在更衣室内，确保在更衣室脱下工作服和工作鞋后方能上厕所。

(2)数量：与加工人员相适应，每15～20人设一个为宜。

(3)结构：严禁使用无冲水的厕所；避免使用大通道冲水式厕所，应采用蹲便器或坐便器。

(4)配套设备：包括冲水装置、卫生纸和纸篓、洗手消毒设备、干手设施。

(5)卫生要求：通风良好，地面干燥，保持清洁卫生，光照充足，不漏水，有防蝇、防虫设施，进入厕所前要脱下工作服和换鞋，方便之后要进行洗手和消毒。

以上要求适用所有的厂区、车间和办公楼厕所。

3. 设备的维护与卫生保持

(1)设备保持正常运转状态。

(2)卫生保持良好不造成污染。

4. 监测

(1)每天至少检查一次设施的清洁与完好状况。

(2)卫生监控人员巡回监督。

(3)化验室定期做表面样品检验。

(4)检查消毒液的浓度。

厕所设备的
维护与卫生保护

5. 纠偏

检查发现不符合时应立即纠正。纠正可以包括修理或补充厕所和洗手处的洗手用品；若手部消毒液浓度不适宜，则将其倒掉并配新的消毒液；当发现有令人不满意的条件出现时，记录所进行的纠正措施；修理不能正常使用的厕所。

6. 记录

每日卫生监控记录包括洗手间或洗手池和厕所设施的状况，包括洗手间或洗手池和厕所设施的状况及其位置；手部消毒间、池或浸手消毒液的状况；洗手消毒液的浓度；当发现有令人不满意的状况出现时所采取的纠正措施。

六、防止食品被污染

防止食品、食品包装材料和食品所有接触表面被微生物、化学品及物理的污染物沾污，如清洁剂、燃料、杀虫剂、废弃物、冷凝物及各种污物等。

1. 污染物的来源

(1)物理性污染物：包括无保护装置的照明设备的碎片、吊顶和墙壁的脱落物；工具上脱落大漆片、铁锈，竹木器具上脱落的硬质纤维；头发等。

(2)化学性污染物：润滑剂、清洁剂、杀虫剂、燃料、消毒剂等。

(3)微生物污染物：被污染的水滴和冷凝水、空气中的灰尘、颗粒、外来物质、地面污物、不卫生的包装材料、唾液、喷嚏等。

2. 防控

(1)水滴和冷凝水的控制。应保持车间的通风，进风量要大于排风量，防止空调管道形成冷凝水。在有水蒸气产生的车间，要安装适当的排气装置。此外，还应采取控制车间温度，尤其控制温差；顶棚呈圆弧形；提前降温，尽量缩小温差等措施。

（2）防止污染的水溅到食品上。及时清扫，保持车间干燥。车间内设有专用工器具清洗消毒间；待加工原料或半成品远离加工线或操作台；车间内没有产品时才冲洗台面、地面；车间内的洗手消毒池旁没有产品；车间台面、池子中的水不能直接排到地面，应排进管道并引入下水道。

（3）包装物料的控制。包装物料存放库要保持干燥、清洁、通风、防霉，内外包装分别存放，上有盖布下有垫板，并设有防虫鼠设施。每批包装物进雨水后要进行微生物检验（细菌数<100 个/cm²，致病菌不得检出），必要时进行消毒。

3. 监控

任何可能污染食品或食品接触面的掺杂物，如潜在的有毒化合物，不卫生的水（包括不流动的水）和不卫生的表面所形成的冷凝物，建议在开始生产时及工作时间每 4 h 检查一次。

4. 纠偏

（1）除去不卫生表面的冷凝物。

（2）用遮盖方法防止冷凝物落到食品、包装材料及食品接触面上。

（3）清除地面积水、污物、清洗化合物残留。

（4）评估被污染的食品。

（5）对员工培训正确使用化合物。

5. 记录

每日卫生控制记录。

防止被污染物污染

七、有毒化学物质的标记、储存和使用

食品加工企业使用的化学物质包括洗涤剂、消毒剂、杀虫剂、润滑剂、实验室用品、食品添加剂等，它们是工厂正常运转所必需的，但在使用中必须做到按照产品说明书使用，正确标记、安全储存，否则存在企业加工的食品会被污染的风险。

1. 常用有毒化学物质

食品加工厂有可能使用的有毒化学物质包括清洗剂、消毒剂如次氯酸钠、杀虫剂（如1605、灭害灵、除虫菊酯等）、机械润滑剂、实验室用品（如检查化验用的各种试剂）、食品添加剂（如亚硝酸钠等）。

2. 有毒化学物质的储存和使用

（1）有毒化学物质的储存。

①食品级化学品与非食品级化学品分开存放。

②清洗剂、消毒剂与杀虫剂分开存放。

③一般化学品与剧毒化学品分开存放。

④储存区域应远离食品加工区域。

⑤化学品仓库应上锁，并有专人保管。

（2）有毒化学物质的正确管理和使用。

①原包装容器的标签应标明：容器中化学品的名称、生产厂名、厂址、生产日期、批准文号、使用说明和注意事项等。

②工作容器的标签应标明：容器中的化学品名称、浓度、使用说明和注意事项。

③建立化学物品台账(入库记录)，以有毒化学物质一览表的形式标明库存化学物品的名称、有效期、毒性、用途、进货日期等。

④建立化学物品领用、核销记录。

⑤建立化学物品使用登记记录，如配制记录、用途、实际用量、剩余配置液的处理等。

⑥制定化学物品进厂验收制度和标准，建立化学物品进厂验收记录。

⑦制定化学物品包装容器回收、处理制度，严禁将化学物品的容器用来包装或盛放食品。

⑧对化学物品的保管、配制和使用人员进行必要的培训。

⑨化学物品应采用单独的区域储存，使用带锁的柜子，防止随便乱拿。

3. 有毒化学物质的监控

(1)监控内容应包括标识、贮藏及使用过程。

(2)经常检查确保符合要求。

(3)建议一天至少检查一次。

(4)全天都应注意。

4. 纠偏

(1)转移存放错误的化合物。

(2)标签不全、标记不清的应退还给供应商。

(3)对于不能正确辨认内容物的工作容器应重新标记。

(4)不适合或已损坏的工作容器弃之不用或销毁。

(5)评价不正确使用有毒有害化合物所造成的影响，判断食品是否已遭污染，以确定是否销毁。

(6)加强对保管、使用人员的培训。

5. 记录

应设有进货、领用、配制记录及化学物质批准使用证明、产品合格证。

有毒化学
物质的标记、
存储和使用

八、雇员的健康卫生控制

食品生产企业的生产人员(包括检验人员)是直接接触食品的人，其身体健康及卫生状况直接影响产品卫生质量。根据食品卫生管理法规定，凡从事食品生产的人员必须经过体检合格获有健康证方能上岗，并每年进行一次体检。

1. 雇员的健康卫生的日常管理

(1)食品加工人员不能患有以下疾病：痢疾、伤寒、病毒性肝炎、活动性肺结核、化脓性或渗出性皮肤病及其他有碍食品卫生的疾病。

(2)应对工人上岗前进行健康检查，发现有患病症状的员工，应立即调离食品工作岗位，并进行治疗，待症状完全消失，并确认不会对食品造成污染后才可恢复正常工作。

(3)对加工人员应定期进行健康检查，每年进行一次体检，并取得县级以上卫生防疫部门的健康证明。此外，食品生产企业应制定体检计划，并设有健康档案。

(4)生产人员要养成良好的个人卫生习惯，按照卫生规定从事食品加工，进入加工车间更换清洁的工作服、帽、口罩、鞋等，不得化妆、戴首饰、手表等。

（5）食品生产企业应制订卫生培训计划，定期对加工人员进行培训，并记录存档。应教育员工认识到疾病对食品卫生带来的危害，并主动向管理人员汇报自己和他人的健康状况。

2. 监督

监督的目的是控制可能导致食品、食品包装材料和食品接触面的微生物污染。

（1）健康检查。员工的上岗前健康检查；定期健康检查，每年进行一次体检；每日健康状况检查，观察员工是否患病或有伤口感染的迹象，要注意加工厂员工的一般症状和状况，如发烧伴有咽喉疼痛、黄疸症（眼结膜或皮肤发黄）、手外伤未愈合等现象。

（2）员工个人卫生监控。洗手、消毒程序执行情况；工作服是否干净、整齐，是否身上粘有异物，指甲是否过长，手面是否有伤或化脓现象；生产无关的物品严禁带入车间，员工不得穿戴首饰，不得化妆，涂指甲油等；生产车间严禁吸烟，吃食品，喝饮料；进入卫生间更衣洗手情况；工作人员不得乱窜岗；工作过程中每个环节按要求定时洗手、消毒执行情况。

3. 纠偏

将患病员工调离生产岗位直至痊愈。

4. 记录

（1）健康检查记录。

（2）每日上岗前及生产线上员工卫生健康检查记录。

（3）出现不满意状况和相应纠正措施记录。

雇员的健康
卫生控制

九、虫、鼠害防治

虫、鼠等会带一定种类病原菌，还会直接消耗、破坏食品并在食品中留下令人厌恶的东西（如粪便或毛发）。因此，虫害的防治对食品加工厂来说是至关重要的。

1. 防治计划

防治范围包括全厂范围，生活区甚至包括厂周围也在灭鼠工作计划之内。应编制灭鼠分布图、清扫消毒执行规定等。

防治计划应考虑厂房和地面、结构布局、工厂机械、设备和工器具、原料、物料库及室内环境的管理、废物处理和杀虫剂的使用与其他控制措施。

虫、鼠害防治

2. 重点

虫、鼠害防治的重点包括厕所、下脚料出口、垃圾箱、原料和成品库周围与食堂。

3. 防治措施

（1）清除滋生地及周边环境，包装物、原材料防虫、鼠是第一位的。

（2）采用风幕、水幕、纱窗、门帘、挡鼠板、翻水弯等预防虫、鼠进入车间。

（3）厂区采用杀虫剂。

（4）车间人口用灭蝇灯。

（5）防鼠用粘鼠胶、鼠笼不能用灭鼠药。

4. 纠偏

（1）增加设施。

（2）加强环境卫生控制。

（3）增加杀灭频率。

任务实施

步骤一：带领学生完成《食品安全国家标准 食品生产通用卫生规范》(GB 14881—2013)（良好生产操作规范 GMP)、卫生标准操作程序(SSOP)、《食品安全国家标准 食品经营过程卫生规范》(GB 31621—2014)、企业良好卫生规范通用要求等知识点的掌握。

《食品安全国家标准 食品经营过程卫生规范》

(GB 31621—2014)

企业良好卫生

规范通用要求

步骤二：基础知识测试。

知识训练

步骤三：按照企业生产经营过程中的卫生规范相关要素，带领学生按照如下步骤完成编写《食品生产、经营企业卫生规范手册》。

(1)前言(表 2-9)。

表 2-9　前言

前　言
为确保×××有限公司的所有产品作为消费品的卫生和安全性，从制造、包装到贮运都应当在高标准的卫生条件情况下进行。本规范明确了×××的工厂所有遵循的卫生原则，以规范在不卫生的条件下，可能引起污染或品质劣化的环境下作业，并减少作业错误发生，以确保食品的安全卫生及稳定的产品品质。 　　本手册是根据《中华人民共和国食品安全法》《食品安全国家标准 食品生产通用卫生规范》(GB 14881—2013)、卫生标准操作程序(SSOP)《企业良好卫生规范通用要求》，结合本公司实际情况编制的本企业良好操作规范。本规范适用本公司生产的食品。 　　公司上至总经理下至全体员工必须贯彻执行本公司制定的良好操作规范和国家有关法律、法规，确保规范的要求得到实施。

（2）场所及周边环境（表2-10）。

表 2-10　场所及周边环境

总则：应在对食品无显著污染区域内选择生产/经营场所。应采取措施以应对食品安全和宜食用性的不利影响。生产/经营场所应得到良好维护，便于清洁和消毒，防止产品受到污染，以便实现其预期功能和效果。

编写要素：

场所选址：区域显著污染、有害废弃物、粉尘、有害气体、放射性物质、洪涝灾害、虫害大量滋生。

厂区环境：合理布局、厂区及道路铺设、厂区绿化与排水系统、生活区（地面、厂房、仓库、设施、设备、餐厅、卖场、车辆、工具和容器）。

（3）场所设计、建造、布局和操作流程（表2-11）。

表 2-11　场所设计、建造、布局和操作流程

总则：应合理划分各功能区域，合理划分作业区，按设计要求进行施工和维护，设计适当的分离或分隔措施，防止交叉污染，预防和降低产品受污染的风险。临时或可移动的食品生产经营场所、设施的位置、设计及建造，应尽量避免虫害滋生及食品受到污染。

编写要素：

厂房、车间、场所布局：内部设计和布局（物理隔离）、生产工艺、划分作业区、检验室、面积和空间、明确人流、物流、水流、气流的方向、防止交叉污染、隔离生的和即食产品、监控与纠偏。

建筑内部结构与材料：顶棚的结构材料及涂料、配件管路的设置、防尘防水装置、墙壁的材料和涂料、墙地交界处、门窗的材料和设置、窗户玻璃的材质、窗台结构与窗纱、地面材料与结构、通风照明设施要求。

(4)库存管理(表2-12)。

表 2-12　库存管理

总则：生产、经营企业应建立食品原料、食品添加剂和食品相关产品的采购、验收、运输与储存管理制度，确保所使用的食品原料、食品添加剂和食品相关产品应符合国家有关要求。应建立、实施和保持仓库管理规程，以"先进先出"和"有效期优先"的原则控制物料出库顺序。 编写要素： 采购：查验供货者的许可证等文件或检验、不合格原料的处理、加工前检验、采购散装食品的容器和包装材料、统一配送经营方式的食品经营企业要求。 验收：符合性验证和感官抽查要求、查验食品合格证明文件、记录食品的名称等信息、验收入库要求。 储存：储存设施设备(储存容器和工器具要求、外部环境要求、清洁剂等物资管理、温控设施要求、地面要求等)、建立管理制度(仓库专人管理、定期检查、先进先出、散装食品储存要求、虫害消杀要求、防止交叉污染、清洁剂等包装要求、记录要求等)。

(5)空气和水质(表2-13)。

表 2-13　空气和水质

总则：食品生产/经营涉及的水(包括冰和蒸气)和空气(包括压缩气体)不应导致食品污染。食品加工用水的水质应符合生活饮用水卫生标准、生产需要及相应规定，并以完全分离的管路输送。适当储存、处理、管理食品加工所需的空气、氮气等气体。 编写要素： 食品加工用水：水质标准要求、加工用水与其他用水的管理、供水设施标准要求、水的处理方式、储存环境的清洗消毒、供水设施设备的管理、水质的监测与纠偏、非食品生产用水管理。 食品加工气体：水滴和冷凝水的控制、作为成分或与产品直接接触的气体管理。

(6)包装材料(表 2-14)。

表 2-14　包装材料

> 总则：食品包装的设计和材料应能保护食品的安全性与食品品质，且包装材料或气体不应含有有毒有害物质，不应对食品安全和宜食用性构成威胁，可重复使用的包装应符合要求。
>
> 编写要素：
>
> 包装材料：查验产品的合格证明文件、包装作用、包装材料标识、包装物料的控制及纠偏、可重复使用包装的管理。

(7)废弃物管理(表 2-15)。

表 2-15　废弃物管理

> 总则：应建立、实施和保持废弃物(包括废水和排水)收集、存放和处置规程，有特殊要求的废弃物处置方式应符合有关规定。
>
> 编写要素：
>
> 废弃物：废弃物的存放和清除、车间外废弃物放置场所要求、废弃物存放专用设施要求。
>
> 排水设施：排水系统的设计和建造要求、入口和出口的要求、室内排水的流向要求、污水处理要求、废水排放设置(地面处理、废水入沟、废水流向)、排水沟要求。

(8)设备与维护(表 2-16)。

表 2-16 设备与维护

　　总则：按照工艺配置生产设备并有序排列，防止交叉污染。设备的设计、建造、维护、使用和储存应满足食品安全要求。

　　编写要素：

　　材质要求、设计要求、监控设备、设备的保养和维修、设备用油脂。

(9)产品污染风险和隔离(表 2-17)。

表 2-17 产品污染风险和隔离

　　总则：应建立、实施和保持产品生物、物理和化学污染预防的控制规程，控制对食品原料、食品添加剂、食品相关产品、半成品、成品、返工品和包装材料的污染与交叉污染的风险；应通过危害分析方法明确生产过程中的食品安全关键环节，并设立食品安全关键环节的控制措施。

　　编写要素：

　　微生物污染：污染物识别分析、微生物监控计划(监控指标、取样点、监控频率、取样和检测方法、评判原则和整改措施等)、空间时间隔离措施、清洁与消毒措施、水滴和冷凝水的控制、防止污染的水溅到食品上、纠偏措施。

　　物理污染：污染物识别分析、制定控制计划、探测或筛选设备、建立预案、维修控制。

　　化学污染：污染物识别分析、化学污染物的控制、合规使用添加剂(GB 2760)、设备油脂、化学品使用制度、适宜容器与标识、有毒化学物质的储存和使用、有毒化学物质的监控与纠偏。

(10)清洁消毒(表 2-18)。

表 2-18　清洁消毒

　　总则：应根据原料、产品和工艺的特点，针对生产设备和环境制定有效的清洁消毒方案，降低污染并避免造成新的污染。

　　编写要素：

　　清洁消毒方案：管理监控制度、清洁消毒的区域(手和手套清洗消毒、工作服清洗消毒、工器具清洗消毒、水设施清洗消毒等)、设备或器具的名称，清洁消毒工作的职责，洗涤、消毒剂的名称，消毒剂的浓度和时间，清洁消毒的方法和频率，清洁消毒效果的验证及不符合的处理，清洁消毒监控和记录。

　　清洁消毒设施：清洗设施与洗手消毒设施、工器具及设备的管理、高污染区域的工具和设备管理。

(11)虫害防治(表 2-19)。

表 2-19　虫害防治

　　总则：应建立、实施和保持虫害控制规程，以预防、监视和控制或消除场所发生虫害的风险。

　　编写要素：

　　防治计划：制定和执行虫害控制措施、绘制虫害控制平面图、绘制虫害控制平面图、发现虫害的措施、监视外包方、杀虫剂管理。

(12)员工卫生(表 2-20)。

表 2-20　员工卫生

　　总则：应建立个人卫生控制规程，确保所有员工意识到良好个人卫生的重要性，理解和遵守确保食品安全与宜食用性的操作规范，应提供必要的员工卫生设施并维护良好。对于临时/流动食品生产经营场所，必要时，应配备卫生和洗手设施。

　　编写要素：

　　个人卫生设施：更衣室设置、工作鞋靴消毒设施、卫生间设置与设施、洗手、干手和消毒设施要求、风淋室及淋浴室、监测与纠偏。

　　个人卫生习惯：卫生培训计划、卫生监控、纠偏措施、管理记录、入岗步骤、及时洗手、经营企业监控制度。

(13)工作服管理(表 2-21)。

表 2-21　工作服管理

　　总则：应根据防护程度的要求，为进入作业区的员工提供适用的工作服及配套用品，以便将食品安全风险降至最低。

　　编写要素：

　　工作服的内容、清洗保洁制度、工作服的设计选材和制作要求。

(14)员工健康(表2-22)。

表 2-22　员工健康

总则：应对员工健康进行管理，明确健康标准，处置健康问题，保留健康记录，降低食品安全风险。

编写要素：

入职体检、健康检查、疾病调岗、受伤处理等。

(15)场所巡检(表2-23)。

表 2-23　场所巡检

总则：应根据产品的特点及生产经营过程的卫生要求，建立对保证食品安全具有显著意义的关键步骤的巡检计划。

编写要素：

巡检计划、问题纠正。

（16）返工（表 2-24）。

表 2-24　返工

总则：返工品的存放、处置和使用应保持产品的质量、安全和可追溯，并应符合相关法律法规要求，清晰识别和(或)标识返工品以确保可追溯。

编写要素：

召回制度、识别标识返工品、返工品记录、无害化处理或销毁、批号标识。

（17）运输储存（表 2-25）。

表 2-25　运输储存

总则：储存、运输和装卸食品的容器、工器具和设备、车辆应当安全、无害，保持清洁和状况良好，适合预期用途，降低食品污染的风险。

编写要素：

储存和运输条件、分类储存分区码放、散装食品运输、运输工具和容器管理、食品装卸。

(18)来访者(表 2-26)。

表 2-26　来访者

总则：被允许进入食品生产/经营场所的来访者，在进入时应遵守和食品生产/经营人员同样的卫生要求。

编写要素：

来访者要求。

(19)培训(表 2-27)。

表 2-27　培训

总则：应建立食品生产/经营相关岗位的人员培训计划，对食品生产/经营人员及相关岗位的从业人员进行相应的食品安全知识培训。

编写要素：

年度培训计划(岗位区分)、培训内容(法律标准、管理制度)、法律标准更新培训、评审评估。

(20)检验(表 2-28)。

表 2-28 检验

总则：应通过自行检验或委托具备相应资质的食品检验机构对原料和产品进行检验，建立食品出厂检验记录制度。 编写要素： 自行检验要求、检验室管理制度、检验项目和频次要求。

(21)管理制度与文件管理(表 2-29)。

表 2-29 管理制度与文件管理

总则：应配备食品安全专业技术人员、管理人员，并建立保障食品安全的管理制度。应建立记录制度，对食品生产中采购、加工、储存、检验、销售等环节详细记录。应建立文件的管理制度，对文件进行有效管理。 编写要素： 管理制度与人员要求、记录制度、产品信息记录要求、加工过程及检验记录、出场记录、召回记录、投诉处理机制、文件管理制度和手段。

(22)销售(表2-30)。

表 2-30　销售

总则：应具有与经营食品品种、规模相适应的销售场所。应具有与经营食品品种、规模相适应的销售设施和设备。 　　编写要素： 　　销售场所布局要求、销售设施和设备要求、销售场所的建筑设施要求、冷藏、冷冻设备要求、废弃物存放设施要求、裸露食品照明设施要求、易变质食品温度控制要求、散装食品包装的标识、包装或分装食品的容器要求、批发食品记录和凭证要求。

(23)食品接触面表面(表2-31)。

表 2-31　食品接触面表面

总则：应管理与食品接触的表面是指接触人类食品的那些表面，以及在正常加工过程中会将水滴溅在食品或食品接触的表面上的那些表面。 　　编写要素： 　　食品接触面的分类、材料要求、设计安装要求。

步骤四：针对各组编制的《食品生产、经营企业卫生规范手册》，展开自我评估和小组评价，最后教师进行评价反馈，填写完成工单（表2-32）。

表 2-32 评估工单

任务名称	食品生产、经营企业卫生规范手册			指导教师		
学号				班级		
组员姓名				组长		
任务目标	通过编写《食品生产、经营企业卫生规范手册》，掌握食品生产经营的卫生相关要求及HACCP认证相关卫生基础要求					
任务内容	1. 参照相关知识及利用网络资源。 2. 编写一份《食品生产、经营企业卫生规范手册》。 3. 完成学习任务后，同学及小组间可进行经验交流，教师可针对共性问题在课堂上组织讨论					
参考资料及使用工具						
实施步骤与过程记录						
文档清单	序号	文档名称			完成时间	负责人
	1					
	2					
	3					
	备注：填写本人完成文档信息					

配分表

评价标准		考核项目	配分	自我评价	组内评价	教师评价
	知识评价	掌握食品生产过程卫生规范	25			
		掌握食品经营过程卫生规范	10			
	技能评价	手册编写程序正确	15			
		思政元素内容充实	20			
	素质评价	具备严谨的科学观和细致的卫生观念	15			
		具备团队合作精神和社会主义核心价值观	15			
		总分	100			
评价记录	自我评价记录					
	组内评价记录					
	教师评价记录					

任务四　食品检验管理与追溯召回

近些年来，我国经济市场蓬勃发展，人们对于生活质量的要求也越来越高。在这种背景下，食品质量安全问题越来越受到人们的关注。食品检验检测工作在日常生活中尤为重要，食品检验机构作为食品检验的主要场所，应当遵循国家规定对食品进行检验，从而保证其安全与品质。

任务描述

根据知识要点的学习，完成我国食品检验形式对比表格填写。查阅相关法律法规、国家食品安全标准，完成食品生产企业出厂检验和型式检验工作安排。

知识要点

一、我国主要的食品检验形式

食品检验是保证食品安全的重要措施，党的二十大报告指出："推进国家安全体系和能力现代化，坚决维护国家安全和社会稳定""强化食品药品安全监管"。我国针对食品质量与安全进行的检验，主要包括出厂检验、型式检验、监督抽检、风险监测、评价性抽检等。

（1）出厂检验是对正式生产的产品在出厂时必须进行的检验，出厂检验项目、企业必备出厂检验仪器的相关要求，应执行《许可办法》《食品生产许可审查通则》及各类现行有效的食品生产许可审查细则等规章、规范性文件的相关规定。食品安全标准中规定了出厂检验项目的，也应一并执行。对于食品生产许可审查细则和产品执行标准都没有规定出厂检验项目的情况，如饮料产品，《饮料生产许可审查细则》(2017 版)强调检测能力，不再规定出厂检验项目，而《食品安全国家标准 饮料》(GB 7101—2022)中没有出厂检验项目的规定。食品生产企业可以参考相关产品的推荐性标准中规定的出厂检验项目进行出厂检验，也可以根据地方监管的规定，如食品安全风险监测、食品安全地方标准，结合产品特性、工艺特点、原料控制情况等因素，合理确定出厂检验项目。食品生产企业应当建立食品出厂检验记录制度，查验出厂食品的检验合格证和安全状况，如实记录食品的名称、规格、数量、生产日期或者生产批号、保质期、检验合格证号、销售日期及购货者名称、地址、联系方式等内容，并保存相关凭证。食品生产企业还应保存出厂检验的留存样品，留样保存期限不得短于产品的保质期。

（2）型式检验是根据产品标准对产品各项指标进行的抽样全面检验。型式检验要求食品生产企业根据产品执行标准(国家标准/行业标准/企业标准等)的相关规定，检测相应的检验项目。检验项目一般包括产品执行标准中规定的全部项目。当出现以下情况时，需要进行型式检验：新产品或老产品转厂生产的试制定型式检验；正式生产后，如结构、材料、工艺有较大的改变，可能影响产品性能时；正式生产时，定期或积累一定产量后，应周期性进行型式检验；产品长期停产后，恢复生产时；出厂检验结果与上次型式检验有较大差异时；国家质量监督机构提出进行型式检验要求时。对于型式检验项目，若本企业没有相应的检验能力，需要委托有资质的检验机构进行必要的检测。在委托检验前，必须确认哪些检验机构有相应检验项目及检验标准的检验资质，并与其签订委托检验协议。

（3）监督抽检是指食品监管部门为监督食品安全，依法组织对在中华人民共和国境内生产经营的食品（含食品添加剂、保健食品）进行有计划的抽样检验，并对抽检结果进行公布和处理的活动。国家及各省市市场监督管理部门会制订年度抽检计划，相关部门按照监督抽检计划进行抽样检验，检验结果的公布分为合格与不合格。食品生产经营者可以对检验结论提出复检申请，也可以对其生产经营食品的抽样过程、样品真实性、检验方法、标准、适用等事项依法提出异议处理申请。食品生产经营者收到监督抽检不合格检验结论后，以及在复检和异议期间，应当立即采取封存不合格食品，暂停生产，通知相关生产经营者和消费者召回，排查不合格原因并进行整改，及时向住所地市场监管部门报告处理情况。

（4）风险监测是通过系统和持续地收集食源性疾病、食品污染及食品中有害因素的监测数据与相关信息，并进行综合分析和及时通报的活动。国家以及省、市市场监管部门结合承担风险监测工作任务的食品检验机构提出的建议制订风险监测计划。当承检机构检测出非食用物质或其他可能存在较高风险的样品，应在确认后 24 小时内向样品采集地的省级监管部门报告问题，同时报告给总局。承检机构检测出除上述外的问题样品，应及时报告给采集地省级监管部门。问题样品为加工食品的，还应报告生产地省级监管部门。省级监管部门在收到有关问题样品的报告后，应及时组织开展调查、核实和处理工作。风险监测结果如果未经市场监督管理总局批准，任何单位和个人不得擅自泄露和对外发布相关数据与信息。

二、不同检验形式的区别

出厂检验和型式检验是企业的自检行为，食品生产企业应按《中华人民共和国食品安全法》和《许可办法》的要求，实施食品出厂检验，确保检验合格后出厂。检验能力比较强的企业，也可以将型式检验的项目作为出厂检验项目实施检验，确保检验合格后出厂。食品生产企业可以自行对所生产的食品进行检验，也可以委托具有检验资质的食品检验机构进行检验。而监督抽检和风险监测是政府进行的、计划式的监督检验，是对相关食品生产企业的食品安全、产品质量及风险监测的重要控制方式之一。

出厂检验是为了确保食品安全及产品质量合格，防止不符合标准产品流入市场。产品经出厂检验合格才能作为合格品交付或销售。监督抽检是监督市场上流通产品的质量安全，验证产品质量或安全指标是否符合我国标准规定，是对企业生产的产品进行事后监管。风险监测的目的是发现风险因子，减少产品安全隐患，为制定标准法规提供依据。

在检验项目上，出厂检验按照食品安全国家标准、《食品生产许可审查通则》及各类现行有效的食品生产许可审查细则中所规定的检验项目进行检验。型式检验是对产品各项质量安全指标的全面检验，检测项目是产品执行标准中的全部指标，以评定产品质量是否全面符合标准。监督抽检检验项目为监督抽检计划项目表中规定的抽检项目，一般检测项目为产品质量指标和安全性指标。风险监测检验项目为风险监测计划项目表中规定的监测项目，监测项目可以是我国标准规定的质量安全指标，也可以是探索性项目。

在检验结果处理方面，出厂检验不合格的产品不允许出厂销售，监督抽检结果需要判定合格或不合格，对不符合标准的食品应当立即展开停止生产、整顿、召回、销毁等强制管理措施或处罚，不合格产品信息也要在被抽检经营场所显著位置公示。风险监测界定产品质量是否存在安全风险，对不符合食品安全国家标准或存在严重食品安全风险隐患的食品，监管部门应当依法监督企业实施召回，并予以销毁。

三、食品检验机构资质认定

《中华人民共和国食品安全法》第八十四条规定，食品检验机构按照国家有关认证认可的规定取得资质认定后，方可从事食品检验活动。检验机构是指依法成立并能够承担相应法律责任的法人或其他组织。检验机构开展国家法律法规规定需要取得特定资质的检验活动，应当取得相应的资质。资质认定部门在实施食品检验机构资质认定评审时，除将《检验检测机构资质认定管理办法》作为检验机构资质认定评审的准则外，还要符合《食品检验机构资质认定条件》的相关要求。

1. 资质认定范围

国家认监委关于实施《食品检验机构资质认定工作的通知》（国认实〔2015〕63 号）中，规定了食品检验机构资质认定的范围，依据《中华人民共和国食品安全法》的相关规定，从事食品、食品添加剂及食品安全标准规定的食品相关产品检验的机构，按照食品检验机构进行管理，实施食品检验机构资质认定。从事供食用的源于农业的初级产品（食用农产品）检验检测活动的机构，按照《中华人民共和国农产品质量安全法》关于农产品质量安全检测机构的规定进行管理。

食品检验机构
资质认定条件

2. 资质认定条件

国务院有关部门及相关行业主管部门依法成立的检验检测机构，其资质认定由市场监管总局负责组织实施，其他检验检测机构的资质认定由其所在行政区域的省级市场监管部门负责组织实施。申请资质认定的检验检测机构应当符合以下 6 项条件：

（1）依法成立并能够承担相应法律责任的法人或其他组织；

（2）具有与其从事检验检测活动相适应的检验检测技术人员和管理人员；

《检验检测机构
资质认定管理办法》
（2021 年修订版）

（3）具有固定的工作场所，工作环境满足检验检测要求；

（4）具备从事检验检测活动所必需的检验检测设备设施；

（5）具有并有效运行保证其检验检测活动独立、公正、科学、诚信的管理体系；

（6）符合有关法律法规或者标准、技术规范规定的特殊要求。

此外，《食品检验机构资质认定条件》（以下简称资质认证条件）具体规定了检验机构在管理体系、检验能力、人员、环境和设施设备、标准物质等方面应当达到的要求。

3. 资质认定程序

程序分类，《检验检测机构资质认定管理办法》第十条，检验检测机构资质认定程序分为一般程序和告知承诺程序。除法律、行政法规或国务院规定必须采用一般程序或者告知承诺程序的外，检验检测机构可以自主选择资质认定程序。

采用告知承诺程序实施资质认定的，按照市场监管总局有关规定执行。资质认定部门做出许可决定前，申请人有合理理由的，可以撤回告知承诺申请。告知承诺申请撤回后，申请人再次提出申请的，应当按照一般程序办理。

4. 资质认定期限

资质认定证书有效期为 6 年，需要延续资质认定证书有效期的，应当在其有效期届满3 个月前提出申请。资质认定部门根据检验检测机构的申请事项、信用信息、分类监管等情况，采取书面审查、现场评审（或远程评审）的方式进行技术评审，并做出是否准予延续的决定。对上一许可周期内无违反市场监管法律、法规、规章行为的检验检测机构，资质认定部门可以采取书面审查方式，对于符合要求的，予以延续资质认定证书有效期。

5. 资质变更

有下列情形之一的，检验检测机构应当向资质认定部门申请办理变更手续，包括机构名称、地址、法人性质发生变更的；法定代表人、最高管理者、技术负责人、检验检测报告授权签字人发生变更的；资质认定检验检测项目取消的；检验检测标准或检验检测方法发生变更的；依法需要办理变更的其他事项。检验检测机构申请增加资质认定检验检测项目或发生变更的事项影响其符合资质认定条件和要求的，要按照程序来实施资质认定证书内容与标志。

6. 资质认定证书内容与标志

《检验检测机构资质认定管理办法》第十五条规定，资质认定证书内容包括发证机关、获证机构名称和地址、检验检测能力范围、有效期限、证书编号、资质认定标志。资质认定标志，由 China Inspection Body and Laboratory Mandatory Approval 的英文缩写 CMA形成的图案和资质认定证书编号组成。检验检测机构不得转让、出租、出借资质认定证书或者标志；不得伪造、变造、冒用资质认定证书或者标志；不得使用已经过期或持被撤销、注销的资质认定证书或标志。

检验检测机构应当在资质认定证书规定的检验检测能力范围内，依据相关标准或技术规定规定的程序和要求，出具检验检测数据、结果。向社会出具具有证明作用的检验检测数据和结果的，应当在其检验检测报告上标注资质认定标志。资质认定部门应当在其官方网站上公布取得资质认定的检验检测机构信息，并注明资质认定证书状态。因应对突发事件等需要，资质认定部门可以公布符合应急工作要求的检验检测机构名录及相关信息，允许相关检验检测机构临时承担应急工作。

四、检验机构的中国合格评定国家认可委员会(CNAS)认可检验资质

为规范食品检验工作，依据《中华人民共和国食品安全法》及其实施条例，原国家食品药品监督管理总局组织制定了《食品检验工作规范》，适用于依据《中华人民共和国食品安全法》及其实施条例的规定开展的食品检验工作。

食品检验机构(以下简称检验机构)的职责。检验机构应符合《食品检验机构资质认定条件》,并按照国家有关认证认可的规定取得资质认定后,方可在资质有效期和批准的检验能力范围内开展食品检验工作,法律法规另有规定的除外。承担复检工作的检验机构还应按照《中华人民共和国食品安全法》规定,取得食品复检机构资格。

检验机构应当确保其组织、管理体系、检验能力、人员、环境和设施、设备和标准物质等方面持续符合资质认定条件和要求,并与其所开展的检验工作相适应。检验机构及其检验人员应当遵循客观独立、公平公正、诚实信用原则,独立于食品检验工作所涉及的利益相关方,并通过识别诚信要素、实施针对性监控、建立保障制度等措施确保不受任何来自内外部的不正当商业、财务和其他方面的压力和影响,保证检验工作的独立性、公正性和诚信。检验机构及其检验人员不得有以下 7 种情形,包括与其所从事的检验工作委托方、数据和结果使用方,或者其他相关方,存在影响公平公正的关系;利用检验数据和结果进行检验工作之外的有偿活动;参与和检验项目或者类似的竞争性项目有关系的产品的生产、经营活动;向委托方、利益相关方索取不正当利益;泄露检验工作中所知悉的国家秘密、商业秘密和技术秘密;以广告或其他形式向消费者推荐食品;参与其他任何影响检验工作独立性、公正性和诚信的活动。

食品检验实行检验机构与检验人负责制。检验机构和检验人对出具的食品检验数据和报告及其检验工作行为负责。检验机构应当履行社会责任,主动参与食品安全社会共治。在查办食品安全案件、协助司法机关进行检验、认定,以及发生食品安全突发事件时,检验机构应当建立绿色通道,配合政府相关部门优先完成相应的稽查检验和应急检验等任务。

检验机构应按照国家有关法律法规的规定,实施实验室安全控制、人员健康保护和环境保护,规范危险品、废弃物、实验动物等的管理和处置,加强安全检查,制定安全事故应急处置程序,保障实验室安全和公共安全。

检验机构应当明确各类技术人员和管理人员的职责与权限,建立检验责任追究制度及检验事故分析评估和处理制度等相应的工作制度,强化责任意识,确保管理体系有效运行。鼓励与支持检验机构围绕食品安全监管、食品产业现状和发展需求,积极开展检验技术、设备、标准物质研发,参与食品安全标准的修订工作,加强质量管理方法研究,并利用信息技术建设抽样系统、业务流程管理平台和检验数据共享平台等信息化管理系统,不断提高检验能力、工作效率、管理水平和服务水平。

1. 检验方法标准

检验机构应当采用满足客户需要,并适用客户所委托的样品的检验方法,应优先使用国际区域或国家标准发布的方法。实验室应确保使用标准的最新有效版本,除非该版本不适宜或不可能使用。必要时,采用附加细则对标准加以补充,以确保应用一致性。食品检验由检验机构指定的检验人独立进行,检验应当严格依据标准检验方法或经确认的非标准检验方法,确保方法中相关要求的有效实施。因实际情况,对方法的合理性偏离,应当有文件规定,并经技术判断和批准及在客户接受的情况下实施。检验机构应当规范检验方法的使用管理。标准检验方法使用前应当进行证实,并保存相关记录。因工作需要,检验机构可以采用经确认的非标准检验方法,但应事先征得委托方同意。如检验方法发生变化,应当重新进行证实或确认。因风险监测、案件稽查、事故调查、应急处置等工作及其他食品安全紧急情况需要，对尚未建立食品安全标准检验方法的，检验机构可采用非食品安全标准等规定的检验项目和检验方法，并应符合国家相关规定的要求。

2. 检验记录

检验人员应及时填写原始记录，校核人员对原始记录的真实性、符合性进行校核，确认无误后签字、编制检验报告。检验机构应当对检验工作如实进行记录，原始记录应当有检验人员的签名或等效标识，确保检验信息完整、可追溯、复现检验过程。检验人员对检验原始记录和检验报告中数据的处理与判定的准确性、符合性负责，负责检验数据的记录处理、运算和修约，正确填写检验原始记录，校对人员应对计算和数据转换做适当的检查。

检验机构应当建立检验结果复验程序，在检验结果不合格或存疑等情况下进行复验并保存记录，确保数据结果准确可靠。检验机构应当严格按照相关法律法规的规定开展复检工作，确保复检程序合法合规，检验结果公正有效。初检机构可对复检过程进行观察，复检机构应当予以配合。

3. 检验报告管理

检验机构应当建立检验报告管理制度，对检验报告的填写与编制、报告审核、发送和存档等环节负责。食品检验报告应当有检验机构资质认定标志及检验机构公章或经法人授权的检验机构检验专用章，并有授权签字人的签名或等效标识。检验机构出具的电子版检验报告和原始记录的效力按照国家有关签章的法律法规执行。检验机构应当严格按照相关法律法规关于检验时限规定和客户要求，在规定的期限内完成委托检验工作，出具检验结果报告。检验机构应当建立食品安全风险信息报告制度，在检验工作中发现食品存在严重安全问题或高风险问题，以及区域性、系统性、行业性食品安全风险隐患时，应当及时向所在地县级以上食品药品监管部门报告，并保留书面报告复印件、检验报告和原始记录。检验机构还应当定期采取但不限于加标回收、样品复测、空白实验、对照实验、使用有证标准物质或者质控样品、通过质控图持续监控等方式，加强结果质量控制，确保检验结果准确可靠。此外，检验机构还应当建立健全投诉处理制度，及时处理对检验结果的异议和投诉，并保存有关记录。

4. 质量管理

食品检验机构应当健全组织机构，建立、实施和持续保持与检验工作相适应的管理体系。开展人体功能性评价的机构还应当具备独立的伦理审评委员会，建立与人体试食实验相适应的管理体系。检验机构应当建立健全档案管理制度，指定专人负责，并有效确保存档材料的安全性、完整性。档案保存期限应当满足相关法律法规要求和检验工作追溯需要。对检验工作实施内部质量控制和质量监督，有计划地进行内部审核和管理评审，采取纠正和预防等措施定期审查与完善管理体系，提升检验能力，并保存相关记录。承担政府相关部门委托检验的机构应当制定相应的工作制度和程序，实施针对性的专项质量控制活动，严格按照计划方案和指定方法进行抽（采）样、检验与结果上报，不得有意回避或者选择性抽样，不得事先有意告知被抽样单位，不得瞒报、谎报数据等信息，不得擅自对外发布或者泄露数据。根据工作需要，检验机构应当接受任务委托部门安排，完成稽查检验和应急检验等任务。

5. 人员管理

检验机构应当建立健全人员持证上岗制度，规范人员的录用、培训、管理，加强对人员关于食品安全法律法规、标准规范、操作技能、质量控制要求、实验室安全与防护知识、量值溯源和数据处理知识等的培训考核，确保人员能力持续满足工作要求。从事国家规定的特定检验工作的人员应当取得相关法律法规所规定的资格。检验机构不得聘用相关法律法规禁止从事食品检验工作的人员。

6. 环境管理

实验室是进行检测使用的场所，必须保持清洁、整齐、安静的良好环境。检验机构应当确保其环境条件不会使检验结果无效，或不会对检验质量产生不良影响。对相互影响的检验区域应当有效隔离，防止干扰或交叉污染。微生物实验室和毒理学实验室生物安全等级管理应当符合国家相关规定。开展动物实验的实验室空间布局、环境设施还应当满足国家关于相应级别动物实验室管理的要求。

7. 仪器设备、试剂管理

检验机构应当建立健全仪器设备、标准物质、标准菌（毒）种管理制度，规范管理使用、加强核查，确保其准确可靠，并应当满足溯源性要求。检验机构应当规范对影响检验结果的标准物质、标准菌（毒）种、血清、试剂和消耗材料等供应品的购买、验收、储存等工作，并定期对供应商进行评价，列出合格供应商名单。实验动物和动物饲料的购买、验收、使用还应当满足国家相关规定的要求。仪器、器具的检定需要满足《中华人民共和国计量法》《中华人民共和国计量法实施细则》《计量标准考核办法》（总局令第 72 号）、《市场监管总局关于调整实施强制管理的计量器具目录的公告》（2020 年第 42 号）等相关要求。计量器具须经计量部门检定合格后方能使用。

8. 检验标准管理

检验机构应当定期开展食品安全标准查询，及时证实能够正确使用更新的标准检验方法，并向资质认定部门申请标准检验方法变更。还应当密切关注食品安全风险信息和食品行业的发展动态，及时收集政府相关部门发布的食品安全和检验检测相关法律法规、公告公示，确保管理体系内部和外部文件有效。

9. 实验室管理

实验室拥有质量控制程序，以监控检测和校准的有效性。检验机构应当积极参加实验室间比对实验或能力验证，覆盖领域和参加频次应当与其检验能力情况和检验工作需求相适应，并针对可疑或不满意结果采取有效措施进行改进。

10. 信息管理

检验机构应当建立实验室信息管理系统，该系统贯穿样品管理、检验管理和报告管理的整个流程，以便提高食品安全和检验过程的可追溯性和可审计性。运用计算机与信息技术或自动化设备，对检验数据和相关信息采集、记录、处理、分析、报告、存储、传输或检索时，以及利用"互联网＋"模式为客户提供服务时，检验机构应当确保数据信息的安全性、完整性和真实性，并对上述工作与认证认可相关要求和本规范附件要求的符合性进行完整的确认，保留确认记录。

五、食品追溯及召回制度

《质量管理体系 基础术语》(GB/T 19000—2016)标准对可追溯性定义为追溯客体的历史、应用情况或所处位置的能力。

《中华人民共和国食品安全法》第四十二条规定，国家建立食品安全全程追溯制度。食品生产经营者应当依照本法的规定，建立食品安全追溯体系，保证食品可追溯。国家鼓励食品生产经营者采用信息化手段采集、留存生产经营信息，建立食品安全追溯体系。国务院食品安全监督管理部门会同国务院农业行政等有关部门建立食品安全全程追溯协作机制。

《中华人民共和国食品安全法实施条例》中，对食品全程追溯的要求做了进一步细化。条例规定，食品生产经营者应当建立食品安全追溯体系，依照食品安全法的规定如实记录并保存进货查验、出厂检验、食品销售等信息，保证食品可追溯。同时，国务院食品安全监督管理部门会同国务院农业行政等有关部门明确食品安全全程追溯基本要求，指导食品生产经营者通过信息化手段建立、完善食品安全追溯体系。

食品药品监管总局《关于发布食品生产经营企业建立食品安全追溯体系若干规定》的公告，规定了生产企业应当记录的基本信息包括产品信息、原辅料信息、生产信息、销售信息、设备信息、设施信息、人员信息、召回信息、销毁信息、投诉信息。销售企业应当记录的基本信息包括进货信息、储存信息、销售信息，并且应当记录运输、储存、交接环节等信息。

可追溯性国内标准主要有《饲料和食品链的可追溯性 体系设计与实施的通用原则和基本要求》(GB/T 22005—2009)、《饲料和食品链的可追溯性 体系设计与实施指南》(GB/Z 25008—2010)、《食品冷链物流追溯管理要求》(GB/T 28843—2012)、《食品追溯 信息记录要求》(GB/T 37029—2018)、《电子商务交易产品可追溯性通用规范》(GB/T 36061—2018)等。

食品安全追溯体系

《饲料和食品链的可追溯性体系设计
与实施的通用原则和基本要求》
(GB/T 22005—2009)

《饲料和食品链的可追溯性
体系设计与实施指南》
(GB/Z 25008—2010)

《食品冷链物流追溯管理要求》
(GB/T 28843—2012)

《食品追溯 信息记录要求》
(GB/T 37029—2018)

1. 追溯类别

追溯的类别可分为正向追踪和反向溯源。正向追踪，是从供应链的上游至下游，跟随追溯单元运行路径的能力；反向溯源，是从供应链的下游至上游，识别追溯单元来源的能力。无论是正向追踪还是反向溯源，目的都是做到风险可控。

依据追溯的具体类型及开展时机，追溯分为追溯演练和实际追溯。在日常监督检查、飞行检查、二方客户审计和三方认证中，都会采用到模拟追溯演练的相关信息。开展频次根据相关的规定确定。审查方式，有往期追溯资料档案和现场追溯演练两种。为有效地测试公司追溯系统的有效性，建议企业在上班时间以外时间段进行测试，并且最好在两小时内能够完成追溯。实际追溯一般发生在有产品投诉或者发生食品安全事件时，原则是根据产品发生问题确定追溯范围，如有义务需进行全过程追溯。

2. 追溯流程

追溯的过程是信息记录追查的过程，要做到及时、全面、准确。通过对原辅包材、生产过程、成品相关记录进行追溯，找出问题成品或者原辅包材的去向并进行控制，同时找出问题发生的缘由，并针对性地制定纠正/预防措施。追溯记录的制度、形式、填写、保存期限等要求，参见《食品追溯 信息记录要求》(GB/T 37029—2018)的相关内容。

《电子商务交易产品可追溯性通用规范》(GB/T 36061—2018)

追溯相关计算，主要遵循物料平衡的原则。物料平衡是产品或者物料实际产量或实际用量及收集到的损耗之和，与理论产量或理论用量之间的比较，并适当考虑可允许的正常偏差范围。计算公式见表2-33。

表 2-33　物料平衡计算

A	B	C
接收的原料量	已使用、剩余库存和已废弃的原料量	$B/A \times 100\% =$原料退货追溯率%
D	E	F
生产的产品总量	退货的产品总量	$E/D \times 100\% =$成品退货追溯率%

追溯完成后，对追溯过程信息进行全记录，找出问题发生的原因，并制定纠正/预防措施。如购买新设备、增加岗位设置、完善操作规程等。企业应根据追溯过程发生的流程问题，不断完善食品追溯管理制度。

《中华人民共和国食品安全法实施条例》对市场退出食品的管理进行了强化。针对实践中，未定期检查库存食品、及时清理变质或超过保质期的食品，与生产经营过程中标注虚假生产日期、保质期或超过保质期的食品，难以查证区分的问题，条例规定，食品生产经营者应当对变质、超过保质期或者回收的食品进行显著标识，或者单独存放在有明确标志的场所，及时采取无害化处理、销毁等措施，并如实记录。同时，针对实践中回收食品概念模糊、法律责任不清晰的问题，条例明确，《中华人民共和国食品安全法》所称回收食品，是指已经售出，因违反法律、法规、食品安全标准或者超过保质期等原因，被召回或者退回的食品，不包括依照《中华人民共和国食品安全法》第六十三条第(三)款的规定可以继续销售的食品。

召回管理专用法规《食品召回管理办法》，适用于不安全食品的停止生产、经营、召回和处置及其监督管理。《食品召回管理办法》第四十五条规定，本办法适用于食品、食品添加剂和保健食品。食品生产经营者对进入批发、零售市场或者生产加工企业后的食用农产品的停滞、经营、召回和处置参照本办法执行。

3. 食品召回管理中监管部门和企业的职责

食品生产经营者应依法承担食品安全第一责任人的义务，建立健全相关管理制度，收集、分析食品安全信息，依法履行不安全食品的停止生产经营、召回和处置义务。县级以上地方市场监督管理部门负责本行政区域的不安全食品的监督管理工作；组织建立由医学、毒理、化学、食品、法律等相关领域专家组成的食品安全专家库，提供专业支持；负责收集、分析和处理本行政区域不安全食品的相关信息，监督食品生产经营者落实主体责任。国家市场监督管

《食品召回管理办法》
(2020 年修订版)

理总局负责指导全国不安全食品停止生产经营、召回和处置的监督管理工作；负责汇总分析全国不安全食品的停止生产经营、召回和处置信息，根据食品安全风险因素，完善食品安全监督管理措施。

(1)停止生产经营。食品生产经营者发现其生产经营的食品属于不安全食品的，应当立即停止生产经营，采取通知或公告的方式告知相关食品经营者停止生产经营、消费者停止食用，并采取必要的措施防控食品安全风险。食品生产经营者未依法停止生产经营不安全食品的，县级以上市场监督管理部门可以责令其停止生产经营不安全食品。食品集中交易市场的开办者、食品经营柜台的出租者、食品展销会的举办者发现食品经营者经营的食品属于不安全食品的，应当及时采取有效措施，确保相关经营者停止经营不安全食品。网络食品交易第三方平台提供者发现网络食品经营者经营的食品属于不安全食品的，应当依法采取停止网络交易平台服务等措施，确保网络食品经营者停止经营不安全食品。食品生产经营者生产经营的不安全食品未销售给消费者，尚处于其他生产经营者控制中的，食品生产经营者应当立即追回不安全食品，并采取必要措施消除风险。

(2)召回。根据食品安全风险的严重和紧急程度，食品召回可分为以下三级：

①一级召回：食用后已经或可能导致严重健康损害甚至死亡的，食品生产者应当在知悉食品安全风险后 24 小时内启动召回，并向县级以上地方市场监督管理部门报告召回计划。

②二级召回：食用后已经或可能导致一般健康损害，食品生产者应当在知悉食品安全风险后 48 小时内启动召回，并向县级以上地方市场监督管理部门报告召回计划。

③三级召回：标签、标识存在虚假标注的食品，食品生产者应当在知悉食品安全风险后 72 小时内启动召回，并向县级以上地方市场监督管理部门报告召回计划。

标签、标识存在瑕疵，食用后不会造成健康损害的食品，食品生产者应当改正，可以自愿召回。

在启动召回时，首先应当制订食品召回计划，食品生产者应当按照召回计划召回不安

全食品。县级以上地方市场监督管理部门收到食品生产者的召回计划后，必要时可以组织专家对召回计划进行评估。评估结论认为召回计划应当修改的，食品生产者应当立即修改，并按照修改后的召回计划实施召回。

①食品召回计划。应当包括下列内容：食品生产者的名称、住所、法定代表人、具体负责人、联系方式等基本情况；食品名称、商标、规格、生产日期、批次、数量以及召回的区域范围；召回原因及危害后果；召回等级、流程及时限；召回通知或者公告的内容及发布方式；相关食品生产经营者的义务和责任；召回食品的处置措施、费用承担情况；召回的预期效果。

②食品召回公告。应当包括下列内容：食品生产者的名称、住所、法定代表人、具体负责人、联系电话、电子邮箱等；食品名称、商标、规格、生产日期、批次等；召回原因、等级、起止日期、区域范围；相关食品生产经营者的义务和消费者退货及赔偿的流程。

③食品召回公告发布渠道。不安全食品在本省、自治区、直辖市销售的，食品召回公告应当在省级市场监督管理部门网站和省级主要媒体上发布。省级市场监督管理部门网站发布的召回公告应当与国家市场监督管理总局网站链接。不安全食品在两个以上省、自治区、直辖市销售的，食品召回公告应当在国家市场监督管理总局网站和中央主要媒体上发布。

4. 食品经营者的召回职责

食品经营者知悉食品生产者召回不安全食品后，应当立即采取停止购进、销售、封存不安全食品，在经营场所醒目位置张贴生产者发布的召回公告等措施，配合食品生产者开展召回工作。食品经营者对因自身原因所导致的不安全食品，应当根据法律法规的规定在其经营的范围内主动召回。食品经营者召回不安全食品应当告知供货商。供货商应当及时告知生产者。食品经营者在召回通知或者公告中应当特别注明系因其自身的原因导致食品出现不安全问题。

5. 不安全食品的处置

食品生产经营者应当依据法律法规的规定，对因停止生产经营、召回等原因退出市场的不安全食品采取补救、无害化处理、销毁等处置措施。食品生产经营者未依法处置不安全食品的，县级以上地方市场监督管理部门可以责令其依法处置不安全食品。对违法添加非食用物质、腐败变质、病死畜禽等严重危害人体健康和生命安全的不安全食品，食品生产经营者应当立即就地销毁。不具备就地销毁条件的，可由不安全食品生产经营者集中销毁处理。食品生产经营者在集中销毁处理前，应当向县级以上地方市场监督管理部门报告。对因标签、标识等不符合食品安全标准而被召回的食品，食品生产者可以在采取补救措施且能保证食品安全的情况下继续销售，销售时应当向消费者明示补救措施。对不安全食品进行无害化处理，能够实现资源循环利用的，食品生产经营者可以按照国家有关规定进行处理。食品生产经营者对不安全食品处置方式不能确定的，应当组织相关专家进行评估，并根据评估意见进行处置。食品生产经营者应当如实记录停止生产经营、召回和处置不安全食品的名称、商标、规格、生产日期、批次、数量等内容。记录保存期限不得少于2年。

活动一：基础知识测试

知识训练

活动二：执行食品企业出厂检验

步骤一：出厂检验需要有制度（表 2-34）。

表 2-34 出厂检验相关制度

依据	《中华人民共和国食品安全法》	《中华人民共和国食品安全法实施条例》	《进出口食品安全管理办法》	《食品安全国家标准 食品生产通用卫生规范》(GB 14881—2013)	《食品生产审查通则》及其问答
条款					
理解及说明					

注：除了国家层面的规定，各地发布的食品安全监督检查相关法规中，均要求企业建立并执行出厂检验记录制度。

步骤二：出厂检验需要复核记录（表 2-35）。

表 2-35 出厂检验需要复核记录

依据	《食品安全国家标准 食品生产通用卫生规范》(GB 14881—2013)
条款	
理解及说明	

步骤三：确定出厂检验项目（标准）（表 2-36）。

表 2-36   出厂检验项目

食品产品	非发酵性豆制品	蜜饯
出厂检验项目		
依据		

步骤四：出厂检验能力保障（表 2-37）。

表 2-37   出厂检验能力保障

依据	《中华人民共和国食品安全法》
条款	
理解及说明	

活动三：安排食品生产企业型式检验（产品自拟）

步骤一：型式检验项目的确定（表 2-38）。

表 2-38   型式检验项目的确定

项目来源依据	检验项目	备注或说明
产品的执行标准及相应的食品安全标准		
食品生产许可审查细则中的要求		
食品配料中有限量的食品添加剂		
食品安全监督抽检实施细则中的项目		
企业内部管理文件中规定的要求		
其他风险评估项目		

步骤二：外检机构的选择（表 2-39）。

表 2-39   外检机构的选择

查询有资质的检验检测机构	
外检机构确定	

步骤三：样品准备(表 2-40)。

表 2-40 样品准备

与外检机构沟通	
样品需要量	
分包量	

步骤四：索取检测机构的检验单，填写产品相应信息(可附检测委托书)。

步骤五：进行送样，检测机构业务员核对相应信息(收到回执)。

活动四：比较各类检验形式的异同

步骤：不同检验形式的比较(表 2-41)。

表 2-41 不同检验形式的比较

检验类别		检验行为	检验机构	抽样人员	检验项目	检验经费	检验效力	检验作用
按检验性质分类	委托检验							
	监督检验							
	发证检验							
	出厂检验							
	型式检验	生产企业自主行为						
		政府行为						

活动五：食品召回公告撰写(问题产品自拟)

步骤一：总结食品召回公告内容要素(表 2-42)。

表 2-42 食品召回公告内容

食品召回公告内容	

步骤二：食品召回公告发布渠道(表 2-43)。

表 2-43　食品召回公告发布渠道

食品召回公告发布渠道	

步骤三：编写食品召回公告(表 2-44)。

表 2-44　食品召回公告

食品召回公告

尊敬的客户：为了消费者的身体健康，根据《中华人民共和国食品安全法》《食品召回管理办法》等相关规定，我公司决定主动召回不安全食品，具体情况如下：

一、公司基本信息

公司名称：_____，法定代表人：_____，住所：_____，召回负责人：_____，联系电话：_____，电子邮箱：_____。

二、召回食品基本情况

本公司生产的_____产品，商标_____，规格_____，生产日期（批次）_____，销售区域为_____，因_____，我公司自本公告发布之日起_____个工作日内，在销售区域内实施_____级召回。

三、召回义务及责任

本公司知悉该批次产品为不安全食品后立即停止生产经营，主动召回，通知经销商做好停止销售、下架等配合工作。消费者可依据有效凭证向本公司或购买该批次不安全食品的超市等经营者办理退换货事宜。

(落款及盖章)

考核评价

五星制考核评价见表 2-45。

表 2-45　考核评价

活动	一	二	三	四	五
自我评价					
组内评价					
教师评价					
综合评价					

任务五　食品标签与广告管理

任务描述

通过对食品标签法律法规、规章、规范性文件、相关标准的学习，掌握预包装食品、预包装特殊膳食用食品标签及营养标签规范。

知识要点

食品标签是指食品包装上的文字、图形、符号及一切说明物。一切说明物是广义范畴的标签，包括吊牌、副签或商标等。形式一是把文字、图形、符号印制或压印在食品的包装盒、袋、瓶、罐或其他包装容器上，形式二是单独印制纸签、塑料膜或其他制品签，粘贴在食品包装容器上。无论采用哪种形式，标签都能够引导消费者选择及购买适合自己的食品，是生产经营者展示食品特性的重要途径，同时也是食品生产经营者向消费者的承诺。规范食品标签标识有着十分重要的意义。

一、食品标签标识法律要求

《中华人民共和国食品安全法》第四章第三节，对标签、说明书和广告标示事项做出规定。其中第六十七条规定，预包装食品的包装上应当有标签。标签应当标明下列事项：

(1)名称、规格、净含量、生产日期。

(2)成分或者配料表。

(3)生产者的名称、地址、联系方式。

(4)保质期。

(5)产品标准代号。

(6)储存条件。

(7)所使用的食品添加剂在国家标准中的通用名称。

(8)生产许可证编号。

(9)法律、法规或者食品安全标准规定应当标明的其他事项［如《食品安全国家标准 蒸馏酒及其配置酒》(GB 2757—2012)中规定了酒类应标示出过量饮酒有害健康这样的警示语］。

专供婴幼儿和其他特定人群的主辅食品，其标签还应当标明主要营养成分及其含量。食品安全国家标准对标签标注事项另有规定的，从其规定。第六十八条规定，食品经营者销售散装食品，应当在散装食品的容器、外包装上标明食品的名称、生产日期或者生产批号、保质期及生产经营者名称、地址、联系方式等内容。

转基因食品的标识，《中华人民共和国食品安全法》第六十九条规定，生产经营转基因食品应当按照规定显著标示。《农业转基因生物标识管理办法》第六条具体规定了转基因标识的标注方法。

食品添加剂的标识，《中华人民共和国食品安全法》第七十条规定，食品添加剂应当有标签、说明书和包装。标签、说明书应当载明本法第六十七条第一款第一项至第六项、第八项、第九项规定的事项，以及食品添加剂的使用范围、用量、使用方法，并在标签上载明"食品添加剂"字样。食品添加剂标识依据除了《中华人民共和国食品安全法》外，还有《食品安全国家标准 食品添加剂标识通则》(GB 29924—2013)。

《农业转基因生物
标识管理办法》
(2017 年修正版)
(农业部令第 10 号)

保健食品的标识，《中华人民共和国食品安全法》第七十八条规定，保健食品的标签、说明书不得涉及疾病预防、治疗功能，内容应当真实，与注册或者备案的内容相一致，载明适宜人群、不适宜人群、功效成分或者标志性成分及其含量等，并声明"本品不能代替药物"。保健食品的功能和成分应当与标签、说明书相一致。规定中要求保健食品标签说明书声明本品不能代替药物，是为了防止保健食品生产经营过程中的误导性宣传，避免消费者过度依赖保健食品，耽误必要的药物治疗。

特殊膳食类食品的标识，《中华人民共和国食品安全法》第六十七条规定，专供婴幼儿和其他特定人群的主辅食品，其标签还应当标明主要营养成分及其含量。专供婴幼儿和其他特定人群的主辅食品，区别于其他食品之处就在于为了满足婴幼儿和其他特定人群的需求，其营养成分、含量有所不同，所以要求在标签上要标明其主要成分及其含量。

进口食品标签标示规定。《中华人民共和国食品安全法》第九十七条规定，进口的预包装食品、食品添加剂应当有中文标签；依法应当有说明书的，还应当有中文说明书。标签、说明书应当符合本法及我国其他有关法律、行政法规的规定和食品安全国家标准的要求，并载明食品的原产地及境内代理商的名称、地址、联系方式。预包装食品没有中文标签、中文说明书或者标签、说明书不符合本条规定的，不得进口。

《中华人民共和国广告法》第九条规定，广告不得有下列情形：

(1)使用或者变相使用中华人民共和国的国旗、国歌、国徽，军旗、军歌、军徽。

(2)使用或者变相使用国家机关、国家机关工作人员的名义或者形象。

(3)使用"国家级""最高级""最佳"等用语。

(4)损害国家的尊严或者利益，泄露国家秘密。

(5)妨碍社会安定，损害社会公共利益。

(6)危害人身、财产安全，泄露个人隐私。

(7)妨碍社会公共秩序或者违背社会良好风尚。

(8)含有淫秽、色情、赌博、迷信、恐怖、暴力的内容。

(9)含有民族、种族、宗教、性别歧视的内容。

(10)妨碍环境、自然资源或者文化遗产保护。

(11)法律、行政法规规定禁止的其他情形。

除《中华人民共和国食品安全法》《中华人民共和国广告法》外，还有其他的法规中也有标签标识的相关规定。如《中华人民共和国产品质量法》第二十七条；《中华人民共和国农产品质量安全法》第二十八条、第三十到三十二条；《中华人民共和国商标法》。

二、食品标签标识法规要求

《中华人民共和国食品安全法实施条例》作为行政法规，是对《中华人民共和国食品安全法》条款的细化。第三十三条规定，生产经营转基因食品应当显著标示，标示办法由国务院食品安全监督管理部门会同国务院农业行政部门制定。第三十九条规定，特殊食品的标签、说明书内容应当与注册或者备案的标签、说明书一致。销售特殊食品，应当核对食品标签、说明书内容是否与注册或者备案的标签、说明书一致，不一致的不得销售。

地方层面的法规要求。以上海为例，《上海市食品安全条例》第三十三条规定，受委托企业应当在受委托生产的食品的标签中，标明自己的名称、地址、联系方式和食品生产许可证编号等信息。

三、食品标签标识规章要求

为加强对食品标识的监督管理，规范食品标识的标注，防止质量欺诈，保护企业和消费者合法权益，国家质检总局在 2007 年发布《食品标识管理规定》，并在 2009 年进行了修订。

食品标识管理规定
（国家质量监督检验
检疫总局令第 102 号）

四、食品标签标识规范性文件要求

根据调味品细则 0301《酱油生产许可审查细则》规定，酱油产品标签内容除符合《食品安全国家标准 预包装食品标签通则》（GB 7718—2011）要求外，还应注明酿造酱油或配置酱油，氨基酸态氮含量、质量等级，用于"佐餐和/或烹调"，产品标准号（生产工艺）。

五、标签标识相关标准要求

在通用标准中，《食品安全国家标准 预包装食品标签通则》（GB 7718—2011）、《食品安全国家标准 预包装食品营养标签通则》（GB 28050—2011）、《食品安全国家标准 预包装特殊膳食用食品标签》（GB 13432—2013）、《食品安全国家标准 食品添加剂标识通则》（GB 29924—2013）等是与标签标识相关的标准。产品标准中包括有标签标识部分，比如《食品安全国家标准 果冻》（GB 19299—2015）、《食品安全国家标准 婴儿配方食品》（GB 10765—2021）等。

1. 第一部分：《食品安全国家标准 预包装食品标签通则》（GB 7718—2011）解读

《食品安全国家标准预包装食品标签通则》（GB 7718—2011）规定了预包装食品的标签要求。GB 7718—2011 适用于直接提供给消费者的预包装食品标签和非直接提供给消费者的预包装食品标签，后者是指通过其他生产经营者进一步加工后提供给消费者。本标准不适用于为预包装食品在储藏运输过程中提供保护的食品储运包装标签、散装食品和现制现售食品的标识。例如，在储运过程中为产品提供保护和便于搬运储存的周转箱、计量称重的散装糕点和现制现售的奶茶等，不在本标准适用范围之内。

《食品安全国家标准 预包装食品标签通则》（GB 7718—2011）基本要求如下：

《食品安全国家标准
预包装食品标签通则》
（GB 7718—2011）

　　(1)应符合法律、法规的规定，并符合相应食品安全标准的规定。法律中关于标签的相关要求，参见本部分(一)、(二)。食品安全标准相关要求，例如《食品安全国家标准 蒸馏酒及其配制酒》(GB 2757—2012)4.3条款，应标示过量饮酒有害健康，可同时标示其他警示语。产品类别属于蒸馏酒及其配制酒的相关产品，就必须在包装上标示此警示用语。另外，还有其他法律、法规、部门规章及食品安全标准对食品标签有特殊要求的，在设计制作食品标签时都需要遵守。

《预包装食品标签通则》(GB 7718—2011)问答

　　(2)应清晰、醒目、持久，应使消费者购买时易于辨认和识读。食品标签的文字图形应清晰、醒目，标识标注字体和颜色与背景颜色对比明显，方便消费者识读标识的内容。"持久"是保证在产品运输销售过程中不会脱落。

　　(3)应通俗易懂、有科学依据，不得标示封建迷信、色情、贬低其他食品或违背营养科学常识的内容。食品标签上避免使用深奥难懂的术语或形容词。所有标示内容应客观、有科学依据。"贬低其他食品"是指不得利用标签宣称自己的产品优于其他类别或同类别其他企业的产品。"违背营养科学常识"是指不尊重科学和客观事实，使用以偏概全、以次充好、以局部说明全体、以虚假冒充真实等形式描述某食品，导致消费者误以为该食品的营养性超过其他食品，违背了科学营养常识。

　　(4)应真实、准确，不得以虚假、夸大、使消费者误解或欺骗性的文字、图形等方式介绍食品，也不得利用字号大小或色差误导消费者。"虚假"是指设计、制作食品标签不实事求是，在标签上给出了虚假、错误的信息。"夸大"指故意夸大某项事实或功能。"使消费者误解"是指标签上标示的信息能使消费者产生错误的联想。"欺骗性的文字、图形"是指在标签上标示的文字、图形，导致消费者误会食品的真实属性。

　　(5)不应直接或以暗示性的语言、图形、符号，误导消费者将购买的食品或食品的某一性质与另一产品混淆。标签要体现直观性，不得直接使用或是将其他产品的名称、图案稍做修改使用，故意误导消费者。

　　(6)不应标注或者暗示具有预防、治疗疾病作用的内容，非保健食品不得明示或者暗示具有保健作用。

　　(7)不应与食品或者其包装物(容器)分离。食品标签的所有内容必须附着或黏合在包装物或包装容器上。

　　(8)应使用规范的汉字(商标除外)。具有装饰作用的各种艺术字，应书写正确，易于辨认。

　　(9)预包装食品包装物或包装容器最大表面面积大于 35 cm² 时(最大表面面积计算方法见该标准附录 A)，强制标示内容的文字、符号、数字的高度不得小于1.8 mm。

　　(10)一个销售单元的包装中含有不同品种、多个独立包装可单独销售的食品，每件独立包装的食品标识应当分别标注。

　　"含有不同品种"是指该销售单元内包含多个不同品种的食品。此时，应当分别在最外层包装上标示每个品种的所有强制标示内容，但共有信息可统一标示。

　　(11)若外包装易于开启识别或透过外包装物能清晰地识别内包装物(容器)上的所有强制标示内容或部分强制标示内容，可不在外包装物上重复标示相应的内容；否则应在外包装物上按要求标示所有强制标示内容。

《食品安全国家标准 预包装食品标签通则》(GB 7718—2011)标示内容：直接向消费者提供的预包装食品标签标示内容应包括食品名称、配料表、净含量和规格、生产者和(或)经销者的名称、地址和联系方式、生产日期和保质期、储存条件、食品生产许可证编号、产品标准代号及其他需要标示的内容。

1)食品名称。

①应在食品标签的醒目位置(首选主要展示版面)，清晰地标示反映食品真实属性(反映固有的性质、特性、特征的名称)的专用名称(标准中的名称)。

食品名称本身能够获得该产品的配料信息及其真实属性，且不会使消费者误解时，可以不在食品名称附近标示真实属性的专用名称。当食品名称本身无法获得产品真实属性，只有看到实物才能判断而实物又难以看到时，应在该名称附近同时标示其真实属性的专用名称。食品名称中关于风味的描述应根据其组分中的特定原料或其生产的特定工艺真实描述，当产品风味仅来自所使用的食用香精香料时，不应直接使用该配料的名称来命名。

a. 当国家标准、行业标准或地方标准中已规定了某食品的一个或几个名称时，应选用其中的一个，或等效的名称。

为了使消费者更容易理解其真实属性，应尽量标示详细名称；在能够充分说明食品真实属性的前提下，可以不使用分类中最低一级或最详细的名词。

b. 无国家标准、行业标准或地方标准规定的名称时，应使用不使消费者误解或混淆的常用名称或通俗名称。

②标示"新创名称""奇特名称""音译名称""牌号名称""地区俚语名称"或"商标名称"时，应在所示名称的同一展示版面标示①规定的名称。

a. 当"新创名称""奇特名称""音译名称""牌号名称""地区俚语名称"或"商标名称"含有易使人误解食品属性的文字或术语(词语)时，应在所示名称的同一展示版面邻近部位使用同一字号标示食品真实属性的专用名称。

b. 当食品真实属性的专用名称因字号或字体颜色不同易使人误解食品属性时，也应使用同一字号及同一字体颜色标示食品真实属性的专用名称。

③为不使消费者误解或混淆食品的真实属性、物理状态或制作方法，可以在食品名称前或食品名称后附加相应的词语或短语，如干燥的、浓缩的、复原的、熏制的、油炸的、粉末的、粒状的等。

2)配料表。

①预包装食品的标签上应标示配料表，配料表中的各种配料应按1)食品名称中的要求标示具体名称。

配料的定义是在制造或加工食品时使用的，并存在(包括以改性的形式存在)于产品中的任何物质，包括食品添加剂。改性的形式是指制作食品时使用的原料、辅料成分经加工已发生了改变，如酒、酱油、食醋等发酵产品。

a. 配料表应以"配料"或"配料表"为引导词。当加工过程中所用的原料已改变为其他成分时，可用"原料"或"原料与辅料"代替"配料""配料表"，并按 GB 7718—2011 相应条款的要求标示各种原料、辅料和食品添加剂。加工助剂不需要标示。

b. 各种配料应按制造或加工食品时加入量的递减顺序——排列；加入量不超过 2%的

配料可以不按递减顺序排列。

c. 如果某种配料是由两种或两种以上的其他配料构成的复合配料(不包括复合食品添加剂),应在配料表中标示复合配料的名称,随后将复合配料的原始配料在括号内按加入量的递减顺序标示。当某种复合配料已有国家标准、行业标准或地方标准,且其加入量小于食品总量的 25% 时,不需要标示复合配料的原始配料。

d. 食品添加剂应当标示其在 GB 2760—2014 中的食品添加剂通用名称。食品添加剂通用名称可以标示为食品添加剂的具体名称,也可标示为食品添加剂的功能类别名称并同时标示食品添加剂的具体名称或国际编码(INS 号)(标示形式见 GB 7718—2011 附录 B)。

在同一预包装食品的标签上,应选择 GB 7718—2011 附录 B 中的一种形式标示食品添加剂。当采用同时标示食品添加剂的功能类别名称和国际编码的形式时,若某种食品添加剂尚不存在相应的国际编码,或因致敏物质标示需要,可以标示其具体名称。食品添加剂的名称不包括其制法。加入量小于食品总量 25% 的复合配料中含有的食品添加剂,若符合 GB 2760—2014 规定的带入原则且在最终产品中不起工艺作用的,不需要标示。

食品添加剂标示注意事项如下:

a)可能具有多种功能的食品添加剂,企业在标签上标示食品添加剂的实际功能类别。

b)等效名称,任选其一。如特丁基对苯二酚、TBHQ。

c)对不同制法食品添加剂,可直接标示食品添加剂的名称但不标示制法,如加氨生产、普通法、亚硫酸铵法生产的焦糖色,在标签上可统一标示为"焦糖色"。

d)考虑致敏物质标示的需要,可以在具体名称前增加来源描述。如"磷脂"可以标示为:大豆磷脂。

e)由两种或两种以上食品添加剂经物理方法混匀而成的复配食品添加剂,应当在食品配料表中分别标示其中的每种食品添加剂。

f)食品添加剂中的辅料在食品中不发挥作用,不需要在配料表中标示。如商品化的叶黄素产品可含有食用植物油、糊精、抗氧化剂等辅料,但该添加剂可直接标示为"叶黄素",或"着色剂(叶黄素)",或"着色剂(161b)"。

g)加工助剂不需要标示。

h)酶制剂,失去酶活力的,不需要标示;保持酶活力的,应按加入量,排列在配料表的相应位置。

i)既是食品添加剂又是营养强化剂的物质按其功能作用标示在 GB 2760—2014 或是 GB 14880—2012 中的名称。如维生素 C。

j)味精和谷氨酸钠根据实际情况,是食品原料标示为味精,是食品添加剂标示为谷氨酸钠。

k)有相关标准的添加量<25%的复合配料中带入的食品添加剂,起功能作用标示,不起功能作用不标示。如红烧肉罐头中的酱油带入的苯甲酸钠不起功能作用不需要标示。

l)在食品制造或加工过程中,加入的水应在配料表中标示。在加工过程中已挥发的水或其他挥发性配料不需要标示。

m)可食用的包装物也应在配料表中标示原始配料,国家另有法律法规规定的除外。

②下列食品配料，可以选择按表 2-46 的方式标示（简化标示）。

表 2-46　配料标示方式

配料类别	配料标示
各种植物油或精炼植物油，不包括橄榄油	"植物油"或"精炼植物油"；如经过氢化处理，应标示为"氢化"或"部分氢化"
各种淀粉，不包括化学改性淀粉	"淀粉"
加入量不超过 2％的各种香辛料或香辛料浸出物（单一的或合计的）	"香辛料""香辛料类"或"复合香辛料"
胶基糖果的各种胶基物质制剂	"胶姆糖基础剂""胶基"
添加量不超过 10％的各种果脯蜜饯水果	"蜜饯""果脯"
食用香精、香料	"食用香精""食用香料""食用香精香料"

a. 植物油可标示具体名称，也可以标示为植物油，如花生油；植物油氢化后标示为氢化植物油或部分氢化植物油或标示标准名称。

b. 物理改性淀粉（预糊化淀粉）标示为淀粉；化学改性淀粉按食品添加剂名称标示。

c. 香辛料＜2％标示具体名称或香辛料；超过 2％标示具体名称；复合香辛料超过 2％按复合配料标示方式。

d. 果脯、蜜饯＜10％可标示具体名称或统一为果脯、蜜饯；超过 10％标示具体名称。

e. 食用香精、香料可标示具体名称，也可标示食用香精、食用香料。

3）配料的定量标示。

①如果在食品标签或食品说明书上特别强调添加了或含有一种或多种有价值、有特性的配料或成分，应标示所强调配料或成分的添加量或在成品中的含量。

两个条件：a."特别强调"，即食品生产者通过对配料或成分的宣传引起消费者对该产品、配料或成分的重视，以文字的形式在配料表内容以外的标签上突出或暗示添加或含有一种或多种配料或成分；b."有价值、有特性"，即暗示所强调的配料或成分对人体有益的程度超出该食品一般情况所应当达到的程度，并且配料或成分具有不同于该食品的一般配料或成分的属性，是相对特殊的配料。在满足"特别强调"的前提下，只要具备"有价值、有特性"中的一点就应当进行定量标示。对于被特别强调的营养成分或营养成分的来源，可以选择标示产品中该营养成分的含量，也可以标示对应配料的添加量。营养成分的标示还应符合其他相关标准的要求。

②如果在食品的标签上特别强调一种或多种配料或成分的含量较低或无时，应标示所强调配料或成分在成品中的含量。

当使用"不添加"等词汇修饰某种配料（含食品添加剂）时，应真实准确地反映食品配料的实际情况，即生产过程中不添加某种物质，其原料也未使用该物质，否则可视为对消费者的误导；当 GB 2760—2014 未批准某种添加剂在该类食品中使用时，不应使用"不添加"

该种添加剂来误导消费者。当强调不含某种配料或成分，如"无""不含"等同类表示方式时，应按照 GB 7718—2011 要求进行定量标示。

③食品名称中提及的某种配料或成分而未在标签上特别强调，不需要标示该种配料或成分的添加量或在成品中的含量。

只强调食品的口味时也不需要定量标示。对配料中过敏物质的提示说明不属于定量标示的范围。

4)净含量和规格。

①净含量的标示应由净含量、数字和法定计量单位组成(标示形式参见 GB 7718—2011 附录 C)。

②应依据法定计量单位，按以下形式标示包装物(容器)中食品的净含量：

a. 液态食品，用体积升(L)、毫升(mL)，或用质量克(g)、千克(kg)；

b. 固态食品，用质量克(g)、千克(kg)；

c. 半固态或黏性食品，用质量克(g)、千克(kg)或体积升(L)、毫升(mL)。

③净含量的计量单位应按表 2-47 标示。

表 2-47　净含量计量单位的标示方式

计量方式	净含量(Q)的范围	计量单位
体积	$Q<1\ 000$ mL	毫升(mL)
	$Q\geqslant1\ 000$ mL	升(L)
质量	$Q<1\ 000$ g	克(g)
	$Q\geqslant1\ 000$ g	千克(kg)

④净含量字符的最小高度应符合表 2-48 的规定。

表 2-48　净含量字符的最小高度

净含量(Q)的范围	字符的最小高度/mm
$Q\leqslant50$ mL；$Q\leqslant50$ g	2
50 mL$<Q\leqslant200$ mL；50 g$<Q\leqslant200$ g	3
200 mL$<Q\leqslant1$ L；200 g$<Q\leqslant1$ kg	4
$Q>1$ kg；$Q>1$ L	6

当用符号表示法定计量单位时，字符高度以字母 L、l、k、g 等的高度计。

⑤净含量应与食品名称在包装物或容器的同一展示版面标示(看到名称就要看到净含量)。

⑥容器中含有固、液两相物质的食品，且固相物质为主要食品配料时，除标示净含量外，还应以质量或质量分数的形式标示沥干物(固形物)的含量(标示形式参见 GB 7718—2011 附录 C)。

固、液两相且固相物质为主，标示净含量＋沥干物(固形物)。半固态、黏性食品、固液相均为主要食用成分或呈悬浮状、固液混合状等无法清晰区别固液相的无须标示沥干物（固形物）的含量。由于自身的特性，可能在不同的温度或其他条件下呈现固、液不同形态的，也无须标示沥干物（固形物）的含量，如蜂蜜、食用油等产品。

⑦同一预包装内含有多个单件预包装食品时，大包装在标示净含量的同时还应标示规格。

同一预包装内含有多件同种类预包装食品时，有三种标示方式：a)标示大包装的净含量和单件预包装食品的件数；b)标示单件预包装食品的件数和净含量；c)标示大包装的净含量、单件预包装食品的件数和净含量。同一预包装内含有多件不同种类预包装食品时，有两种标示方式：a)标示大包装的净含量，分别标示其中各个种类单件预包装食品的净含量和件数；b)标示其中各个种类单件预包装食品的净含量和件数。

赠送装或促销装的净含量应明示销售部分和赠送部分的净含量，可以：a)标示销售部分的净含量＋赠送部分的净含量。b)标示总净含量同时标示赠送部分的净含量。

⑧规格的标示应由单件预包装食品净含量和件数组成，或只标示件数，可不标示"规格"二字。单件预包装食品的规格即指净含量（标示形式参见 GB 7718—2011 附录 C）。

单件预包装食品包括两种情况：a)内含多件独立包装的非预包装食品或裸装食品；b)内含一件食品。

5)生产者、经销者的名称、地址和联系方式。

①应当标注生产者的名称、地址和联系方式。生产者名称和地址应当是依法登记注册、能够承担产品安全质量责任的生产者的名称、地址。有下列情形之一的，应按下列要求予以标示：

a. 依法独立承担法律责任的集团公司、集团公司的子公司，应标示各自的名称和地址。

b. 不能依法独立承担法律责任的集团公司的分公司或集团公司的生产基地，应标示集团公司和分公司（生产基地）的名称、地址；或仅标示集团公司的名称、地址及产地，产地应当按照行政区划标注到地市级地域。

c. 受其他单位委托加工预包装食品的，应标示委托单位和受委托单位的名称和地址；或仅标示委托单位的名称和地址及产地，产地应当按照行政区划标注到地市级地域。

②依法承担法律责任的生产者或经销者的联系方式应标示以下至少一项内容：电话、传真、网络联系方式等，或与地址一并标示的邮政地址。

③进口预包装食品应标示原产国国名或地区区名，以及在中国依法登记注册的代理商、进口商或经销者的名称、地址和联系方式，可不标示生产者的名称、地址和联系方式。

6)日期标示。

①应清晰标示预包装食品的生产日期和保质期。如日期标示采用"见包装物某部位"的形式，应标示所在包装物的具体部位。日期标示不得另外加贴、补印或篡改（标示形式参见 GB 7718—2011 附录 C）。

生产日期：食品成为最终产品的日期，也包括包装或灌装日期，即将食品装入（灌入）包装物或容器，形成最终销售单元的日期。保质期：预包装食品在标签指明的储存条件下，保持品质的期限。在此期限内，产品完全适于销售，并保持标签中不必说明或已经说明的特有品质。体积不大的包装在标示日期时可采用"生产日期见包装"或"见标签上打印"

等方式。"日期标示不得另外加贴、补印或篡改"是指在已有的标签上通过加贴、补印等手段单独对日期进行篡改的行为。如果整个食品标签以不干胶形式制作，包括"生产日期"或"保质期"等日期内容，整个不干胶加贴在食品包装上符合 GB 7718—2011 的规定。

预包装食品必须同时标示生产日期和保质期，标示方式：

a. 生产日期：2019 年 6 月 12 日，保质期 6 个月。

b. 生产日期：2019 年 6 月 12 日，保质期至 2019 年 12 月 11 日。

日期中年、月、日可用空格、斜线、连字符、句点等符号分隔，或不用分隔符。年代号一般应标示 4 位数字，小包装食品也可以标示 2 位数字。月、日应标示 2 位数字。

②当同一预包装内含有多个标示了生产日期及保质期的单件预包装食品时，外包装上标示的保质期应按最早到期的单件食品的保质期计算。外包装上标示的生产日期应为最早生产的单件食品的生产日期，或外包装形成销售单元的日期；也可在外包装上分别标示各单件装食品的生产日期和保质期。

③应按年、月、日的顺序标示日期，如果不按此顺序标示，应注明日期标示顺序（标示形式参见 GB 7718—2011 附录 C）。

7）储存条件。

预包装食品标签应标示储存条件：

储存条件可以标示"储存条件""贮藏条件""贮藏方法"等标题，或不标示标题。

储存条件可以有如下标示形式：常温（或冷冻，或冷藏，或避光，或阴凉干燥处）保存；××℃～××℃保存；请置于阴凉干燥处；常温保存，开封后需冷藏；温度：≤××℃，湿度：≤××%。

8）食品生产许可证编号。

预包装食品标签应标示食品生产许可证编号，标示形式按照相关规定执行。

进口食品可豁免标示食品生产许可证编号。

9）产品标准代号。

在国内生产并在国内销售的预包装食品（不包括进口预包装食品）应标示产品所执行的标准代号和顺序号。

标题形式：产品标准号、产品标准代号、产品标准编号、产品执行标准号等，标准的年代号可以免于标示，如《亚麻籽油》标准可标示 GB/T 8235—2019 或 GB/T 8235。

10）其他标示内容。

①辐照食品。

a. 经电离辐射线或电离能量处理过的食品，应在食品名称附近标示"辐照食品"。

b. 经电离辐射线或电离能量处理过的任何配料，应在配料表中标明。

②转基因食品。转基因食品的标示应符合相关法律、法规的规定。

在中华人民共和国境内销售列入农业转基因生物目录的农业转基因生物，应当有明显的标识。（《农业转基因生物安全管理条例》）

③营养标签。

a. 特殊膳食用食品标示营养标签时应按照《食品安全国家标准 预包装特殊膳食用食品标签》（GB 13432—2013）的要求执行。对于婴幼儿的主辅类食品标签还应根据产品类别符合《食品安全国家标准 婴儿配方食品》（GB 10765—2021）、《食品安全国家标准 较大婴儿和幼儿配方食品》(GB 10767—2021)、《食品安全国家标准 婴幼儿谷类辅助食品》(GB 10769—2010)或《食品安全国家标准 婴幼儿罐装辅助食品》(GB 10770—2010)中关于营养成分指标和标签的要求。

b. 其他预包装食品,直接提供给消费者的预包装食品,应按照《食品安全国家标准 预包装食品营养标签通则》(GB 28050—2011)的规定标示营养标签(豁免标示的食品除外)。

④质量(品质)等级。食品所执行的相应产品标准已明确规定质量(品质)等级的,应标示质量(品质)等级。

非直接提供给消费者的预包装食品标签应按照上述各项下的相应要求标示食品名称、规格、净含量、生产日期、保质期和储存条件,其他内容如未在标签上标注,则应在说明书或合同中注明。

标示内容的豁免如下:

a. 下列预包装食品可以免除标示保质期:酒精度大于等于10%的饮料酒;食醋;食用盐;固态食糖类(白砂糖、绵白糖、红糖和冰糖等,不包括糖果);味精。

b. 当预包装食品包装物或包装容器的最大表面面积小于 10 cm² 时(最大表面面积计算方法见 GB 7718—2011 附录 A),可以只标示产品名称、净含量、生产者(或经销商)的名称和地址。

推荐标示内容(自愿标识):

a. 批号。根据产品需要,可以标示产品的批号。

b. 食用方法。根据产品需要,可以标示容器的开启方法、食用方法、烹调方法、复水再制方法等对消费者有帮助的说明。

c. 致敏物质。以下食品及其制品可能导致过敏反应,如果用作配料,宜在配料表中使用易辨识的名称,或在配料表邻近位置加以提示:

a)含有麸质的谷物及其制品(如小麦、黑麦、大麦、燕麦、斯佩耳特小麦或它们的杂交品系);

b)甲壳纲类动物及其制品(如虾、龙虾、蟹等);

c)鱼类及其制品;

d)蛋类及其制品;

e)花生及其制品;

f)大豆及其制品;

g)乳及乳制品(包括乳糖);

h)坚果及其果仁类制品。

8 类致敏物质以外的其他致敏物质,生产者也可自行选择是否标示。

2. 第二部分:《食品安全国家标准 预包装食品营养标签通则》(GB 28050—2011)解读

根据国家营养调查结果,我国居民既有营养不足,也有营养过剩的问题,特别是脂肪和钠(食盐)的摄入较高,是引发慢性病的主要因素。通过实施营养标签标准,要求预包装食品必须标示营养标签内容。一是有利于宣传普及食品营养知识,指导公众科学选择膳食;二是有利于促进消费者合理平衡膳食和身体健康;三是有利于规范企业正确标示营养标签,科学宣传有关营养知识,促进食品产业健康发展。

《食品安全国家标准 预包装食品营养标签通则》(GB 28050—2011)适用预包装食品营

养标签上营养信息的描述和说明[直接提供给消费者的预包装食品，应按照本标准规定标示营养标签(豁免标示的食品除外)；非直接提供给消费者的预包装食品，可以参照本标准执行，也可以按企业双方约定或合同要求标注或提供有关营养信息]。本标准不适用保健食品及预包装特殊膳食用食品的营养标签标示。

营养标签是指预包装食品标签上向消费者提供食品营养信息和特性的说明，包括营养成分表、营养声称和营养成分功能声称。营养标签是预包装食品标签的一部分。

《食品安全国家标准
预包装食品营养标签通则》
(GB 28050—2011)

《预包装食品营养标签通则》
(GB 28050—2011)
问答(修订版)

营养标签制作

(1)基本要求。

1)预包装食品营养标签标示的任何营养信息，应真实、客观，不得标示虚假信息，不得夸大产品的营养作用或其他作用。

2)预包装食品营养标签应使用中文。如同时使用外文标示的，其内容应当与中文相对应，外文字号不得大于中文字号。

3)营养成分表应以一个"方框表"的形式表示(特殊情况除外)，方框可为任意尺寸，并与包装的基线垂直，表题为"营养成分表"。

4)食品营养成分含量应以具体数值标示，数值可通过原料计算或产品检测获得。营养成分的含量只能使用具体的含量数值，不能使用范围值标示。各营养成分的营养素参考值(NRV)见 GB 28050—2011 附录 A。

5)营养标签的格式见 GB 28050—2011 附录 B，食品企业可根据食品的营养特性、包装面积的大小和形状等因素选择使用其中的一种格式。

6)营养标签应标在向消费者提供的最小销售单元的包装上。当销售单元包含若干可独立销售的预包装食品时，直接向消费者交付的外包装如下标示：

①若该销售单元内的多件食品为不同品种，应在外包装(或大包装)标示每个品种食品的所有强制标示内容，可将共有信息统一标示。

②若外包装(或大包装)易于开启识别(即开启时外包装不受损坏)或透过外包装(或大包装)能清晰识别内包装(或容器)的所有或部分强制标示内容，可不在外包装(或大包装)重复标示相应内容。

(2)强制标示内容。

5 个基本要素；表头、营养成分名称、含量、NRV％和方框(图 2-6)。

1)所有预包装食品营养标签强制标示的内容包括能量、核心营养素的含量值及其占营养素参考值(NRV)的百分比。当标示其他成分时，应采取适当形式使能量和核心营养素的标示更加醒目，如增大字号、改变字体(如斜体、加粗、加黑)、改变颜色(字体或背景颜色)、改变对齐方式或其他方式。

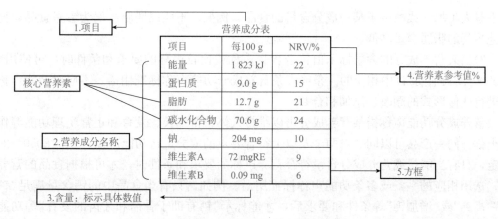

图 2-6　强制标示内容

2)对除能量和核心营养素外的其他营养成分进行营养声称或营养成分功能声称时，在营养成分表中还应标示出该营养成分的含量及其占营养素参考值(NRV)的百分比。

3)使用了营养强化剂的预包装食品，除1)的要求外，在营养成分表中还应标示强化后食品中该营养成分的含量值及其占营养素参考值(NRV)的百分比。

既是营养强化剂又是食品添加剂的物质如维生素 C、维生素 E、β-胡萝卜素、核黄素、碳酸钙等，若按照 GB 14880—2012 规定作为营养强化剂使用时，应当按照本标准要求标示其含量及 NRV%（无 NRV 值的无须标示 NRV%）；若仅作为食品添加剂使用，可不在营养标签中标示。

4)食品配料含有或生产过程中使用了氢化和(或)部分氢化油脂时，在营养成分表中还应标示出反式脂肪(酸)的含量。

5)上述未规定营养素参考值(NRV)的营养成分仅需标示含量。NRV%可以标示为空白、横线、斜线，禁止标示 0%。

(3)可选择标示内容。

1)除上述强制标示内容外，营养成分表中还可选择标示 GB 28050—2011 表 1 中的其他成分。

2)含量声称是描述食品中能量或营养成分含量水平的声称。声称用语包括"含有""高""低"或"无"等。

当某营养成分含量标示值符合 GB 28050—2011 附录 C 中表 C.1 的含量要求和限制性条件时，可对该成分进行含量声称，声称方式见 GB 28050—2011 附录 C 表 C.1。

当某营养成分含量满足 GB 28050—2011 附录 C 中表 C.3 的要求和条件时，可对该成分进行比较声称，声称方式见 GB 28050—2011 附录 C 表 C.3。

当某营养成分同时符合含量声称和比较声称的要求时，可以同时使用两种声称方式，或仅使用含量声称。含量声称和比较声称的同义语见 GB 28050—2011 附录 C 中表 C.2 和表 C.4。

比较声称的参考食品是指消费者熟知的、容易理解的同类或同一属类食品。选择参考食品应考虑以下要求：与被比较的食品是同组(或同类)或类似的食品；大众熟悉，存在形式可被容易、清楚地识别；被比较的成分可以代表同组(或同类)或类似食品的基础水平，而不是人工加入或减少了某一成分含量的食品。例如，不能以脱脂牛奶为参考食品，比较其他牛奶的脂肪含量高低。

3)当某营养成分的含量标示值符合含量声称或比较声称的要求和条件时，可使用 GB 28050—2011 附录 D 中相应的一条或多条营养成分功能声称标准用语。不应对功能声称用语进行任何形式的删改、添加和合并。

营养成分功能声称指某营养成分可以维持人体正常生长、发育和正常生理功能等作用的声称。同一产品可以同时对两个及以上符合要求的成分进行功能声称。GB 28050—2011 规定，只有当能量或营养成分含量符合营养声称的要求和条件时，才可根据食品的营养特性，选用相应的一条或多条功能声称标准用语。例如，只有当食品中的钙含量满足"钙来源""高钙"或"增加钙"等条件和要求后，才能标示"钙有助于骨骼和牙齿的发育"等功能声称用语。

(4)营养成分的表达方式。

1)预包装食品中能量和营养成分的含量应以每 100 克(g)和(或)每 100 毫升(mL)和(或)每份食品可食部中的具体数值来标示。当用份标示时，应标明每份食品的量。份的大小可根据食品的特点或推荐量规定，例如，每包、每袋、每支、每罐等均可作为 1 份，也可将 1 个包装分成多份，但应注明每份的具体含量(克、毫升)。

2)营养成分表中强制标示和可选择性标示的营养成分的名称和顺序、标示单位、修约间隔、"0"界限值应符合 GB 28050—2011 表 1 的规定。当不标示某一营养成分时，依序上移。

"0"界限值是指当能量或某一营养成分含量小于该界限值时，基本不具有实际营养意义，而在检测数据的准确性上有较大风险，因此应标示为"0"。

营养成分的表达单位可选择 GB 28050—2011 表 1 中的中文或英文，也可以两者都使用。当某营养成分含量数值≤"0"界限值时，其含量应标示为"0"。企业标注为"0+表达单位""0.0+表达单位"等方式均不会影响消费者的正确理解。使用"份"的计量单位时，也要同时符合每 100 g 或 100 mL 的"0"界限值的规定。例如，某食品每份(20 g)中含蛋白质 0.4 g，100 g 该食品中蛋白质含量为 2.0 g，按照"0"界限值的规定，在产品营养成分表中蛋白质含量应标示为 0.4 g，而不能为 0。

3)当标示 GB 14880—2012 和卫生部公告中允许强化的除 GB 28050—2011 表 1 外的其他营养成分时，其排列顺序应位于 GB 28050—2011 表 1 所列营养素之后。

4)在产品保质期内，能量和营养成分含量的允许误差范围应符合 GB 28050—2011 表 2 的规定。

(5)豁免强制标示营养标签的预包装食品。

①生鲜食品，如包装的生肉、生鱼、生蔬菜和水果、禽蛋等。

②乙醇含量≥0.5%的饮料酒类。

③包装总表面面积≤100 cm² 或最大表面面积≤20 cm² 的食品。

④现制现售的食品。

⑤包装的饮用水。

⑥每日食用量≤10 g 或 10 mL 的预包装食品。

⑦其他法律法规标准规定可以不标示营养标签的预包装食品。

豁免强制标示营养标签的预包装食品，如果在其包装上出现任何营养信息时，应按照本标准执行。

3. 第三部分：《食品安全国家标准 预包装特殊膳食用食品标签》(GB 13432—2013)解读

特殊膳食用食品是指为满足特殊的身体或生理状况和(或)满足疾病、紊乱等状态下的特殊膳食需求，专门加工或配方的食品，主要包括婴幼儿配方食品、婴幼儿辅助食品、特殊医学用途配方食品及其他特殊膳食用食品。这类食品的适宜人群、营养素和(或)其他营养成分的含量要求等有一定特殊性，对其标签内容如能量和营养成分、食用方法、适宜人群的标示等有特殊要求。

(1)范围。本标准适用预包装特殊膳食用食品的标签(含营养标签)。

标准涵盖了对预包装特殊膳食用食品标签的一般要求，如食品名称、配料表、生产日期、保质期等，以及营养标签要求，包括营养成分表、营养成分含量声称和功能声称。标准明确了特殊膳食用食品的定义和分类，符合定义和分类的产品其标签标示应符合本标准的规定。

(2)基本要求。预包装特殊膳食用食品的标签应符合 GB 7718—2011 规定的基本要求的内容，还应符合以下要求：

①不应涉及疾病预防、治疗功能；

②应符合预包装特殊膳食用食品相应产品标准中标签、说明书的有关规定；

③不应对 0～6 月龄婴儿配方食品中的必需成分进行含量声称和功能声称。

《中华人民共和国食品安全法》明确规定：食品、食品添加剂的标签、说明书不得涉及疾病预防、治疗功能。特殊膳食用食品作为食品的一个类别，虽然其产品配方设计有明确的针对性，但其目的是为目标人群提供营养支持，不具有预防疾病、治疗等功能，因此GB 13432—2013 中明确要求特殊膳食用食品标签不应涉及疾病预防、治疗功能。

我国发布的系列婴幼儿食品国家安全标准中，对产品中必需成分的含量值都有明确的要求，只有符合含量要求的产品才是合格的产品，同时 0～6 月龄婴儿需要全面、平衡的营养，因此，对其必需成分的声称是不必要的。

《食品安全国家标准
预包装特殊膳
食用食品标签》
(GB 13432—2013)

《预包装特殊膳
食用食品标签》
(GB 13432—2013)
问答(修订版)

(3)强制标示内容。

1)一般要求。

①预包装特殊膳食用食品标签的标示内容应符合 GB 7718—2011 中相应条款的要求。

②预包装特殊膳食用食品虽然有其适用人群的特殊性，但也是预包装食品的一类，因

此其强制性标示内容应与 GB 7718—2011 一致，但对于某些特殊内容，则应该依据相关要求标示。

2）食品名称。

①只有符合特殊膳食用食品定义的食品才可以在名称中使用"特殊膳食用食品"或相应的描述产品特殊性的名称。

②特殊膳食用食品的名称应符合 GB 7718—2011 中关于食品名称的要求；"无乳糖牛奶""高蛋白固体饮料"等属于对普通食品所做的营养声称，应符合《食品安全标准 预包装食品标签通则》（GB 7718—2011）和《食品安全标准 预包装食品营养标签通则》（GB 28050—2011）的规定，不适用本标准。

3）能量和营养成分的标示。

①应以"方框表"的形式标示能量、蛋白质、脂肪、碳水化合物和钠，以及相应产品标准中要求的其他营养成分与其含量。方框可为任意尺寸，并与包装的基线垂直，表题为"营养成分表"。如果产品根据相关法规或标准，添加了可选择性成分或强化了某些物质，则还应标示这些成分及其含量。

能量和营养成分的标示是特殊膳食用食品标签上最重要的部分，也是特殊膳食用食品与普通食品区别的主要特征。多数特殊膳食用食品都有相应的产品标准，在产品标准中对能量和营养成分的含量做了比较详细的规定，产品必须符合其产品标准的要求，其含量也必须如实标示出来。

以婴儿配方食品为例，产品标签中除应标示能量、蛋白质、脂肪、碳水化合物和钠的含量外，还应标示《食品安全国家标准 婴儿配方食品》（GB 10765—2021）中规定的必需成分的含量。如果婴儿配方产品依据 GB 10765—2021 或《食品安全国家标准 食品营养强化剂使用标准》（GB 14880—2012）以及卫生行政部门有关公告，添加了可选择性成分或强化了某些物质，则还应标示这些成分及其含量。

②预包装特殊膳食用食品中能量和营养成分的含量应以每 100 g（克）和（或）每 100 mL（毫升）和（或）每份食品可食部中的具体数值来标示。当用份标示时，应标明每份食品的量，份的大小可根据食品的特点或推荐量规定。如有必要或相应产品标准中另有要求的，还应标示出每 100 kJ（千焦）产品中各营养成分的含量。

③能量或营养成分的标示数值可通过产品检测或原料计算获得。在产品保质期内，能量和营养成分的实际含量不应低于标示值的 80%，并应符合相应产品标准的要求。

GB 28050—2011 中对不同的营养成分的允许误差有不同的要求，但特殊膳食用食品有相应的国家安全标准，规定了该类别产品的各种营养成分含量的范围值（上下限值），不符合该范围的产品，将作为不合格产品，且婴幼儿等特殊人群需要全面均衡的营养，因此，保证其标签标示值真实客观是最关键的。

④当预包装特殊膳食用食品中的蛋白质由水解蛋白质或氨基酸提供时，"蛋白质"项可用"蛋白质""蛋白质（等同物）"或"氨基酸总量"任意一种方式来标示。

4）食用方法和适宜人群。

①应标示预包装特殊膳食用食品的食用方法、每日或每餐食用量，必要时应标示调配方法或复水再制方法。

②应标示预包装特殊膳食用食品的适宜人群。对于特殊医学用途婴儿配方食品和特殊

医学用途配方食品，适宜人群按产品标准要求标示。

5)储存条件。

①应在标签上标明预包装特殊膳食用食品的储存条件，必要时应标明开封后的储存条件。

②如果开封后的预包装特殊膳食用食品不宜储存或不宜在原包装容器内储存，应向消费者特别提示。

6)标示内容的豁免。当预包装特殊膳食用食品包装物或包装容器的最大表面面积小于 10 cm² 时，可只标示产品名称、净含量、生产者(或经销者)的名称和地址、生产日期和保质期。

豁免意味着不强制要求标示，企业可以选择是否标示。

(4)可选择标示内容。

1)能量和营养成分占推荐摄入量或适宜摄入量的质量百分比。

在标示能量值和营养成分含量值的同时，可依据适宜人群，标示每 100 g(克)和(或)每 100 mL(毫升)和(或)每份食品中的能量和营养成分含量占《中国居民膳食营养素参考摄入量》中的推荐摄入量(RNI)或适宜摄入量(AI)的质量百分比。无推荐摄入量(RNI)或适宜摄入量(AI)的营养成分，可不标示质量百分比，或者用"-"等方式标示。

推荐摄入量(Recommended Nutrient Intake，RNI)：是指可以满足某一特定性别、年龄及生理状况群体中绝大多数个体(97%～98%)需要量的某种营养素摄入水平。

适宜摄入量(Adequate Intake，AI)是通过观察或实验获得的健康群体某种营养素的摄入量。

2)能量和营养成分的含量声称。

①能量或营养成分在产品中的含量达到相应产品标准的最小值或允许强化的最低值时，可进行含量声称。

②某营养成分在产品标准中无最小值要求或无最低强化量要求的，应提供其他国家和(或)国际组织允许对该营养成分进行含量声称的依据。

③含量声称用语包括"含有""提供""来源""含""有"等。

3)能量和营养成分的功能声称。

①符合含量声称要求的预包装特殊膳食用食品，可对能量和(或)营养成分进行功能声称。功能声称的用语应选择使用 GB 28050—2011 中规定的功能声称标准用语。

②对于 GB 28050—2011 中没有列出功能声称标准用语的营养成分，应提供其他国家和(或)国际组织关于该物质功能声称用语的依据。

4. 第四部分：产品标准

《中华人民共和国食品安全法》中第六十七条规定，食品安全国家标准对标签标注事项另有规定的，从其规定。以《食品安全国家标准 巴氏杀菌乳》(GB 19645—2010)为例。GB 19645—2010 中 5.1 规定，应在产品包装主要展示面上紧邻产品名称的位置，使用不小于产品名称字号且字体高度不小于主要展示面高度五分之一的汉字标注"鲜牛(羊)奶"或"鲜牛(羊)乳"。另外，除食品安全国家标准外，当企业执行的标准为推荐性国家标准、地方标准等标准时，也要同时符合食品安全国家标准中对于标签标识的要求。例如，企业在执行《果蔬汁类及其饮料》(GB/T 31121—2014)的同时，还要符合《食品安全国家标准 饮料》(GB 7101—2015)中关于标签标示的要求。

任务实施

活动一：基础知识测试

知识训练

活动二：找出图片中的食品标签配料部分存的问题（图 2-7）

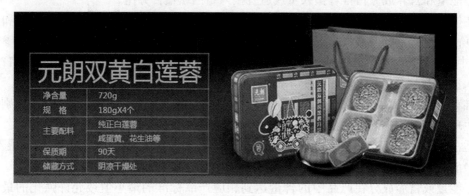

图 2-7　食品标签

步骤一：《食品安全国家标准 预包装食品标签通则》（GB 7718—2011）中对配料表引导词要求。

步骤二：请指出图 2-7 中食品标签配料表部分存在问题。

活动三：案例分析 1

举报：某超市销售的×××牌葡萄味(红枣味)果酪食品外包装配料表里标注了代可可脂，但营养成分表中未标注反式脂肪酸含量；×××牌花生牛轧糖配料表中标注有人造奶油，但营养成分表中未标注反式脂肪酸的含量。

步骤一：举报中 2 个案例标签存在什么问题？

步骤二：《食品安全国家标准 预包装食品营养标签通则》(GB 28050—2011)中对相关情况如何规定？

步骤三：关于反式脂肪酸，配料表中明明含有氢化或部分氢化油，营养成分表中反式脂肪酸含量标示为零，这属于 GB 28050—2011 规定的哪种情况？

活动四：案例分析 2

2015 年 9 月 18 日，消费者在某商店购得一盒双黄莲蓉月饼，价格为 10.40 元(生产商：××××××食品有限公司)，净含量：125 g，配料：精制面粉、植物油、白砂糖、蛋黄、莲蓉，食物添加剂：碱粉、脱氢乙酸钠。

步骤一：《中华人民共和国食品安全法》《食品安全国家标准 预包装食品标签通则》(GB 7718—2011)中对食品添加剂标示有哪些要求？

步骤二：本案例中产品配料表中添加剂的标示存在什么问题？

活动五：案例分析 3

2014 年 9 月 1 日，原告在被告处购买了在包装正面醒目位置标有"天然健康海藻糖"字样的月饼 4 盒，单价 268 元/盒，共付款 1 072 元。后发现该食品在配料表中也标明了海藻糖，但该食品宣称的天然健康的"海藻糖"无具体含量。

步骤一： 作为原告，你认为该食品是否属于不符合国家食品安全标准的食品？

步骤二： 做出以上判断的法律及标准依据有哪些？

步骤三： 请查阅找出违反相应法律法规和标准中的对应条款。

步骤四： 食品生产企业在该产品其他项目检验都符合法律法规及标准要求的前提下，如何整改标签有关信息？

活动六：营养标签的制作(产品自拟)

步骤一： 画方框，填表头。
步骤二： 填项目，写单位。
步骤三： 算数值，写含量。
步骤四： NRV％，取整数。
步骤五： 看含量，写声称。

五星制考核评价见表 2-49。

表 2-49　考核评价

活动	一	二	三	四	五	六
自我评价						
组内评价						
教师评价						
综合评价						

任务六 食品安全风险监测与评估管控

任务描述

通过学习食品安全风险监测与评估管控的相关内容，了解我国食品安全风险监测和监督抽检，以及对于食品的风险评估内容和风险管控方法。同时，掌握食品生产经营企业日常监督管理内容及飞行检查内容与程序。对于该任务完成情况，主要依据自我评价和教师评价两个方面进行评价。

知识要点

一、我国食品监管的发展历程

我国食品监管主要分为两个阶段，第一阶段 2003 年之前，以卫生部门为主的监管；第二阶段 2003 年之后，分段监管与综合协调相结合。

食品风险监测和监督抽检是指市场监督管理部门为监督食品安全，依法组织对在中华人民共和国境内生产经营的食品进行有计划的抽样检验，并对抽检结果进行公布和处理的活动。

二、风险监测和监督抽检的区别与联系

风险监测和监督抽检是我国食品安全监管的重要手段，作为保障食品安全的重要措施，两者相辅相成有一定的区别，但又具有联系。

风险监测是指市场监督管理部门对没有食品安全标准的风险因素开展监测分析处理的活动；而监督抽检是指市场监督管理部门按照法定程序和食品安全标准等规定，以排查风险为目的，对食品组织的抽样检验、复检处理等活动，风险监测的目的是减少产品安全隐患，掌握产品质量安全。

风险监测结果暂不对外公布，除目录中的产品外，还包括可能存在安全风险的产品，可以是探索性的项目，而监督抽检结果公布合格或不合格，是对产品标准进行复合性的检验。

风险监测是事前预防，监管前置，而监督抽检是事后监管。国家食品安全风险监测计划的制订和实施，是由国务院卫生行政部门会同国务院食品安全监督管理等部门完成的。国家卫生健康委员会负责食品安全风险评估工作，会同国家市场监督管理总局等部门制订实施食品安全风险监测计划。国家卫生健康委员会对通过食品风险监测或接到举报，发现食品可能存在安全隐患的，应当立即组织进行检验和食品安全风险评估，并及时向国家市场监督管理总局等部门通报。

由食品安全风险评估的结果得出不安全结论的食品国家市场监督管理总局等部门应当

立即采取措施，国家市场监督管理总局等部门在监督管理工作中发现需要进行食品安全风险评估的，应当及时向国家卫生健康委员会提出建议。因此，监督抽检的线索一般由风险监测提供。

三、风险监测和监督抽检的法规体系

风险监测和监督抽检的法规体系中包含《中华人民共和国食品安全法实施条例》、部门规章（主要有食品安全抽样的纲领性文件、食品安全抽样检验管理办法）及其他文件（主要有《食品安全风险监测管理规定》等 4 个文件的通知，食品安全监督抽检和风险监测承检机构工作规定，年度食品安全抽检计划，年度风险监测计划及实施方案等）。这些文件共同构成了我国食品风险监测和监督抽检的法规体系。在开展工作前要对这些法规文件进行梳理，制定完整的抽样计划和监测方案。其中为规范和加强食品安全风险监测工作，食品药品监管总局于 2013 年 10 月 10 日制定发布食品安全风险监测管理规范等 4 个文件，包括食品安全风险监测管理规范、食品安全风险监测问题样品信息报告和核查处置规定、食品安全风险监测场景机构管理规定和食品安全风险监测样品采集技术要求。

四、市场监管体制下的监管机构及其职能

国家市场监督管理总局下设与食品安全风险监测和监督抽检相关的食品安全抽检监测司与其他相关司局。食品安全抽检监测司又内设综合处、抽检监测处、预警交流和标准处，以及处置监督处。其中，综合处主要承担本次工作计划和综合文稿起草、会议组织、公文运转、文书档案、政务信息、督查督办、信访安全、保密、资产管理信息化、党群和其他日常行政事务等工作，同时承办领导交办的其他工作。

抽检监测处主要是起草食品安全监督抽检监测的规章制度和技术规范，拟订国家食品安全监督抽检计划、评价性抽检计划，并组织实施定期公布总局本级的监督抽检结果信息。参与拟订食品安全风险监测计划，组织开展风险监测工作。

预警交流和标准处主要是组织开展食品安全风险预警和风险交流工作，编写食品安全抽检分析报告，参与制定食品安全标准。

组织监督处主要是指导督促地方开展监督抽检中发现的不合格食品的核查，处置召回工作，针对风险监测中发现的食品安全问题，指导地方开展安全隐患排查和风险控制，组织对承担总局本级抽检监测任务的检验机构完成任务情况进行检查。

👤 学而思

作风连着党风，连着战斗力，连着群众口碑。党的百年历史，也是党不断保持先进性和纯洁性、防范被瓦解被腐化危险的历史。清正廉洁的优良作风，是我们党的建设的重要原则，也是党员干部必须秉持的政治操守、敢于担当的底气根基。年轻的市场监管部门融合了原工商、质监、食品药品、价监、知识产权等职能，涉及合并机构多、人员组成复杂、业务跨度大，必须有铁的纪律才能保障机构、人员、业务从"物理整合"到"化学反应"的快速全面融合。

五、食品安全抽检流程

根据工作目的和工作方式的不同，食品安全抽检工作可分为监督抽检、风险监测和评价性抽检。由市场监督管理部门组织实施的食品安全监督抽检和风险监测的抽样检验工作，需要依据食品安全抽样检验管理办法进行。

第一步：制订计划。国家市场监督管理总局根据食品安全监管工作的需要，制订全国性的食品安全抽样检验年度计划，县级以上地方市场监督管理部门应当根据上级市场监督管理部门制订的抽样检验年度计划，并结合实际情况制定本行政区域内的食品安全抽样检验工作方案。市场监督管理总局每年会发布当年的监督抽检计划公告，附件中有当年食品抽检的品种和项目表。

第二步：是抽样。抽样区域划分，在我国食品监督抽检任务组织实施是分层级进行的，国家市场监督管理部门主要负责组织规模以上重点食品企业市场份额较大的全国大型批发市场、规模以上重点食品企业、市场份额较大的全国大型批发市场。省级市场监督管理部门主要负责组织辖区获证的食品企业、大型餐饮企业、大型批发市场，市县市场监督管理部门主要针对的是蔬菜、水果、禽畜、肉、水产等食用农产品及小作坊、小摊贩和小餐饮等。

进行抽样工作前期需要进行筹划内容如下：

第一，确定抽检单位一般由市场监督管理部门和有资质的食品检验机构进行，有资质的检验单位通常是通过招标投标等方式确定。

第二，承担抽样工作的承检机构要确定抽样的人员，包括抽检分离，人员数量和搭配，每组不少于两人，并根据实际情况确定是否需要政府人员陪同。

第三，抽样方案包括抽样地区和环节的确定、抽样人员的分组、抽样方法、食品类别和数量的确定，特殊产品如有特殊的要求也需要进行明确。

第四，人员培训包括相关法规和实施细则、抽样规范等。抽样工作筹划完成以后要进行抽样物资的准备，主要分为文书类和设备类两类。抽样筹划和物资准备好后开始执行抽样。

执行抽样主要分6个步骤：第一，确定采样的地点；第二，说明来意，核对资质文件；第三，确定样品类别和取样量；第四，现场取证封样完整；第五，填写文书付费索票；第六，做好保存，及时运输，整个抽样过程均需做好影像采集工作。

第三步：检验。承检机构检验依据的是食品安全监督抽检和风险监测承检机构工作规定，按照食品安全监督抽检计划开展检验工作。当食品生产经营者对抽检结果存有异议时可采取下列抽检异议处理的程序：

(1)复检申请。食品生产经营者自收到不合格结论7个工作日内，向实施抽检的市场监督管理部门或其上一级市场监督管理部门提出书面的复检申请。

(2)复检受理。市场监督管理部门收到复检申请材料5个工作日内，出具受理或不予受理的通知书，不受理的应当书面说明理由。

(3)确定复检机构。市场监督管理部门应当在出具受理通知书之日起，5个工作日内随机确定复检机构，复检机构不得与初检机构为同一机构。

(4)样品移交。初检机构与确定复检机构3个工作日内移交备份样品，复检机构进行备份样品的确认。

(5)做出复检结论。复检机构应当自收到备份样品后 10 个工作日内向市场监督管理部门提交复检的结论。

(6)结果通报，市场监督管理部门应当自收到复检结论，于 5 个工作日内将复检结论通知申请人，并通报不合格食品生产经营者，住所所在地市场监督管理部门，但并非所有的复检申请都会被市场监督管理部门受理，若有以下情形之一，复检机构不得予以复检：

①检验结论显示微生物指标超标的。

②复检备份样品超过保质期的。

③预期提出复检申请的。

④其他原因导致的备份样品无法实现复检目的的。

以上 4 种情况需要食品生产经营者注意。

抽检工作结束后，市场监督管理部门根据抽检结果做出核查处置，关于核查处置的实现，市场监督管理部门应当在 90 日内完成不合格食品的核查处置工作，需要延长办理期限的，应当书面报请负责核查处置的市场监督管理部门的负责人批准。对抽检结果和不合格食品核查处置相关信息，除依法公示外，还有以下强化信用惩戒措施：

第一是按要求记入食品生产经营者信用档案；第二是受到的行政处罚等信息，要依法归集到国家企业信用信息公示系统；第三是对存在严重违法失信行为的，按规定实行联合惩戒。

抽检最后一步为市场监督管理部门进行结果发布。

 学而思

保障食品安全是全面建成小康社会的迫切需要，是推进供给侧结构性改革的重要举措。要加快完善食品安全标准体系，抓紧制定一些急需的标准，推动食品安全标准与国际标准对接，用最严谨的标准为食品安全提供基础性制度保障。同时，加大食品安全工作的投入力度，加强基层监管力量和基础设施建设，加快建设职业化食品检查员队伍，增强对食品安全工作的各项保障。

六、风险评估

1. 风险评估与风险管理的基本定义

食品危害是指食品中所含有的对健康有潜在不良影响的生物、化学、物理因素或食品存在的状况。

食品安全风险评估是指对食品及食品添加剂中生物性、化学性和物理性危害，对人体健康可能造成的不良影响所进行的科学评估。风险是指不确定性对目标的影响。风险管理是依据风险评估的结果，权衡制定政策的过程，包括选择和实施适当的控制措施。

食品安全风险评估的法律背景

2. 食品安全风险评估的组成部分

食品安全风险评估包括危害识别、危害特征描述、暴露评估和风险特征描述 4 部分。

(1)危害识别是指根据流行病学、动物实验、体外试验、结构、活性关系等科学数据和文献信息，确定人体暴露于某种危害后，是否会对健康造成不良影响，造成不良影响的可能性，以及可能处于风险之中的人群和范围。

(2)危害特征描述是指对危害相关的不良健康作用进行定性或定量描述，可以利用动物实验、临床试验以及流行病学研究，确定危害与各种不良健康作用之间的计量反应关系作用机制等。

如果可能对于毒性作用有预知的危害，应建立人体安全摄入量水平。

(3)暴露评估是指描述危害进入人体的途径，估算不同人群摄入危害的水平，根据危害在膳食中的水平和人群设施消费量，初步估算危害的膳食总摄入量，同时考虑其他非膳食进入人体的途径，估算人体总摄入量，并与安全摄入量进行比较。

(4)风险特征描述是就暴露对食用安全产生危害的可能性及危害程度的评估，是危害识别及危害特征描述以及暴露评估的综合结果。

在危害识别危害特征描述和暴露评估的基础上，综合分析危害对人体健康产生不良作用的风险及其程度，同时，应当描述和解释风险评估过程中的不确定性。

3. 食品安全风险评估基本程序

食品安全风险评估原则上应当按照确定风险评估项目，组织成立风险评估项目组，制定风险评估政策，制定风险评估实施方案，采集和确定风险评估所需数据，开展风险评估，起草和审议风险评估报告记录等程序逐步实施。

第一步，确定风险评估项目。风险评估项目来源，包括风险管理者委托的评估任务和委员会根据目前食品安全形势和需要自行确定的评估项目，在正式委托或确定风险评估项目前，委员会原则上需要与风险管理者合作，对于拟评估的食品安全问题进行分析，以确定风险评估的必要性。分析时应着重考虑如下问题：食品安全问题的起因、可能的危害因素、所涉及的食品消费者的暴露途径及其可能的风险、消费者对风险的认识及国际上已有的风险控制措施等。

当风险分析结果提示风险可能较高，但其特性尚不明确，风险受到社会广泛关注，或者符合食品安全法食品安全风险评估管理规定中关于开展风险评估的条件时，可确定风险评估项目，并下达风险评估任务书。

第二步，组建风险评估项目组。委员会在接到风险评估项目后，应成立与任务需求相适应，且尽可能包括具有不同学术观点的专家的风险评估项目组，必要时可分别成立风险评估专家组和风险评估工作组，专家组主要负责审核评估方案，提供工作建议，做出重要决定，讨论评估报告草案等工作。工作组主要负责起草评估方案，收集评估所需数据，开展风险评估，起草评估报告，征集评论意见等。

第三步，制定风险评估政策。项目组需要在任务实施前与风险管理者积极合作，共同制定适合本次评估的风险评估政策，以保证风险评估过程的透明性和一致性。风险评估政策应对管理者、评估者及其他本次风险评估相关方的职责进行明确规定，并确认本次评估所用的默认假设、基于专业经验所进行的科学判断、可能影响风险评估结果的政策性因素及其处理方法等。

第四步，制定风险评估实施方案。风险评估项目组应根据风险评估任务书要求，制定风险评估实施方案，内容包括风险评估的目的和范围、评估方法、技术路线、数据需求及采集方式，结果产出形式，项目组成员及分工，工作进程、经费来源等，必要时需要写明所有可能影响评估工作的制约因素及其可能的后果。风险评估实施方案在实施过程中可根据评估目标的变化进行必要的调整。

第五步，采集风险评估数据。风险评估者需要采集的数据种类取决于评估对象和评估目的。因为在科学合理的前提下，尽可能采取与评估内容相关的所有定量和定性数据，膳食暴露评估所需的消费量、有害因素、污染水平、营养素或添加剂含量数据，原则上应在保证科学性的前提下，优先选用国内数据，特殊情况下可选用全球环境监测系统食品部分区域性膳食数据或其他替代数据，但必须提供充足理由。除膳食暴露评估所需数据外，还应尽可能采集基于流行病学或临床试验的内暴露或生物监测数据。

第六步，开展风险评估。开展风险评估工作主要包括危害识别、危害特征描述、暴露评估和风险特征描述这几个步骤。危害识别是根据现有数据进行定性描述的过程，对于大多数有权威数据的危害因素，可以直接在综合分析世界卫生组织、食品添加剂联合专家委员会、欧洲食品安全局等国际权威机构最新的技术报告或评述的基础上进行描述。对于缺乏上述权威技术资料的危害因素，可根据在严格试验条件下，所获得的科学数据进行描述，危害特征描述应从危害因素与不同健康效应的关系、作用机制等方面进行定性或定量描述。对于大多数危害因素，通过直接采用国内外权威评估报告及数据，可以确定化学物的膳食健康指导值，或微生物的剂量反应关系。对于没有权威评估报告及数据的，可利用文献资料、试验参数、专家意见等进行参数确定。膳食暴露评估以食物消费量与食物中危害因素含量等有效数据为基础，根据所关注的目标人群，选择能满足评估目的的最佳统计值，计算膳食暴露量，同时可以根据需要对不同暴露情景进行合理的假设。

风险特征描述应在危害识别危害特征描述和暴露评估的基础上，对评估结果进行综合分析，描述危害对人群健康产生不良作用的风险及其程度与评估过程中的不确定性。风险特征描述有定性、半定量和定量方法。定性描述通常将风险表示为高中低等不同程度，半定量和定量描述，以数值形式表示风险和不确定性的大小。

第七步，起草和审议风险评估报告。风险评估项目组可按照评估步骤，指定各部分内容的起草人和整个报告统稿人。风险评估报告草案，经国家食品安全风险评估专家委员会审议通过后，方可报送风险管理者。

第八步，记录。为了保证风险评估的公开透明，整个风险评估过程的各环节需要以文字、图片或音像等形式进行完整且系统的记录并归档。为了保证与评估相关各类文件的可追溯性，对于风险评估的制约因素、不确定性和假设及其处理方法，评估中的不同意见和观点，直接影响风险评估结果的重大决策等内容要进行详细记录，必要时可申请专家签名，记录应与风险评估过程中产生的其他材料，妥善存档，未经允许不得泄露相关内容。

七、风险管理

1. 食品安全风险管理的法律背景

《中华人民共和国食品安全法》第三条规定，食品安全工作实行预防为主，风险管理全程控制社会共治，建立科学严格的监督管理制度。第十一条，国家鼓励和支持开展与食品安全有关的基础研究应用研究。鼓励和支持食品生产经营者为提高食品安全水平，采用先进技术和先进管理规范。第四十八条，国家鼓励食品生产经营企业符合良好生产规范要求，实施危害分析与关键控制点体系，提高食品安全管理水平。

学而思

民以食为天，加强食品安全工作，关系我国 13 亿多人的身体健康和生命安全，必须抓得紧而又紧。这些年，党和政府下了很大气力抓食品安全，食品安全形势不断好转，但存在的问题仍然不少，老百姓仍然有很多期待，必须再接再厉，把工作做细做实，确保人民群众"舌尖上的安全"。

2. HACCP 体系

HACCP 体系中文全称为危害分析与关键控制点。食品生产的加工过程包括原材料采购、加工、包装、储存、装运等，是预防控制和防范食品安全危害的重要环节。

HACCP 体系是一种科学合理、针对食品生产加工过程进行过程控制的预防性体系。这种体系的建立和应用，可保证食品安全危害得到有效控制，以防止发生危害公众健康的问题。

HACCP 体系被公认为食品行业保障食品安全的先进管理规范，HACCP 是带食品企业的推广与应用已经是国际共识，各国食品安全监管机构均发布相关的文件，指导企业建立 HACCP 体系。

（1）HACCP 体系相关的标准。我国积极推广 HACCP 体系在企业的应用，其中与哈利普体系相关的标准也比较多，包括危害分析与关键控制点体系、食品生产企业通用要求、危害分析与关键控制点体系及其应用指南，也包括水产品、乳制品、豆制品和天然肠衣等具体产品的 HACCP 指南。

（2）HACCP 体系的 7 个原理。HACCP 体系主要由 7 个原理构成，即进行危害分析和制定控制限施、确定关键控制点、确定关键限值、建立关键控制点的监控系统、建立纠偏措施、建立验证程序、建立文件和记录保持系统。HACCP 体系的运行主要是将这 7 个原理应用到食品安全控制中，通过以上 7 个原理的持续运转，以达到消除食品危害的目的。

HACCP 体系的实施程序应当运用文件规范化，文件和记录必须与食品操作的性质及规模相适应，尽可能的简单以方便员工实施，记录也可以证明验证活动是否得到了执行。验证记录应至少包括的信息有产品描述记录、监控记录、纠偏记录，应保持 HACCP 计划应有的记录。

八、我国食品生产经营企业日常监督检查及飞行检查

1. 我国食品生产经营企业日常监督检查的背景及现状

原国家质检总局发布的食品生产加工企业质量安全监督管理办法及其实施细则等文件，明确各级质量技术监督部门定期或不定期地对食品质量安全和卫生状况，对食品生产加工企业持续保证食品质量安全必备条件的情况进行监督检查。

新版《中华人民共和国食品安全法》的实施也进一步强化了食品生产经营过程控制的监管，加强监督检查，但是原有的法规要求已经不能满足食品生产经营监管的需要。因此，原食药总局颁布实施了食品安全法的配套部门规章和食品生产经营日常监督检查管理办法，并发布其配套检查表格以及记录表，对食品生产经营的监督检查工作进行了规范，将

原来的定期或不定期的检查明确和固化为日常监督检查。目前从实践来看，日常监督检查因法律法规配套操作程序规范，而成为我国食品生产监管最常用最基本的检查方法。

2. 日常监督检查的制度的定义

日常监督检查是指基层监管部门按照年度监督检查计划和监督管理工作的需要实施的监督检查，是对食品生产者的基本生产状况开展的合规的检查。从定义中可以看出，实施检查的部门是基层监管部门，也就是市县级，市场监管部门。检查的对象是属地所有食品生产企业，检查的依据是年度监督检查计划。

检查计划的制订单位是市县级市场监管部门，制订依据主要是食品类别、企业规模、管理水平、食品安全状况、信用档案记录等。检查计划的内容包括检查事项、检查方式、检查频次及抽检食品种类、抽查比例等。

按照食品生产经营风险分级管理办法的规定，需要特别注意的是要确定监管检查频次，监管部门对每家企业的检查频次每年不得少于计划数。

3. 日常监督检查的法规依据

法律法规依据包括《中华人民共和国食品安全法》和《食品生产经营日常监督检查管理办法》。检查文件依据包括年度监督检查计划、日常监督检查要点表和日常监督检查结果记录表。

4. 日常监督检查的特点

日常监督检查主要包括两涵盖和两规范。

(1)两涵盖是指涵盖食品、特殊食品、食品添加剂全品种的日常监督检查，涵盖生产、销售、餐饮服务全环节的日常监督检查。

(2)两规范是指规范日常监督检查的要求，对检查人员的资质、检查事项、检查方式、检查程序、检查频次、结果记录与公布问题处理等进行规范，规范标准化检查表格，制定了标准化的检查表格及结果记录表格，并配套制定相应的检查手册，规范指导基层人员开展检查工作。

5. 日常监督检查的原则

日常监督检查的原则主要是属地负责、全面覆盖、风险管理和信息公开4个原则。属地负责是指日常监督检查工作，是由市县级市场监管部门负责，实施具体的检查。国家市场监管总局和省级市场监管部门的职责是主要负责监督指导工作。全面覆盖是指百分之百覆盖监管范围，也就是按照食品安全年度监督检查计划，不考虑是否有生产许可证，全部都要进行检查。风险管理是指按照风险高低制订监督检查计划，确定监管频次，与风险分级制度进行有效的衔接。信息公开就是食品安全年度监督检查计划、检查结果，检查人员都要进行公示。

6. 日常监督检查的基本程序

一是由监管部门确定监督检查人员，明确检查事项抽检内容；二是检查人员现场出示有效证件；三是检查人员按照确定的检查项目抽检内容，开展监督检查与抽检；四是确定监督检查结果，并对于检查结果进行综合判定；五是检查人员和食品生产经营者在日常监督检查结果记录表及抽样检验等文书上签字或盖章；六是根据食品生产经营日常监督检查管理办法，对检查结果进行处理；七是及时公布监督检查的结果。

7. 飞行检查的定义

《食品生产飞行检查管理暂行办法(征求意见稿)》规定，食品包括食品添加剂特殊食品生产飞行检查，是指市场监督管理部门，针对获得生产许可证的食品生产者依法开展的不预先告知的、有因的监督检查，定义中明确检查主体是市场监管部门，检查对象是获得生产许可证的食品生产者，检查方式是不预先告知的，突击的有因的检查，与日常监督检查的定义有很大的差异。

飞行检查的法律法规依据主要有《中华人民共和国食品安全法》《食品生产许可管理办法》《食品召回管理办法》等法律法规以及食品生产许可审查通则、食品安全国家标准、食品生产通用卫生规范，以及各类食品生产许可审查细则等技术规范，各个地方也制定了相应的飞行检查指导文件。

8. 飞行检查的对象

一是监督抽检和风险监测中发现食品生产者存在食品安全问题的风险企业；二是投诉举报媒体舆情或其他线索，有证据表明食品生产者存在食品安全问题和风险的企业；三是食品生产者涉嫌存在严重违反食品安全法律法规及标准规范要求的企业；四是食品生产者风险等级连续升高或存在不诚信记录的企业；五是被约谈后未按时落实整改或整改不力的企业；六是其他需要开展飞行检查的企业。

9. 飞行检查的具体流程

飞行检查的具体流程主要包括飞行检查组的准备，检查组出具证件，检查组实施现场核查，检查后双方签字确认，食品生产企业不合格项整改，检查结果的公示。

具体要求首先是飞行检查组的准备，开展飞行检查之前，飞行检查组需要准备的工作主要包括：一是明确检查对象；二是确定检查人员；三是确定检查时间；四是确定检查内容；五是制定检查方案；六是填写任务书。

飞行检查组准备完成后，检查组到达现场出具证件，证件主要包括有效执法证件和飞行检查告知书，告知检查事项及被检查对象享有的权利和应尽的义务。

出具证件以后，检查组实施现场查验，查验的依据是检查方案，检查的方式主要是书面记录拍摄现场情况，收集复印相关文件资料，或者调查询问相关人员，检查过程中立即保存或依法采取强制措施，需要现场抽样的检查组或市场监管部门负责抽样送检。

检查组组长根据需要申请调整检查对象、检查人员或检查时间等事项，现场查验完成后双方签字确认。检查组应将现场检查情况适时告知生产者、食品生产负责人或被委托人，应当在飞行检查记录等文书上签字，并盖章确认。食品生产者有异议的可以陈述和申辩。检查组应当如实记录，拒绝签字或盖章的检查组，应当在记录表上注明原因，并有所在地市场监管部门工作人员作为见证人签字或盖章。

对于现场检查发现食品生产者存在可以当场整改的问题，食品生产者应当立即整改。对于现场检查发现存在食品安全严重风险隐患的食品生产者，应当立即采取控制措施，检查组应对整改措施及现场整改情况进行记录，食品生产者及时向市场监管部门报告整改情况。检查结束后，检查组原则上应该在 7 个工作日内，将检查报告等相关材料上报组织实施飞行检查的市场监管部门。

市场监管部门应将检查报告整理形成警示性文书，及时反馈给被检查对象，并向社会公示。

任务实施

步骤一： 认知引导。

引导问题 1：什么是食品安全风险监测？

引导问题 2：HACCP 体系的 7 个原则是什么？

引导问题 3：食品生产经营企业日常监督管理的内容有哪些？

步骤二： 基础知识测试。

知识训练

步骤三： 工作程序。

（1）引导学生了解了风险监测和监督抽检的概念区别与联系，接着对风险监测与监督抽检的法规体系和在市场监督管理总局监管下风险监测和监督抽检的监管框架及其职能进行阅读，使学生对市场监督管理总局组织实施的风险监测和监督抽检工作的共同部分有所了解，同时了解食品安全抽检工作内容，特别是抽检流程和注意事项等。通过对食品安全风险监测的认识，学生们能运用食品抽检信息查询系统对抽检数据进行分析，了解风险指标，做好风险控制，保障食品安全。

（2）带领学生熟悉食品安全风险评估的法律背景，了解主导部门应该执行风险评估的情形，分解 HACCP 体系组成部分和基本程序。带领学生了解风险管理的法律背景、食品企业实施 HACCP 体系的必要性、国家关于 HACCP 体系相关的指导标准及 HACCP 体系的 7 个原理。

学生从阅读过程中逐渐认识到风险评估体系内容所涉及的食品安全知识，培养科学严谨的职业品质。

（3）组织学生完成某学校食品的（集体用餐配送）食品安全飞行检查表，完成相关报告，展开自我评估和小组评价，最后教师进行评价反馈，填写完成工单（表 2-50）。

表 2-50 食品安全飞行检查工单

任务名称		指导教师	
学号		班级	
组员姓名		组长	
任务目标			
任务内容	1. 参照相关知识及利用网络资源； 2. 完成《某学校食品的(集体用餐配送)食品安全飞行检查表》； 3. 每完成一次学习任务，同学及小组间可进行经验交流，教师可针对共性问题在课堂上组织讨论		
参考资料及使用工具			
实施步骤与过程记录	某学校食品的(集体用餐配送)食品安全飞行检查表 　学校全称：_____，地址：_____，学校类型：_____，在校生数：_____，住校生数：_____，日用餐数：_____，学校管理人：_____，职务：_____，联系方式：_____，餐厅面积：_____ m²，从业人员数：_____人，经营方式：_____，承包企业：_____，地址：_____，承包人(经理)：_____，电话：_____		

实施步骤与过程记录

项目	检查内容	是	否	存在问题
组织管理	建立了以校长(法人)为第一责任人的食品安全管理机构，健全了制度(查看材料)			
	建立了食品安全责任追究制度，明确了各环节岗位人员的责任(查看材料)			
	学校经常研究食品安全工作，每学期 3 次以上(查看会议记录)			
	学校每年与食堂负责人签订食品安全责任书(查看材料)			
	上级有关学校食品安全法律法规、文件留存好并贯彻落实(查看材料)			
	有专职食品安全管理人员(查看材料)			
安全管理	食堂卫生、安全设施齐全，无任何食品安全隐患(查看现场)			
	学校专职管理人员定期检查食堂，记录详细，问题整改到位(查看记录)			
许可情况	食堂持有效期内的餐饮服务许可证，并公示在醒目位置(看现场)			
	经营项目与许可相符，无违规制售凉菜、冷饮、油炸水煮现象(询问学生)			
	没有转让、涂改、出借、倒卖、出租许可证的行为			
	校外订餐，确认生产者许可证上有"集体配餐"或"学生营养餐"项目(查看材料)			

	项目	检查内容	是	否	存在问题
实施步骤与过程记录	食堂环境设施	食堂 25 m 内无厕所、化工等污染源、有毒源(看现场)			
		食堂整体卫生环境洁净,各项管理制度上墙明示(看现场)			
		采取了消除蝇、鼠、蟑螂和其他有害昆虫滋生环境的措施(看现场)			
		冷藏、冷冻、清洗、排烟、灶具等设施设备齐全、充足(看现场)			
	从业人员管理	建立并落实了从业人员健康档案管理制度(查看材料)			
		从业人员都经过培训,持有健康合格证,掌握基本知识(查看材料、现场提问)			
		都穿戴工作衣帽口罩,佩戴合格证上岗,不留长指甲、戴首饰(查看现场)			
		未发现患有有碍食品安全疾病的从业人员加工直接入口食品(看现场)			
	落实索证	采购食品、原料、油、肉、米是否逐一查验、落实索证索票制度(查看材料)			
		台账记录是否详细(查看台账)			
		不存在国家禁止使用或来源不明的食品及原料、食品添加剂及食品相关产品			
	储存管理	储存食品、原料的设施、房间符合要求,食品添加剂专柜保存(查看现场)			
		食品、原料优质、新鲜,在保质期内(现场抽检)			
	清洗消毒	卫生消毒设施(柜)齐全,且数量满足需要(查看现场)			
		消毒池未与其他水池混用,并有标识(查看现场)			
		原料、餐饮具清洗彻底,消毒人员掌握消毒知识,每餐消毒(现场抽检)			
	食品制作管理	加工制作生、熟分开,不存在交叉污染情况(查看现场)			
		加工食品,特别是四季豆、豆浆等,做到烧熟煮透(查看现场、询问学生)			
		存放超过 2 小时的食品要加热,无违法添加食品添加剂的情况(查看现场)			
		没有使用超期变质等影响食品安全可疑食品的行为			
	留样管理	留样冰箱运转正常,保持在 $-0\,℃\sim6\,℃$(查看现场)			
		每份食品留 100 g,48 小时以上,留样记录本详细(查看现场,查阅记录本)			

续表

实施步骤与过程记录	项目	检查内容	是	否	存在问题
	使用食品添加剂	食品添加剂使用符合《食品安全国家标准 食品添加剂使用卫生标准》(GB 2760—2014)			
		达到专店采购、专柜存放、专人负责、专用工具、专用台账要求			
	学校食堂开放日	开展"洁厨亮灶"情况(查看视频监控、明档厨房等)			
		是否组织开展学校开放日活动			

文档清单	序号	文档名称	完成时间	负责人
	1			
	2			
	3			
	备注：填写本人完成文档信息			

评价标准	配分表					
	考核项目		配分	自我评价	组内评价	教师评价
	知识评价	HACCP 相关概念的掌握	15			
		HACCP 体系的 7 大原理的掌握	20			
	技能评价	关键点、关键限值确定正确	15			
		思政元素内容充实	20			
	素质评价	具备制度自信、文化自信和食品行业自豪感	15			
		具备团队合作精神和社会主义核心价值观	15			
	总分		100			

评价记录	自我评价记录	
	组内评价记录	
	教师评价记录	

项目小结

　　通过对食品生产规范化管理各个任务的学习，熟悉并掌握食品生产、经营者如何获得生产、经营许可，在生产过程中加强对原辅料管理，规范生产、经营过程，建立、完善食品企业检验管理制度与追溯召回制度；能够规范食品标签与广告管理，帮助企业规避不合规带来的风险；了解食品安全风险检测与评估管控。

成 果 评 价

考核任务	自我评价	组内评价	教师评价	备注
任务一				
任务二				
任务三				
任务四				
任务五				
任务六				
综合评价				

思 考 与 实 训

一、单选题

1. 在生产许可承诺制实施后,监管部门对发证、许可范围变更(减项除外)的企业所承诺的信息进行(   )。

    A. 日常监督检查   B. 全覆盖例行检查

    C. 特别监督检查   D. 专项检查

2. 新申请 SC 时不需要提报的资料有(   )。

    A. 食品生产设备布局图和食品生产工艺流程图

    B. 周围环境平面图和功能间布局图

    C. 食品生产主要设备、设施清单

    D. 食品生产许可申请书

3. 申请食品添加剂扩大用量、使用范围的,可以免于提交(   )。

    A. 证明技术上确有必要和使用效果的资料或者文件

    B. 标签或说明书

    C. 样稿安全性评估资料

    D. 食品添加剂样品 1 件

4. 验收环节,食品没有明确保质期的,记录、票据等文件保存期限不得少于(   )。

    A. 六个月   B. 一年   C. 两年   D. 三年

5. 预包装食品配料表中各种配料应按制造或加工食品时(   )递减顺序一一排列。

    A. 加入量   B. 终产品含量   C. 含量   D. 加入体积

6. 市场监督管理部门应在(   )日内,完成对不合格食品的核查处置工作。

    A. 80   B. 90   C. 100   D. 95

7. 食品生产经营者对抽检结果有异议时,应在(   )个工作日内提出复检申请。

    A. 5   B. 7   C. 3   D. 10

8. 新食品生产许可管理办法规定，食品生产许可证的有效期为（ ）年。

    A. 5   B. 2   C. 3   D. 4

9. 经查表 A.1 数据得知，08.03 熟肉制品对防腐剂双乙酸钠、脱氢乙酸钠的最大使用量分别为 3.0 g/kg、0.5 g/kg。在某种熟肉制品中，下列防腐剂双乙酸钠、脱氢乙酸钠两种防腐剂的使用配比符合 GB 2760—2014 规定的是（ ）。

    A. 2.0 g/kg、0.2 g/kg   B. 1.0 g/kg、0.4g/kg

    C. 1.5 g/kg、0.3 g/kg   D. 1.0 g/kg、0.3 g/kg

10. 关于可强化食品类别的选择要求，下列说法不正确的是（ ）。

    A. 应选择目标人群普遍消费且容易获得的食品进行强化

    B. 作为强化载体的食品消费量应相对比较稳定

    C. 我国居民膳食指南中提倡减少食用的食品不宜作为强化的载体

    D. 可以对任何想要强化营养的食品进行强化

二、判断题

1. 实施食品生产经营日常监督检查，对重点项目应当以书面检查方式为主。（ ）

2. 风险监测是相关部门对已有食品安全标准的风险因素，开展的监测、分析和处理活动。（ ）

3. 危害识别是指根据流行病学、动物试验、体外试验、结构-活性关系等科学数据和文献信息确定人体暴露于某种危害后是否会对健康造成不良影响、造成不良影响的可能性，以及可能处于风险之中的人群和范围。（ ）

4. 李某新办一面粉生产企业，可借用他人的食品生产许可证进行生产。（ ）

5. 某食品生产企业生产糕点及糖果，依据《食品生产许可管理办法》，需要申请两个食品生产许可证。（ ）

6. 传统食用习惯是指在省辖区域内有 20 年以上作为定型或非定型包装食品生产经营的历史，且未载入《中华人民共和国药典》。（ ）

7. 申请食品相关产品新品种（食品用消毒剂、洗涤剂新原料除外）应当依据其迁移量提供相应的毒理学资料。（ ）

8. 按照《食品安全国家标准 食品接触材料及制品用添加剂使用标准》（GB 9685—2016）的规定，二氧化硅被批准用于塑料、纸、涂料、橡胶、油墨、粘合剂，按生产需要适量使用，则其含结晶水物质、水合二氧化硅也可以用于以上 6 类食品接触材料中，按生产需要适量使用。（ ）

9. 安全性评估资料中的质量规格检验报告需按照申报资料的质量规格要求和检验方法，对 1 个批次食品添加剂进行检验的检验结果报告。（ ）

10. 食品相关产品新品种行政许可的具体程序按照《中华人民共和国行政许可法》等有关规定执行。（ ）

三、实训拓展

食品添加剂是指为改善食品品质和色、香、味，以及为防腐、保鲜和加工工艺的需要而加入食品中的人工合成或者天然物质。食品添加剂作为食品生产添加物，被广泛地用于各类食品生产加工，可是目前社会上很多消费者依然谈之色变。为此，很多企业推出"零添加""零含有"等宣传用语。针对目前国内这一现象，请发表您的看法，并说明理由。

项目三　食品安全控制体系与认证

项目导读

　　面对新形势下高职教育的新要求，食品安全控制体系与认证主要介绍食品生产经营企业管理体系的建立与认证。通过本项目的学习，能够深入认知质量管理体系（ISO 9000）、绿色有机食品认证等体系建立内容，为社会、行业和企业培养精通食品安全管理的高素质技术技能型"食品人"打下基础。该项目包括质量管理体系（ISO 9000）的建立，危害分析与关键控制（HACCP）体系的建立，食品安全管理体系（ISO 22000）的建立，绿色、有机产品认证等内容。

学习目标

1. 知识目标

（1）了解食品生产经营企业各类管理体系基础概念。

（2）熟悉质量管理体系（ISO 9000）的建立和文件编写方法。

（3）熟悉危害分析与关键控制（HACCP）的建立和文件编写方法。

（4）掌握食品安全管理体系（ISO 22000）的建立和文件编写方法。

（5）掌握绿色、有机食品认证流程和文件编写方法。

2. 能力目标

（1）能够进行质量管理体系（ISO 9000）文件的编写。

（2）能够进行危害分析与关键控制（HACCP）体系文件的编写。

（3）能够进行食品安全管理体系（ISO 22000）文件的编写。

（4）能够进行绿色、有机食品认证申报和文件的编写。

3. 素质目标

（1）具有食品行业诚信的职业道德、敬业爱岗、社会责任感。

（2）具有制度自信、文化自信和食品行业自豪感。

（3）具有编写体系文件所需的认真细致精神和严谨科学态度。

（4）具有较强的集体意识和团队合作精神。

任务一 质量管理体系(ISO 9000)的建立

任务描述

通过学习 ISO 9000 质量管理的 7 项原则、ISO 9000 标准的作用和意义、ISO 9000 标准的构成、ISO 9000 标准的产生和发展等知识点,编写《焙烤食品企业质量管理体系手册》。对于该任务完成情况,主要依据自我评价和教师评价两方面进行评价。

知识要点

一、ISO 9000 标准的构成

ISO 9000:2015 版标准族的构成框架(图 3-1)在 2015 版 ISO 9000 族标准中,只包括 4 个核心标准,即 ISO 9000、ISO 9001、ISO 9004、ISO 19011,以下分别介绍这 4 项核心标准:

ISO 9000《质量管理体系——基础和术语》:该标准表述了 ISO 9000 族标准中质量管理体系的基础知识,并确定了相关的术语。标准明确了帮助组织获得持续成功,确定质量管理 7 项原则是组织改进业绩的框架,也是 ISO 9000 族质量管理体系标准的基础。它表述了建立和运行质量管理体系应遵循的 12 个方面的质量管理体系基础知识,体现了 7 项质量管理原则的具体应用。

ISO 9000 标准的产生和发展

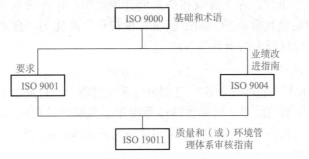

图 3-1 ISO 9000:2015 版标准族结构的框架

ISO 9000 标准的作用和意义

ISO 9001《质量管理体系——要求》:该标准提供了质量管理体系的要求,以供组织需要证实其具有稳定地提供顾客要求和适用法律法规要求产品的能力时应用。组织可通过体系的有效应用,包括持续改进体系的过程及保证符合顾客与适用的法规要求,增进顾客满意。此标准成为用于审核和第三方认证的唯一标准。它可用于内部和外部(第二方或第三方)评价组织满足组织自身要求和顾客及法律法规要求的能力。当组织及其产品的特点不适用时,可以考虑删减。

ISO 9004《质量管理体系——业绩改进指南》：该标准以 8 项质量管理原则为基础，帮助组织用有效和高效的方式识别并满足顾客与其他相关方的需求和期望，实现、保持和改进组织的整体业绩和能力，从而使组织获得成功。该标准提供了超出 ISO 9001 要求的指南和建议，不用于认证或合同的目的，也不是 ISO 9001 的实施指南。标准强调了组织质量管理体系的设计和实施受各种需求、具体目标、所提供的产品、所采用的过程及组织的规模和结构的影响，无意统一质量管理体系的结构或文件。

ISO 19011《质量和(或)环境管理体系审核指南》：其遵循"不同管理体系可以有共同管理和审核要求"的原则，为质量管理和环境管理审核的基本原则、审核方案的管理、环境和质量管理体系审核的实施以及对环境和质量管理体系审核员的资格要求提供了指南。它适用所有运行质量和/或环境管理体系的组织，指导其内审和外审的管理工作。

二、ISO 9000 质量管理的 7 项原则

1. 原则 1：以顾客为关注焦点

质量管理的主要关注点是满足顾客要求并且努力超越顾客的期望。组织只有赢得顾客和其他相关方的信任才能获得持续成功。与顾客相互作用的每个方面，都提供了为顾客创造更多价值的机会。理解顾客和其他相关方当前和未来的需求，有助于组织的持续成功。

以顾客为关注焦点

2. 原则 2：领导作用

各层领导建立统一的宗旨和方向，并且创造全员参与的条件，以实现组织的质量目标。统一的宗旨和方向，以及全员参与，能够使组织将战略、方针、过程和资源保持一致，以实现其目标。

3. 原则 3：全员参与

整个组织内各级人员的胜任、授权和参与，是提高组织创造价值和提供价值能力的必要条件。为了有效和高效地管理组织，让各级人员得到尊重并参与其中是极其重要的。通过表彰、授权和提高能力，促进在实现组织的质量目标过程中的全员参与。

领导作用

4. 原则 4：过程方法

当活动被作为相互关联的功能连贯过程进行系统管理时，可更加有效和高效地始终得到预期的结果。质量管理体系由相互关联的过程所组成。理解体系是如何产生结果的，能够使组织尽可能地完善其体系和绩效。

5. 原则 5：改进

成功的组织总是致力于持续改进。改进对于组织保持当前的业绩水平，对其内、外部条件的变化做出反应并创造新的机会都是非常必要的。

全员参与

6. 原则 6：基于事实的决策(循证决策)

基于数据和信息的分析与评价的决策更有可能产生期望的结果。决策是一个复杂的过程，并且总是包含一些不确定因素。它常涉及多种类型和来源的输入及其解释，而这些解释可能是主观的。重要的是理解因果关系和潜在的非预期后果。对事实、证据和数据的分析可导致决策更加客观，因而更有信心。

7. 原则 7：关系管理

为了持续成功，组织需要管理与供方等相关方的关系。

相关方影响组织的绩效。组织管理与所有相关方的关系，以最大限度地发挥其在组织绩效方面的作用。对供方及合作伙伴的关系网的管理是非常重要的。质量管理 7 项原则是一个组织在质量管理方面的总体原则，这些原则需要通过具体的活动得到体现。其应用可分为质量保证和质量管理两个层面。就质量保证来说，主要目的是取得足够的信任以表明组织能够满足质量要求。因而，所开展的活动主要涉及测定顾客的质量要求、设定质量方针和目标、建立并实施文件化的质量体系，最终确保质量目标的实现。

过程方法　　　　改进　　　　询证决策　　　　关系管理

三、ISO 9001：2015 版新标准条文

具体内容请扫描下方二维码。

四、ISO 9001 质量管理体系的 12 项基础

(1) 质量管理体系理论说明。

(2) 质量管理体系要求与产品要求。

(3) 质量管理体系方法。

(4) 过程方法。

(5) 质量方针和质量目标。

(6) 最高管理者在质量管理体系中的作用。

(7) 文件。

(8) 质量管理体系评价。

(9) 持续改进。

(10) 统计技术的作用。

(11) 质量管理体系与其他管理体系的关注点。

(12) 质量管理体系与组织优秀模式之间的关系。

五、质量管理体系的建立

建立、完善质量体系一般要经历质量体系的策划与设计、质量体系文件的编制、质量体系的试运行、质量体系的审核和评审 4 个阶段，每个阶段又可分为若干具体步骤。

1. 质量体系的策划与设计

该阶段主要是做好各种准备工作，包括教育培训，统一认识；组织落实，拟订计划；确定质量方针，制订质量目标；现状调查和分析；调整组织结构，配备资源等方面。

(1)教育培训，统一认识。质量体系建立和完善的过程，是始于教育，终于教育的过程，也是提高认识和统一认识的过程，教育培训要分层次，循序渐进地进行。

第一层次为决策层，包括党、政、技(术)领导。主要培训：通过介绍质量管理和质量保证的发展与本单位的经验教训，说明建立、完善质量体系的迫切性和重要性。

第二层次为管理层，重点是管理、技术和生产部门的负责人，以及与建立质量体系有关的工作人员。第二层次的人员是建设、完善质量体系的骨干力量，起着承上启下的作用，要使他们全面接受 ISO 9000 族标准有关内容的培训，在方法上可采取讲解与研讨结合。

第三层次为执行层，即与产品质量形成全过程有关的作业人员。对这一层次人员主要培训与本岗位质量活动有关的内容，包括在质量活动中应承担的任务，完成任务应赋予的权限，以及造成质量过失应承担的责任等。

(2)组织落实，拟订计划。尽管质量体系建设涉及一个组织的所有部门和全体职工，但对多数单位来说，成立一个精干的工作班子可能是需要的，根据一些单位的做法，这个班子也可分三个层次。

第一层次：成立以最高管理者(厂长、总经理等)为组长，质量主管领导为副组长的质量体系建设领导小组(或委员会)。其主要任务包括体系建设的总体规划；制订质量方针和目标；按职能部门进行质量职能的分解。

第二层次：成立由各职能部门领导(或代表)参加的工作班子。这个工作班子一般由质量部门和计划部门的领导共同牵头，其主要任务是按照体系建设的总体规划具体组织实施。

第三层次：成立要素工作小组。根据各职能部门的分工明确质量体系要素的责任单位，例如，"设计控制"一般应由设计部门负责，"采购"要素由物资采购部门负责。

(3)确定质量方针，制订质量目标。质量方针体现了一个组织对质量的追求，对顾客的承诺，是职工质量行为的准则和质量工作的方向。制订质量方针的要求：与总方针相协调；应包含质量目标；结合组织的特点；确保各级人员都能理解和坚持执行。

(4)现状调查和分析。现状调查和分析的目的是合理选择体系要素，内容包括体系情况分析，即分析本组织的质量体系情况，以便根据所处的质量体系情况选择质量体系要素的要求；产品特点分析，即分析产品的技术密集程度、使用对象、产品安全特性等，以确定要素的采用程度；组织结构分析，即组织的管理机构设置是否适应质量体系的需要，应建立与质量体系相适应的组织结构并确立各机构间隶属关系、联系方法。

(5)调整组织结构，配备资源。因为在一个组织中除质量管理外，还有其他各种管理。组织机构设置由于历史沿革多数并不是按质量形成客观规律来设置相应的职能部门的，所以在完成落实质量体系要素并展开成对应的质量活动以后，必须将活动中相应的工作职责和权限分配到各职能部门。

2. 质量体系文件的编制

质量管理体系文件是描述质量管理的一整套文件，是质量管理体系运行的依据。

(1)质量管理体系文件。

1)形成文件的质量方针和质量目标；

2）质量手册；

3）本标准所要求的形成文件的程序和记录；

4）组织确定的为确保其过程有效策划、运行和控制所需的文件，包括记录。

注意1：本标准出现"形成文件的程序"之处，即要求建立该程序，形成文件，并加以实施和保持。一个文件可包括对一个或多个程序的要求。一个形成文件的程序的要求可以被包含在多个文件中。

注意2：不同组织的质量管理体系文件多少与详略程度可以不同，取决于：

1）组织的规模和活动的类型；

2）过程及其相互作用的复杂程度；

3）人员的能力。

注意3：文件可采用任何形式或类型的媒介。

（2）质量管理体系文件编写的原则。

1）系统性。质量管理体系文件是反映一个组织质量管理体系运行的全过程。文件的各个层次之间、文件与文件之间应做到层次清楚、接口明确、结构合理。

2）法规性。质量管理体系文件是必须执行的法规性文件，应保持其相对的稳定性和连续性。

3）协调性。应保证质量管理体系文件与其他管理性文件的协调统一，保证质量管理体系文件之间的协调、一致。

4）高增值性。质量管理体系文件不是质量管理体系现状的简单写实，质量管理体系文件随着质量管理体系的不断改进而完善。

5）继承性。在编制质量管理体系文件时，应继承以往有效经验的做法。

6）可操作性。应发动各部门有实践经验的人员，集思广益、共同参与，确保文件的可操作性，切忌照搬照抄，闭门造车。

7）唯一性。对一个组织来说，质量管理体系只有一个，因此，质量管理体系文件也应该是唯一的，要杜绝不同版本并存的现象。

8）见证性。质量管理体系文件可作为本组织质量管理体系有效运行并得到保持的客观证据，向顾客、第三方证实本组织质量管理体系的运行情况。

9）适宜性。质量管理体系文件的编制和形式应考虑企业的产品特点、规模、管理经验等。文件的详略程度应与人员的素质、技能和培训等因素相适宜。

（3）质量管理体系文件编写的准备。文件编制前应完成质量管理体系结构的设计（包括质量方针、质量目标的制订，ISO 9001条款的确定，企业现状的诊断，质量责任分配及资源配备等），同时应进行下列准备：制订未见编写的主管机构（一般为ISO 9001推进小组），指导和协调文件编写工作；收集整理企业现有文件；对编写人员进行培训，明确编写的要求、方法、原则和注意事项；编写指导性文件。为了使质量管理体系文件协调、统一，达到规范化和标准化要求，应编制指导性文件，就文件的要求、内容、格式等做出规定。

（4）质量管理体系文件编写的内容和要求。

1）质量管理体系文件一般应在第一阶段工作完成后才正式制定，必要时也可交叉进行。如果前期工作不做，直接编制体系文件就容易产生系统性、整体性不强，以及脱离实际等弊病。

2）除质量手册需统一组织制定外，其他体系文件应按分工由归口职能部门分别制定，先提出草案，再组织审核，这样做有利于今后文件的执行。

3）质量管理体系文件的编制应结合本单位的质量职能分配进行。按所选择的质量体系要求，逐个展开为各项质量活动（包括直接质量活动和间接质量活动），将质量职能分配落实到各职能部门。质量活动项目和分配可采用矩阵图的形式表述，质量职能矩阵图也可作为附件附于质量手册之后。

4）为了使所编制的质量管理体系文件做到协调、统一，在编制前应制定"质量体系文件明细表"，将现行的质量手册（如果已编制）、企业标准、规章制度、管理办法以及记录表式收集在一起，与质量体系要素进行比较，从而确定新编、增编或修订质量体系文件项目。

5）为了提高质量体系文件的编制效率，减少返工，在文件编制过程中要加强文件的层次之间、文件与文件之间的协调。尽管如此，一套质量好的质量体系文件也要经过自上而下和自下而上的多次反复修改。

6）编制质量管理体系文件的关键是讲求实效，不走形式。既要从总体上和原则上满足ISO 9000 族标准，又要在方法上和具体做法上符合本单位的实际。

（5）质量管理体系手册的结构。质量管理体系手册的结构内容包括：封面、手册发布令、目录、手册说明、手册版序控制、术语与定义、企业概况、质量方针与质量目标、组织结构与职责、过程的描述、支持性资料附录（图 3-2）。

ISO 9001 质量管理体系手册的格式和编号如下：

1）手册的格式。质量管理体系手册内页格式应既方便查阅又有利于实施文件的更改；质量管理体系手册应写明文件编号、版次、文件章节号、标题、页次和更改次数，有利于手册更改的控制。手册附录应附有"质量管理体系程序文件目

图 3-2　工厂质量管理体系文件结构

录"和"质量记录目录"，具有序号、文件编号、文件名称、版次、主要责任部门、备注等内容，这主要是把质量与整个管理性体系文件联系起来。

2）手册的编号。质量管理体系文件的编号十分重要，直接影响文件的有效管理和控制。文件编号应反映出组织的名称、文件的类别、文件的主管责任部门、文件分类号及序号，使文件的种类、主要负责部门、对应过程要点及数量都能一目了然；凡体系文件均应有编号并做到唯一性，以利于实施分类管理及更改、再版工作的有序进行。

文件编号方法如下：

①组织代号，一般用缩写的拼音字母表示。

②文件类别号，按标准要求分为 5 类：质量方针与质量目标——QO；质量手册——QM；程序文件——QP；作业指导书——WI（指管理性文件，技术性文件另定）；质量记录——FM。

③主管责任部门代号，可按责任部门缩写的拼音字母或英文字母表示，其作用是方便文件中职责的归口管理，如办公室——O、质管部门——Q、技术部门——T、生产部门——P、销售部门——S、设备部门——E、人力资源部门——H、财务部门——F。中小型企业因人员较少，部门较为简单，这一代号可以视情形予以省略。

④过程要点及数量序号，可按标准的第 4～8 章的 23 个过程要点表述，序号为

23 个过程要点的文件数，这样可以把文件和过程要点相联系，明确适用范围，方便管理。

3. 质量体系的试运行

质量体系文件编制完成后，质量体系将进入试运行阶段。其目的是通过试运行，考验质量体系文件的有效性和协调性，并对暴露出的问题，采取改进措施和纠正措施，以达到进一步完善质量体系文件的目的。

在质量体系试运行过程中，要重点抓好以下工作：

(1)有针对性地宣贯质量体系文件。使全体职工认识到新建立或完善的质量体系是对过去质量体系的变革，是为了向国际标准接轨，要适应这种变革就必须认真学习、贯彻质量体系文件。

(2)实践是检验真理的唯一标准。体系文件通过试运行必然会出现一些问题，全体职工应将从实践中出现的问题和改进意见如实反映给有关部门，以便采取纠正措施。

(3)将体系试运行中暴露出的问题，如体系设计不周、项目不全等进行协调、改进。

(4)加强信息管理，不仅是体系试运行本身的需要，还是保证试运行成功的关键。所有与质量活动有关的人员都应按体系文件要求，做好质量信息的收集、分析、传递、反馈、处理和归档等工作。

4. 质量体系的审核和评审

质量体系审核在体系建立的初始阶段往往更加重要。在这一阶段，质量体系审核的重点是验证和确认体系文件的适用性与有效性。

(1)审核与评审的主要内容。

1)规定的质量方针和质量目标是否可行；

2)体系文件是否覆盖了所有主要质量活动，各文件之间的接口是否清楚；

3)组织结构能否满足质量体系运行的需要，各部门、各岗位的质量职责是否明确；

4)质量体系要素的选择是否合理；

5)规定的质量记录是否能起到见证作用；

6)所有职工是否养成了按体系文件操作或工作的习惯，其执行情况如何。

(2)体系审核的特点。

1)正常运行时的体系审核，重点在符合性，在试运行阶段，通常是将符合性与适用性结合起来进行。

2)为使问题尽可能地在试运行阶段暴露无遗，除组织审核组进行正式审核外，还应有广大职工的参与，鼓励他们通过试运行的实践，发现和提出问题。

3)在试运行的每一阶段结束后，一般应正式安排一次审核，以便及时对发现的问题进行纠正，对一些重大问题也可根据需要，适时地组织审核。

4)在试运行中要对所有要素审核一遍。

5)充分考虑对产品的保证作用。

6)在内部审核的基础上，由最高管理者组织一次体系评审。

应当强调，质量体系是在不断改进中得以完善的，质量体系进入正常运行后，仍然要采取内部审核、管理评审等各种手段以使质量体系能够保持和不断完善。

任务实施

步骤一：带领学生完成 ISO 9000 质量管理 7 项原则、ISO 9000 标准的作用和意义、ISO 9000 标准的构成、ISO 9000 标准的产生和发展等知识点的学习。

步骤二：基础知识测试。

知识训练

步骤三：带领学生完成质量管理体系手册的编写。

(1)质量手册：以下按照《质量手册》的编写要求及顺序，举例说明其编写方法：

1)封面(表 3-1)。

表 3-1　封面

<table>
<tr><td>

众辉食品有限公司
质　量　手　册

第　版

文件编号：
受控状态：
发放编号：

编制：_____
审核：_____
批准：_____

发布日期：　　　　　　　　　　实施日期：

</td></tr>
</table>

编写说明：应在封面上方写明组织名称，在其下方写明"质量手册"，"质量手册"下写明第×版；在手册中下部应写明《质量手册》编号、文件发放编号、手册受控状态；在封面下方左边写明发布日期，下方右边写明实施日期。

2)手册颁布令和任命书(表 3-2、表 3-3)。

表 3-2 手册颁布令

文件类型	质量手册	众辉食品有限公司	版本号	
章节号		《质量手册》颁布令	修订号	
管理部门			页 码	
颁布令				

颁布令

依据 GB/T 19001—2016 及 ISO 9001：2015《质量管理体系 要求》编制完成《质量手册》，经过审核和批准，现予以正式发布，自二〇××年×月×日起实施。

本手册是我厂质量管理体系的法规性文件，是建立并实施质量管理体系的纲领和行动准则。工厂全体员工必须遵照执行。

总经理：＿＿＿＿＿＿

二〇××年×月×日

编写说明：颁布令是《质量手册》的第 02 章，是《质量手册》的发布令，通常用本组织的红头文件正式发布，由最高管理者签发，也可以直接在手册上签字发布。应说明本手册符合 ISO 9001：2015 标准要求，结合组织实际，明确手册的作用、性质、适用产品范围、用途及对全体员工的要求，明确在二〇××年×月×日实施，由企业最高管理者签字批准。

表 3-3 任命书

文件类型	质量手册	众辉食品有限公司	版本号	
章节号		任命书	修订号	
管理部门			页 码	

任命书

为贯彻执行 GB/T 19001—2016 及 ISO 9001：2015《质量管理体系 要求》，加强对管理体系运作的领导，特任命＿＿＿＿＿为我厂的管理者代表。

管理者代表的职责：

总经理：＿＿＿＿＿＿

二〇××年×月×日

编写说明：本项是由工厂的最高管理者在本组织内任命一名管理者代表。同时，将管理者代表的职责和权限以书面形式在组织内部发布，有利于管理者代表在其授权范围内行使职权，确保质量管理体系的建立和有效实施。

3）目录（表3-4）。

表3-4 目录

文件类型	质量手册	众辉食品有限公司	版本号	
章节号		目　录	修订号	
管理部门			页　码	

0. 概述

0.1 质量方针

0.2《质量手册》修改控制

0.3《质量手册》说明

0.4 工厂概况

0.5 工厂组织架构图

0.6 质量管理体系架构图

0.7 质量管理体系过程责任分配表

1. 范围

1.1 总则

1.2 应用

2. 引用标准

3. 术语和定义

4. 组织环境

4.1 理解组织及其环境

4.2 理解相关方的需求和期望

4.3 确定质量管理体系的范围

4.4 质量管理体系及其过程

5. 领导作用

5.1 领导作用和承诺

5.2 方针

5.3 组织的岗位、职责和权限

6. 策划

6.1 应对风险和机遇的措施

6.2 质量目标及其实现的策划

6.3 变更的策划

7. 支持

7.1 资源

7.2 能力

7.3 意识

7.4 沟通

7.5 成文信息

8. 运行

8.1 运行的策划和控制

8.2 产品和服务的要求

8.3 产品和服务的设计和开发
8.4 外部提供的过程、产品和服务的控制
8.5 生产和服务的提供
8.6 产品和服务的放行
8.7 不合格输出的控制
9. 绩效评价
9.1 监视、测量、分析和评价
9.2 内部审核
9.3 管理评审
10. 改进
10.1 总则
10.2 不合格和纠正措施
10.3 持续改进

编写说明：《质量手册》的目录分为章节号、章节内容、页码，必要时可再列入 ISO 9001：2015 标准对应条款号。它是工厂质量管理体系文件的总体架构。

4）质量方针（表 3-5）。

表 3-5 质量方针

文件类型	质量手册	众辉食品有限公司		版本号	
章节号		质量方针		修订号	
管理部门				页 码	
质量求精，开拓市场； 完善服务，忠诚守信					

编写说明：质量方针是企业最高管理者正式发布的组织总的质量宗旨和质量方向。要体现出组织产品或服务的特点，给人以深刻的印象。要求有概括性、简练通畅、文字生动富有号召力。质量方针的下面可以进行适当注解。

5)《质量手册》修改控制(表 3-6)。

表 3-6　《质量手册》修改控制

文件类型		质量手册	众辉食品有限公司	版本号	
章节号			《质量手册》修改控制	修订号	
管理部门				页　码	
修改一览表					
章节号	修改条款	修改日期	修改人	审核	批准

编写说明:《质量手册》是质量管理体系的重要文件,如实、及时填写"修改一览表",可确定《质量手册》的更改和修订状态得到识别。

6)《质量手册》说明(表 3-7)。

表 3-7　《质量手册》说明

文件类型	质量手册	众辉食品有限公司	版本号	
章节号		《质量手册》说明	修订号	
管理部门			页　码	
1. 手册内容、适用范围				
2. 手册的管理控制				

编写说明:对《质量手册》的内容、使用领域进行介绍;明确手册的管理部门和手册的适用范围。

7)工厂概况(表 3-8)。

表 3-8　工厂概况

文件类型	质量手册	众辉食品有限公司	版本号	
章节号		工厂概况	修订号	
管理部门			页　码	
工厂概况				

编写说明：《质量手册》的作用之一是对外宣传、证实工厂的质量管理体系的存在，所以，工厂概况的描述最好能将工厂的经营理念、产品、服务、实力、资源、发展前景及在同行中的地位、市场份额等重要信息对外充分展示。最后要注明：工厂名称、地址、电话、传真等信息。

8)工厂组织结构图(表3-9)。

表3-9 工厂组织结构图

文件类型	质量手册	众辉食品有限公司		版本号	
章 节 号		工厂组织结构图		修订号	
管理部门				页 码	

编写说明：以最高管理者为领导的企业各个部门的组织结构。此结构图也可以放在《质量手册》的最后附录。

9)质量管理体系结构图(表3-10)。

表3-10 质量管理体系结构图

文件类型	质量手册	众辉食品有限公司		版本号	
章 节 号		质量管理体系结构图		修订号	
管理部门				页 码	

编写说明：质量管理体系结构图是专门针对组织的质量管理而设置的，质量管理体系结构图更突出管理者代表的作用。如果组织中的某些部门（如财务部）未被所建立的质量管理体系所覆盖，将不在质量管理体系结构图中体现。此结构图也可以放在《质量手册》的最后附录。

10）质量管理体系过程职责分配表（表 3-11）。

表 3-11　质量管理体系过程职责分配表

文件类型	质量手册	××食品厂		版本号	
章节号		质量管理体系过程		修订号	
管理部门		职责分配表		页码	

ISO 9001：2015 要素		标准内容	管理层	营业部	物控部	品质部	行政人事	财务部	生产部	技术部
组织环境	4.1	理解组织及其环境	▲	△	△	△	△	△	△	△
	4.2	理解相关方的要求和期望	▲	△	△	△	△	△	△	△
	4.3	确定质量管理体系的范围	▲	△	△	△	△	△	△	△
	4.4	质量管理体系及其过程	▲	△	△	△	△	△	△	△
领导作用	5.1	领导作用和承诺	▲	△	△	△	△	△	△	△
	5.1.1	总则	▲	△	△	△	△	△	△	△
	5.1.2	以顾客为关注焦点	▲	△	△	△	△	△	△	△
	5.2	方针	▲	△	△	△	△	△	△	△
	5.2.1	制定质量方针	▲	△	△	△	△	△	△	△
	5.2.2	沟通质量方针	▲	△	△	△	△	△	△	△
	5.3	组织的岗位、职责和权限	▲	△	△	△	△	△	△	△
策划	6.1	应对风险和机遇的措施	▲	△	△	△	△	△	△	△
	6.2	质量目标及其实现的策划	▲	△	△	△	△	△	△	△
	6.3	变更的策划	▲	△	△	△	△	△	△	△
支持	7.1	资源	▲	△	△	△	△	▲	△	△
	7.1.1	总则	▲	△	△	△	△	△	△	△
	7.1.2	人员	▲	△	△	△	▲	△	△	△
	7.1.3	基础设施	▲	△	△	△	△	△	▲	△
	7.1.4	过程运行环境	▲	△	△	△	△	△	▲	△
	7.1.5	监视和测量资源	▲	△	△	▲	△	△	△	△
	7.1.6	组织知识	▲	△	△	△	▲	△	△	△

文件类型	质量手册	××食品厂	版本号	
章节号		质量管理体系过程	修订号	
管理部门		职责分配表	页码	

ISO 9001：2015 要素		标准内容	管理层	营业部	物控部	品质部	行政人事	财务部	生产部	技术部
支持	7.2	能力	▲	△	△	△	▲	△	△	△
	7.3	意识	▲	△	△	△	▲	△	△	▲
	7.4	沟通	▲	▲	▲	▲	▲	▲	▲	▲
	7.5	成文信息	△	△	△	△	▲	△	△	△
运行	8.1	运行的策划和控制	▲	△	△	△	△	△	▲	▲
	8.2	产品和服务的要求	△	▲	△	△	△	△	△	△
	8.2.1	顾客沟通	△	▲	△	△	△	△	△	△
	8.2.2	产品和服务要求的确定	△	▲	△	△	△	△	△	△
	8.2.3	产品和服务要求的评审	△	▲	△	△	△	△	△	△
	8.2.4	产品和服务要求的更改	△	▲	△	△	△	△	△	△
	8.3	产品和服务的设计和开发	△	△	△	△	△	△	△	▲
	8.3.1	总则	△	△	△	△	△	△	△	▲
	8.3.2	设计和开发策划	△	△	△	△	△	△	△	▲
	8.3.3	设计和开发输入	△	△	△	△	△	△	△	▲
	8.3.4	设计和开发控制	△	△	△	△	△	△	△	▲
	8.3.5	设计和开发输出	△	△	△	△	△	△	△	▲
	8.3.6	设计和开发更改	△	△	△	△	△	△	△	▲
	8.4	外部提供的过程、产品和服务的控制	△	△	▲	△	△	△	△	△
	8.5	生产和服务提供	△	△	△	▲	△	△	▲	▲
	8.5.1	生产和服务提供的控制	△	△	▲	▲	△	△	▲	△
	8.5.2	标识和可追溯性	△	△	△	▲	△	△	▲	△
	8.5.3	顾客或外部供方的财产	△	▲	▲	△	△	△	△	△
	8.5.4	防护	△	△	▲	△	△	△	▲	△
	8.5.5	交付后的活动	△	▲	△	△	△	△	△	△
	8.5.6	更改控制	△	△	△	▲	△	△	△	▲
	8.6	产品和服务的放行	△	△	△	▲	△	△	△	△
	8.7	不合格输出的控制	△	△	△	▲	△	△	△	△

文件类型	质量手册	××食品厂	版本号	
章节号		质量管理体系过程	修订号	
管理部门		职责分配表	页码	

ISO 9001：2015要素		标准内容	管理层	营业部	物控部	品质部	行政人事	财务部	生产部	技术部
绩效评价	9.1	监视、测量、分析和评价	▲	△	△	▲	△	△	△	△
	9.1.1	总则	▲	△	△	△	△	△	△	△
	9.1.2	顾客满意	△	▲	△	△	△	△	△	△
	9.1.3	分析和评价	▲	△	△	▲	△	△	△	△
	9.2	内部审核	▲	△	△	▲	△	△	△	△
	9.3	管理评审	▲	△	△	△	▲	△	△	△
	9.3.1	总则	▲	△	△	△	△	△	△	△
	9.3.2	管理评审输入	▲	△	△	△	△	△	△	△
	9.3.3	管理评审输入	▲	△	△	△	△	△	△	△
持续改进	10.1	总则	▲	△	△	△	△	△	△	△
	10.2	不合格和纠正措施	▲	△	△	▲	△	△	△	△
	10.3	持续改进	▲	△	△	△	△	△	△	△

备注：▲表示主管，主要职能，△表示相关职能

编写说明：按照 ISO 9001：2015 质量体系的要求内容将职责分配到各个部门，以表格的形式表现出来，一目了然。此项表格也可以放在《质量手册》的最后附录。

11)范围(表 3-12)。

表 3-12　范围

文件类型	质量手册	众辉食品有限公司	版本号	
章节号	1.0	范围	修订号	
管理部门			页　码	

1.1　总则

1.2　应用

编写说明：1.1总则是《质量手册》正文的第一章内容。总则明确《质量手册》依照的质量管理体系，规定了工厂质量管理体系要求达到的标准。1.2应用中首先说明《质量手册》在工厂里的适用范围，其次当企业及其产品的性质导致标准的任何要求不适用时，可以考虑进行删减。

12）引用标准（表3-13）。

表3-13　引用标准

文件类型	质量手册	众辉食品有限公司	版本号	
章节号	2.0	引用标准	修订号	
管理部门			页　码	
2.1　GB/T 19000—2016及ISO 9000：2015《质量管理体系　基础和术语》				
2.2　GB/T 19001—2016及ISO 9001：2015《质量管理体系　要求》				

编写说明：表明《质量手册》在编写过程中所应用的标准，如果手册的内容描述涉及相关行业标准、条例、法律、法规，则应予以引用，同时应注意引用标准的有效性和适宜性。

13）术语和定义（表3-14）。

表3-14　术语和定义

文件类型	质量手册	众辉食品有限公司	版本号	
章节号	3.0	术语和定义	修订号	
管理部门			页　码	
3.1　本手册采用GB/T 19000—2016及ISO 9000：2015中的术语和定义				

编写说明：《质量手册》中常会出现一些术语、产品名称、设备名称等，有些名词如果不做说明，有可能妨碍沟通，因此在定义中应予以解释。

14)组织环境(表 3-15)。

表 3-15　组织环境

文件类型	质量手册	众辉食品有限公司	版本号	
章节号	4.0	组织环境	修订号	
管理部门			页　码	

4.1　理解组织及其环境

公司依据《质量管理体系　要求》(GB/T 19001—2016),建立了公司质量管理体系,形成文件,并加以保持和实施、持续改进其有效性。其体系符合下列要求:

4.2　理解相关方的要求和期望

为了提供满足顾客与适用的法律法规要求的产品与服务的能力的影响或潜在影响,公司应确定:

4.3　确定质量管理体系的范围

本公司管理体系范围包括:

4.4　质量管理体系及其过程

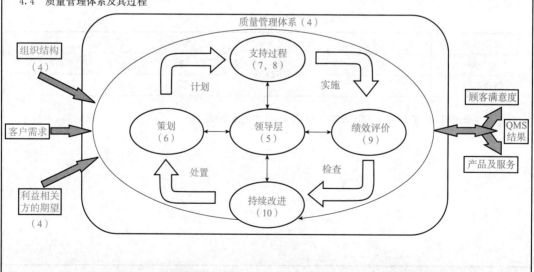

编写说明:本条款给出组织应确定的与其目标和战略方向相关并影响其实现质量管理体系预期结果的各种外部因素和内部因素。编写的时候要求按照标准的条款逐一列出。

15)领导作用(表 3-16)。

表 3-16　领导作用

文件类型	质量手册	众辉食品有限公司	版本号	
章节号	5.0	领导作用	修订号	
管理部门			页　码	

5.1　领导作用和承诺

明确公司总经理的各项职责要求，包括：

5.2　质量方针

质量方针是本公司体系管理的宗旨、方向和行动准则，体现了总经理对体系控制的指导思想和改进体系业绩的承诺，应被全体员工理解并执行。总经理负责组织制订、修订和贯彻落实管理方针。方针的内容要满足以下要求：

5.3　组织的岗位、职责和权限

公司总经理根据公司实际情况，确定各部门职责和权限，形成书面文件，由行政部门下发到各部门。

编写说明：根据要求，对组织的最高管理者提出其应承担的管理责任，要求最高管理者在质量管理体系中应发挥积极作用，创造一个能吸引全员参与并能持续改进的环境，以确保顾客的要求得到满足。编写时要按照标准的条款逐一表述。

16)策划(表 3-17)。

表 3-17　策划

文件类型	质量手册	众辉食品有限公司	版本号	
章节号	6.0	策划	修订号	
管理部门			页　码	

6.1　应对风险和机遇的措施

策划质量管理体系时，公司应考虑 4.1 和 4.2 的要求确定需要应对的风险和机会。

6.2　质量目标及其实现的策划

公司根据质量政策、经营目标等制订质量目标，管理层在各相关部门及各层次内的各过程建立了可量化的、满足产品要求的质量目标，质量目标应：

6.3　变更的策划

公司确定了质量管理体系变更的需求时，需按策划的、系统化的方式进行变更。在变更时需考虑：

相关文件：

《风险和机遇确定及控制程序》——CX—04。

编写说明：策划是企业应对风险和机遇的措施并对其质量目标的实现进行策划。编写时按照标准条款，根据企业的具体实际情况逐一表述清楚。有支持文件的条款可以在这里简要表述。

17)支持(表3-18)。

表3-18　支持

文件类型	质量手册	众辉食品有限公司	版本号	
章节号	7.0	支持	修订号	
管理部门			页　码	

7.1　资源

资源包括人力资源、基础设施、过程运行环境、监视和测量资源与组织知识。本章提出了资源提供的确定、提供维护的要求，同时，也明确了资源应涉及持续改进质量管理体系有效性和满足客户要求、增进客户满意所需的资源。

7.2　能力

每年年底行政部门根据岗位工作任职要求及公司发展，制订下年度的培训计划，经总经理批准后下发各部门并组织实施。

7.3　意识

公司需确保员工能意识到：

7.4　沟通

通过培训、会议、板报和文件等多种形式在相关职能部门和相关层次之间，就质量管理体系的运行情况进行有效的沟通：

7.5　成文信息

本公司质量管理体系文件包括：

相关文件：

(1)《监视和测量设备控制程序》——CX—12；

(2)《合规性评价控制程序》——CX—16；

(3)《人力资源控制程序》——CX—06；

(4)《相关方管理及沟通控制程序》——CX—03；

(5)《文件控制程序》——CX—01；

(6)《记录控制程序》——CX—02。

编写说明：本章是对企业管理体系建立过程中所需的资源、能力、意识、沟通、成文信息等要素提供支持的方法。编写时，按照标准条款的要求，逐一进行标示完整。有支持文件的条款可以在这里简要表述。

18)运行(表 3-19)。

表 3-19　运行

文件类型	质量手册	众辉食品有限公司	版本号	
章节号	8.0	运行	修订号	
管理部门			页　码	

8.1　运行的策划和控制

　　实现过程是公司质量管理体系中产品形成并提供给客户的全部过程，是直接影响产品质量的过程。产品实现过程包括策划、设计、生产或提供直到交付及售后的一系列过程。

8.2　产品和服务的要求

8.3　产品和服务的设计与开发

　　公司建立并实施《设计和开发控制程序》。

8.4　外部提供的过程、产品和服务的控制

　　采购部应依据合格供方选择和评价相关准则，组织对供方提供产品的能力进行评价。

8.5　生产和服务提供

　　公司建立并实施《生产和服务控制程序》，以确保对生产和服务过程进行控制。

8.6　产品和服务的放行

8.7　不合格输出的控制

　　组织建立和保持《不合格品控制程序》进行不合格品的控制。

相关文件：

　　(1)《不合格品控制程序》——CX—17；

　　(2)《采购及外协控制程序》——CX—10；

　　(3)《合格供方选择和评价准则》；

　　(4)《设计和开发控制程序》——CX—09；

　　(5)《产品和服务要求控制程序》——CX—08；

　　(6)《顾客满意度测量控制程序》——CX—13。

编写说明：为证实产品的符合性，采取措施，发现体系运行中的不足，并实施有效的措施加以解决。编写时，按照标准条款的要求，逐一进行标示完整。有支持文件的条款可以在这里简要表述。

19)绩效评价(表3-20)。

表3-20　绩效评价

文件类型	质量手册	众辉食品有限公司	版本号	
章节号	9.0	绩效评价	修订号	
管理部门			页　码	

9.1　监视、测量、分析和评价

公司对客户满意、内部审核、过程和产品的监视与测量做出规定，并且通过统计技术的运用，对监视和测量的信息进行分析与处理。

9.2　内部审核

公司建立并实施《内部审核控制程序》，品控部是内部审核的归口管理部门。

9.3　管理评审

最高管理者为确定质量管理体系达到规定目标的适宜性、充分性、有效性，应按策划的时间间隔对公司的质量管理体系进行管理评审。

相关文件：

(1)《顾客满意测量控制程序》——CX—13；

(2)《内部审核控制程序》——CX—14；

(3)《管理评审控制程序》——CX—05；

(4)《绩效评价控制程序》——CX—15。

编写说明：通过监视、测量、分析和评价、内部审核、管理评审等内容对管理体系进行绩效评价。编写时，按照标准条款的要求，逐一进行标示完整。有支持文件的条款可以在这里简要表述。

20)改进(表3-21)。

表 3-21 改进

文件类型	质量手册	众辉食品有限公司		版本号	
章节号	10.0	改进		修订号	
管理部门				页 码	

10.1 总则

10.2 不合格和纠正措施

公司在下列情况，需采取纠正措施，消除不合格的原因，防止其再次发生：

10.3 持续改进

公司应通过使用质量方针、目标、审核结果、资料分析、纠正措施及管理评审，促进质量管理体系的持续改进。

相关文件：

《改进控制程序》——CX－18。

编写说明：公司通过建立质量方针，确定质量目标、指标和管理方案，开展内部审核、管理评审等活动，选择改进机会，以持续改进管理体系的有效性。编写时，按照标准条款的要求，逐一进行标示完整。有支持文件的条款可以在这里简要表述。

（2）附件。

1）工艺流程图（表 3-22）。

表 3-22　工艺流程图

文件类型	质量手册	众辉食品有限公司	版本号	
章节号	1	工艺流程图	修订号	
管理部门			页　码	

编写说明：以生产加工流程图的形式体现生产的全过程，并在每个生产环节表明质量控制点。

2）程序文件清单（表 3-23）。

表 3-23　程序文件清单

文件类型	质量手册	××食品厂	版本号	
章节号		程序文件清单	修订号	
管理部门			页　码	

序号	文件名称	文件编号
1	文件控制程序	******-CX-01
2	记录控制程序	******-CX-02
3	相关方管理及沟通控制程序	******-CX-03
4	风险和机遇确定及控制程序	******-CX-04
5	管理评审控制程序	******-CX-05
6	人力资源控制程序	******-CX-06
7	沟通控制程序	******-CX-07
8	产品和服务要求控制程序	******-CX-08
9	设计和开发控制程序	******-CX-09
10	采购及外协控制程序	******-CX-10
11	合格供方选择和评价准则	******-CX-11
12	监视和测量设备控制程序	******-CX-12
13	顾客满意测量控制程序	******-CX-13
14	内部审核控制程序	******-CX-14
15	绩效评价控制程序	******-CX-15
16	合规性评价控制程序	******-CX-16
17	不合格品控制程序	******-CX-17
18	改进控制程序	******-CX-18

编写说明：所有《质量手册》支持性程序文件的目录。

3）三级文件清单（表 3-24）。

表 3-24 三级文件清单

文件类型	质量手册	众辉食品有限公司	版本号	
章节号	3	三级文件清单	修订号	
管理部门			页 码	
A. 任职要求				
序号	文件类型	文件名称	文件编号	编制及实施部门
1				
2				
…	…	…	…	…
B. 岗位职责				
序号	文件类型	文件名称	文件编号	编制及实施部门
1				
2				
…	…	…	…	…
以下内容略				

编写说明：所有三级文件的目录进行分类记录，包括任职要求、岗位自责、管理制度、机械设备的保养制度、作业指导书、检验指导书、行业标准、法律法规、质量记录等。

（3）程序文件。编写说明：质量管理体系所需要的文件应予以控制，明确文件的批准、更新、再次批准、更改和现行状态的识别、发放、保存及外来文件和作废文件的控制等所有过程的管理，满足标准要求，要具有可操作性。程序文件编写时，要按照相关标准条款的要求，并结合企业的具体操作程序形成文件，并注意保留原始记录、单据等。

（4）工作手册。编写说明：包括各部门的工作手册首页、目录、组织结构图、任职要求、岗位职责、管理制度、作业指导书等内容。

步骤四：组织学生完成《质量手册》的修改与完善，展开自我评估和小组评价，最后教师进行评价反馈，填写完成工单（表 3-25）。

表 3-25 《质量手册》工单

任务名称	质量手册		指导教师	
学号			班级	
组员姓名			组长	
任务目标	通过编写《质量手册》，掌握 ISO 9000 质量管理体系的建立方法			
任务内容	1. 参照相关知识及利用网络资源。 2. 编写一份《质量手册》。 3. 完成学习任务，同学及小组间可进行经验交流，教师可针对共性问题在课堂上组织讨论			
参考资料及使用工具				
实施步骤与过程记录				

文档清单	序号	文档名称		完成时间	负责人
	1				
	2				
	3				
	备注：填写本人完成文档信息				

评价标准	配分表					
	考核项目		配分	自我评价	组内评价	教师评价
	知识评价	ISO 9000 质量管理 7 项原则	15			
		ISO 9001 质量管理要求标准条文	20			
	技能评价	《质量手册》编写程序正确	15			
		思政元素内容充实	20			
	素质考评	具备制度自信、文化自信和食品行业自豪感	15			
		具备团队合作精神和社会主义核心价值观	15			
	总分		100			

评价记录	自我评价记录	
	组内评价记录	
	教师评价记录	

任务二　危害分析与关键控制(HACCP)体系的建立

　**任务描述**

通过学习危害分析与关键控制(HACCP)体系概述、HACCP 的基本原理、HACCP 体系建立与认证、HACCP 体系文件的编制等内容,编写《HACCP 管理手册》,最终由企业质量负责人或主讲教师进行评价。

知识要点

一、危害分析与关键控制(HACCP)体系概述

HACCP 体系简介　　　HACCP 体系的基本术语　　HACCP 的概念

二、HACCP 的基本原理

1999 年,国际食品法典委员会(CAC)在《食品卫生总则》附录《危害分析和关键控制点(HACCP)体系应用准则》中,将 HACCP 的 7 个原理确定如下。

(一)原理一:进行危害分析

危害分析是 HACCP 体系 7 个原理的基础,是 HACCP 体系的核心之一。所谓危害分析,是通过以往资料分析、现场实地观测、实验采样检测等方法,对食品生产全过程各个环节中可能发生的危害及危害的严重性进行科学、客观、全面的分析和评估,以判断危害的性质、程度和对人体健康的潜在影响,从而确定哪些危害对食品安全是重要的,应被列入 HACCP 计划中并制订相应的预防控制措施。

1. 危害识别

危害是指食品中可能影响人体健康的生物性、化学性和物理性因素或状态,尤以生物性危害(特别是微生物危害)最为严重,也最易发生,具体如下:

(1)生物危害。生物危害包括病原性微生物、病毒和寄生虫。

①病原性微生物一般会导致食源性疾病的发生,且发病率较高。病原性微生物对人体健康造成的伤害包括食源性感染和食源性中毒。食源

原理一　危害分析建立预防措施

性感染会造成腹泻、呕吐等症状；食源性中毒，即食物中毒，对人体造成的危害更加严重。病原性微生物主要的来源是，在适宜的环境[如营养成分、pH值、温度、水活度、气体(氧气)等条件]下，微生物会快速繁殖，从而引起食物腐败变质。

②病毒比细菌更小，食品携带上病毒后，可以通过感染人体细胞而引起疾病。病毒污染食品的途径一般如下：一是动植物原料环境感染了病毒，如上海甲肝病流行就是人们食用的毛蚶生长水域感染了甲肝病毒；二是原料动物携带病毒，如牛患狂犬病或口蹄疫；三是食品加工人员带有病毒，如乙肝患者。

③寄生虫通常寄生在宿主体表或体内，通过食用携带寄生虫的食品而感染人体，可能出现淋巴结肿大、脑膜炎、心肌炎、肝炎、肺炎等症状。如人们比较熟悉的猪囊虫病，就是人们食用了未煮熟的囊虫病猪肉而被感染。寄生虫污染食品的途径：一是原料动物患有寄生虫病；二是食品原料遭到寄生虫卵的污染；三是粪便污染、食品生熟不分。

(2)化学危害。化学危害一般可分为天然的化学危害、添加的化学危害和外来的化学危害。

①天然的化学危害来自化学物质，这些化学物质在动物、植物自然生产过程中产生，如人们常说的毒蘑菇、某些生长在谷物上的霉菌可以生成毒素(如黄曲霉毒素可以致癌)、河豚中含有的毒素、某些贝类因食用一些微生物和浮游植物而产生贝毒素。

②添加的化学危害是人们在食品加工、包装运输过程中加入的食品色素、防腐剂、发色剂、漂白剂等，如果超过安全水平使用就成为危害。

③外来的化学危害主要来源于以下几种途径：一是农用化学药品，如杀虫剂、除草剂、化肥等的使用；二是兽用药品，如兽医治疗用药、饲料添加用药在动物体内的残留；三是工业污染(如铅、砷、汞等化学物质)进入动植物及水产品体内，食品加工企业使用的润滑剂、清洁剂、灭鼠药等化学物质污染食品。化学危害对人体可能造成急性中毒、慢性中毒、影响人体发育、致畸、致癌甚至致死等后果。

(3)物理危害。物理危害是指在食品中发现的不正常有害异物，当人们误食后可能造成身体外伤、窒息或其他健康问题。如食品中常见的金属、玻璃、碎骨等异物对人体的伤害。物理危害主要来源于以下几种途径：植物在收获过程中掺进玻璃、铁丝、铁钉、石头等；水产品在捕捞过程中掺杂鱼钩、铅块等；食品加工设备上脱落的金属碎片、灯具及玻璃容器破碎造成的玻璃碎片等；畜禽在饲养过程中误食铁丝，畜禽肉和鱼剔骨时遗留骨头碎片或鱼刺。

2. 危害评估

通过危害评估可以判断已识别的危害是否为显著危害，作为显著危害有两个必要条件——可能性和严重性，缺少一项就不能成为显著危害。所谓显著危害，是指极有可能发生，如不加以控制就有可能导致消费者不可接受的健康或安全风险的危害。HACCP体系中的危害分析主要针对显著危害。

食品危害与识别

3. 建立预防措施

危害分析后，还要制订出所有危害尤其是显著危害的控制措施和方法，以消除或减少危害发生，确保食品质量与卫生安全。对于生物性危害中的微生物危害，原辅料、半成品可采用无害化生产，加工过程可采用调节pH值与控制水分活度，并辅以其他方法进行处理；

昆虫、寄生虫等可采用加热、冷冻、辐射等处理。对于化学性危害，应严格控制产品原辅料的卫生，防止重金属污染和农药残留，不添加人工合成色素和有害添加剂，防止在储藏过程中有毒化学成分产生。对于物理性危害，可采用原料严格检测、提供质量保证证书、避光、去杂、加抗氧化剂等，用金属检测器(如磁铁等)检查金属碎片，用SSOP控制一般危害。

危害分析表能用来确定食品安全危害的思路。加工流程图的每一步被列在第(1)栏；危害分析的结果被记录在第(2)栏中；显著危害的判定结果被记录在第(3)栏，在第(4)栏对第(3)栏的判断提出了依据。表3-26是危害分析表的一种格式。

表 3-26 危害分析表

(1)配料、加工步骤	(2)确定本步骤中引入的受控制的或增加的潜在危害	(3)潜在的食品安全危害是显著的吗?（是、否）	(4)对第(3)栏的判断提出依据	(5)能用于显著危害的预防措施是什么?	(6)该步骤是关键控制点吗?（是、否）
1					
2					
3					
4					
5					
6					

公司名称：　　　　　　　　产品名称：

公司地址：

储藏和销售方式：　　　　　预期用途和客户：

签名：

日期：

当危害分析证明没有发生食品安全危害的可能时，可以没有HACCP计划，但危害分析表必须予以记录和保存，它是HACCP计划验证和审核(内审和外审)的依据。

(二)原理二：确定关键控制点(CCP)

关键控制点(CCP)是指食品加工过程中的某一点、步骤或工序进行控制后，就可以防止、消除食品安全危害或其减少到可接受水平。这几个所指的食品安全危害是显著危害，需要HACCP来控制，也就是每个显著危害都必须通过一个或多个CCP来控制。另外，一个CCP可能控制多个危害，如加热可以消灭致病性细菌及寄生虫，或冷冻、冷藏可以防止致病性微生物生长和组胺的生成。而反过来，有些危害需多个CCP来控制，如鲭鱼罐头，在原料收购、缓化、切台三个CCP来控制组胺的形成。

确定关键控制点的原则：如果分析的显著危害在这一步骤可以被控制预防、消除或降低到可接受水平，那么这一步骤就是关键控制点。其包括以下三种情况：

(1)当危害能被预防时，该点可以被认为是关键控制点，如通过控制原料接收来预防病原体或药物残留，如供应商的证明；改变食品中的pH值到4.6以下，可使致病菌不能生长；添加防腐剂，冷藏或冷冻能防止细菌生长；改进食品的原料配方，防止不当或过量食品添加剂危害的发生。

(2)能将危害消除的点可以被认为是关键控制点,如金属碎片能通过金属探测器检测出;加热能杀死所有的致病性细菌;冷冻到－38 ℃以下可以杀死寄生虫。

(3)能将危害降低到可接受水平的点可以被认为是关键控制点,如通过过滤装置或自动收集使外来杂质减少到可接受水平;灯检或肉眼挑拣可使明显可见的杂质减少到可接受水平。

CCP的准确和完整的识别是控制食品安全危害的基础。在进行危害分析过程中产生的资料,对于 HACCP 小组识别加工工序中的 CCP 是非常重要的。由于工厂的布局、设施设备、原辅材料的选择、加工过程的不同,生产同样食品的不同工厂可能在各类危害和 CCP 的确定上各不相同。国际上一般推荐采用"CCP 判定树"的逻辑推理法来确定 CCP。该法通过回答一系列逻辑连贯的问题来完成 CCP 的判定。在危害分析的基础上应用判断树原则确定关键控制点,一个 HACCP 体系的关键控制点数量一般应控制在 6 个以内。一个危害可由一个或多个关键控制点控制到可接受水平;同样,一个关键控制点可以控制一个或多个危害。判断树如图 3-3 所示。

原理二 确定
关键控制点

关键控制点
判断树的运用

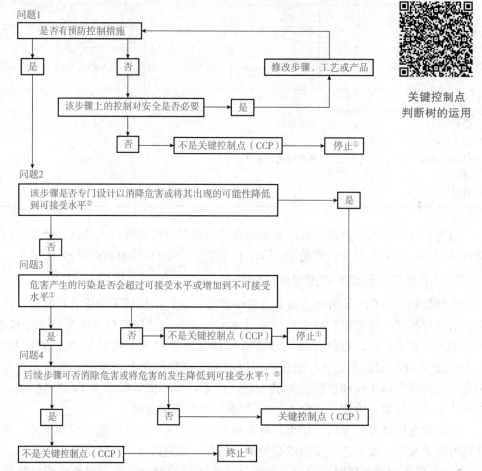

注:①按描述的过程进行至下一个危害。
　　②在识别HACCP计划中的关键控制点时,需要在总体目标范围内对可接受水平和不可接受水平作出规定。

图 3-3　确定关键控制点(CCP)的判断树示例

判断树是由四个连续问题组成的：

问题1：在加工过程中存在的确定的显著危害，是否在此步或后步的工序中有预防措施？如果回答"YES"则，回答"问题2"；如果回答"NO"，则回答"是否有必要在这步控制食品安全危害"，如果回答"NO"，则不是CCP，如果回答"YES"，则说明加工工艺、原料或原因不能保证必要的食品安全，应重新改进产品等设计，包括预防措施。另外，只有显著危害，而没有预防措施，则不是CCP，需要改进。

问题2：这一加工步骤是否能消除可能发生的显著危害或降低到一定水平(可接受水平)？如果回答"YES"，还应考虑这步是否最佳，如果是，则是CCP；如果回答"NO"，则回答"问题3"。

问题3：已确定的危害是否能影响判定产品可接受水平？或者这些危害是否会使产品增到不可接受水平？如果回答"NO"，则不是"CCP"，主要考虑危害的污染或介入，即是否存在，或是否要发生，或是否要增加；如果回答"YES"，则回答"问题4"。

问题4：下边的工序是否能消除已确定的危害或减少到可接受的水平？如果回答"NO"，这一步是CCP；如果回答"YES"，这一步不是CCP，而下道工序才是CCP。

(三)原理三：确定关键限值(CL)

关键限值(CL)是指为确保各CCP处于控制之下以防止显著危害发生的预防性措施，必须达到的、能将可接受水平与不可接受水平区分开的判断指标、安全目标水平或极限，是确保食品安全的界限。关键限值在某一关键控制点上将物理的、生物的、化学的参数控制到最大或最小水平，从而可防止或消除所确定的食品安全危害发生，或将其降低到可接受水平。

原理三　关键
限值(CL)

关键限值的选择和设置非常重要，应在大量收集资料并充分考虑被加工产品的内在因素和外部加工工序的基础上，合理地确定CL，使之具有科学性和可操作性，并且经过证实，可以来自强制性标准、指南、文献、实验结果和专家的建议，如科学刊物、学术刊物、食品科学教科书、法规性指南、国家地方指南、FDA指南、标准、专家、学术权威、设备制造商、大学附设机构、研究实验室、试产等。

确定关键限值的3项原则如下：

(1)有效。在此限值内，显著危害能被防止、消除或降低至可接受水平。

(2)简单。简便快捷，易于操作，可在生产线不停顿的情况下快速监控。

(3)经济。只需较少的人力、物力、财力的投入。

(四)原理四：关键控制点的监控

监控是指对每个CCP对应的CL的定期测量或观察，以评估一个CCP是否受控，并且为将来验证时提供准确的记录。监控需要形成文件的监控程序，其目的是跟踪加工过程，查明和注意可能偏离关键限值的趋势，并及时采取措施进行加工调整，使整个加工过程在关键限值发生偏离前恢复到控制状态；同时，当一个CCP发生偏离时，可以很快查明何时失控，以便及时采取纠偏行动；另外，监控记录可以为将来的验证提供必需的资料。通常情况下，每个监控程序必须包括4个要素，即监控什么、怎样监控、何时监控、谁来监控。

（1）监控什么是指通过观察和测量产品或加工过程的特性，来评估一个 CCP 是否在关键限值内进行操作。监控对象也可以包括检查一个 CCP 的预防措施是否实施。例如，检查原料供应商的许可证；检查原料肉表面或包装上的屠宰场注册证号，以保证其是自己注册的屠宰场。

（2）怎样监控是指对于定量的关键限值，通过物理或化学的检测方法来进行监控。由于生产中没有时间等待分析实验结果，而且关键限值的偏离要快速判定，必须在产品销售之前采取适当的纠偏行动。通常，物理和化学的测量手段快速、方便，是较理想的监控方法。

（3）监控时间可以是连续的，也可以是间断的，如果有可能要尽量采取连续监控。但是一个能连续记录监控值的监控仪器本身并不能控制危害，还需要定期观察连续的监控记录，必要时采取适当的措施，这也是监控的一个组成部分。当出现 CL 偏离时，检查间隔的时间长短将直接影响返工和产品损失的数量。在所有情况下，检查必须及时进行以确保不正常产品在出厂前被分离出来。当不可能连续监控一个 CCP 时，也可以实施非连续监控（间断性监控），但应尽量缩短监控的时间间隔，以便及时发现可能的偏离。

（4）制订 HACCP 计划时，应该明确由谁来监控。从事 CCP 监控的人员可以是流水线上的人员、设备操作者、监督员、维修人员或质量保证人员。作业的现场人员进行监控是比较合适的，因为这些人员能比较容易地发现异常情况的发生。负责 CCP 监控的人员必须方便岗位上作业；能够对监控活动提供准确的报告；能够及时报告 CL 值偏离情况，以便迅速采取纠正措施。监控人员的责任是及时报告异常事件和 CL 值偏离情况，以便在加工过程中采取措施。所有 CCP 的有关记录必须有监控人员的签名。

原理四　建立合适的监控程序

表 3-27 是一个 HACCP 计划表示例。其中，监控程序的内容填写在计划表的第（4）～（7）栏。

表 3-27　HACCP 计划表

CCP (1)	显著危害 (2)	关键限值 (3)	监控				纠正措施 (8)	验证（9）	记录 (10)
			对象 (4)	方法 (5)	频率 (6)	人员 (7)			
蒸制	致病菌残存	蒸制温度：≥105 ℃ 蒸制时间：≥15 min	蒸制时间和温度	观察数字式温度计、计时器	连续观察每 3 min 记录 1 次，发现异常随时记录	蒸制时间人员	调整温度和时间，确认偏离的产品，隔离待评估，延长蒸制时间	每日审核记录，每周用标准温度计对数字式温度计校正一次，每年检定标准温度计，每周抽取蒸制后的产品进行微生物化验	蒸制记录

企业名称：××食品有限公司

企业地址：××省××市××路××号

产品种类：速冻蒸熟猪肉包子，塑料袋包装后装纸箱

销售和储存方法：－18 ℃以下冷藏

预期用途和消费者：解冻后加热食品，一般公众

签署：　　　　　　　日期：

(五)原理五：纠偏措施

纠偏措施是指在关键控制点上，监控结果表明失控时所采取的任何措施。在食品生产过程中，任何CCP的CL即使是在建立完善的CPP监控程序后也会发生偏离。因此，为了使监控到的失控CCP或发生偏离的CL得以恢复正常并处于控制之下，必须建立相应的纠偏行动或措施以确保CCP再次处于控制之下。纠偏措施的目的是使CCP重新受控，可以通过以下4个步骤进行处理：①确定产品是否存在安全方面的危害；②如果产品不存在危害，可以解除隔离，放行出厂；③如产品存在潜在的危害，则需要确定产品可否再加工、再杀菌，或改作其他用途的安全使用；④如果不能按第三步进行处理，产品必须予以销毁。这样做付出的代价最高，通常到最后才选择该处理方法。各个CCP纠偏程序应事先制定并包括在HACCP计划内，将纠偏措施的详细情况记录下来是非常重要的。

纠偏行动由以下两部分组成：

(1)查出原因并予消除，使生产过程恢复控制。纠偏措施必须把关键控制点尽可能短地恢复到控制状态。为了避免继续生产不良产品和将不合格的产品剔除，有时需要停止生产。查出原因并予消除，防止以后再次发生。对于没有预料到的关键限值，或再次发生的偏差，应该调整加工工艺(改变温度、时间，调整pH值，改变原料配比等)或重新评估HACCP计划。

(2)确定、隔离并存放偏离期间生产的产品，评估后采取适当的处理方式(如选别、特采、返工、销毁)。偏离和产品的处置方法应记录。进行评估的人员应经过专门的培训或有这方面的经验。

在通常情况下，纠偏措施应在HACCP计划前制订，并将其填写在HACCP计划表的第(8)栏里。纠偏措施应由对过程、产品和HACCP计划有全面理解、有权利做出决定的人来负责实施。如果有可能，在现场纠正问题，会带来满意的结果。有效的纠偏措施依赖于充分的监控程序。

HACCP计划应包含一份独立的文件，其中所有的偏离和相应的纠正措施要以一定的格式记录进去。这些记录可以帮助企业确认再发生的问题和HACCP计划被修改的必要性。表3-28是一份纠偏措施报告。

原理五　建立纠偏措施

表3-28　纠偏措施报告

公司名称：		编　号：		
地　址：		日　期：		
加工步骤：		关键限值：		
监控人员		发生时间		报告时间
问题及发生问题描述				
采取措施				
问题解决及现状				
HACCP小组意见				
审核人：			日期：	

(六)原理六：建立有效的验证程序

(1)HACCP计划的确认。HACCP计划使用前应进行确认，以确定所有危害已被识别并被有效控制。如果原料及其来源、产品配方、加工方法或体系、销售体系或预期用途、计算机及软件发生了变化而且可能影响以前所做的危害分析结果时，加工者应重新评估危害分析的适应性。

原理六　建立
验证程序

确认HACCP计划的信息通常包括专家的意见和科学研究成果、生产现场的观察、测量和评价。例如，加热过程的确认应包括杀灭致病微生物所需加热时间和温度的科学证据及加热设备的热分布研究。

(2)HACCP计划的验证。企业应定期审查HACCP计划的有效性，验证HACCP计划是否正确执行，审查CCP监控记录和纠偏行动记录。验证内容如下：

①复查受到的消费者投诉，以确定它们是否与HACCP计划的实施有关，或发现存在未确定的关键控制点。

②监控仪器的校准。

③定期的成品、半成品的检测。对其产品进行有关指标菌(如大肠杆菌生物Ⅰ型)检测以验证杀菌处理的有效性。

④复核记录的完整性及是否按照计划进行了适当控制。由经过HACCP培训的人员在一周内完成复核。需要复核的记录至少包括关键控制点的监控记录、纠偏行动记录、关键控制点控制仪器的校准记录、定期对成品和加工过程中的产品检验记录。

验证计划表见表3-29。

表3-29　验证计划表

活动	频率	职责	审查人
验证活动的计划	每年一次或当HACCP体系变化时	HACCP负责人	工厂负责人
HACCP计划的首次确认	在计划首次实施前和实施中	独立专家	HACCP小组
HACCP计划的随后确认	当关键限值变化时；当加工过程有明显变更时；当设备改变时；当体系失效后等	独立专家	HACCP小组
按计划对CCP监控的验证	按HACCP计划（例：每班1次）	按HACCP计划（例：生产线监督员）	按HACCP计划（例：质控人员）
监控、纠偏行动记录的审查，以确定是否与计划相符	每月一次	质保部门	HACCP小组
综合性HACCP体系验证	每年1次	独立专家	工厂负责人

(3)HACCP管理体系的内部验证(内在HACCP管理体系执行后的12个月内或每年度内至少进行1次)。当加工过程出现任何改变影响危害分析或HACCP计划时，应及时进行HACCP管理体系的验证。HACCP管理体系的内部验证应包括HACCP计划及SSOP的验证。企业的管理层可以指定HACCP小组进行HACCP管理体系的内部验证，也可以委托第三方对HACCP管理体系进行审核。

(七)原理七：建立记录保存程序

文件和记录保存程序应事先建立并认真实施，HACCP管理体系应有效、准确地保存记录。文件和记录的保存应与实际情况相适应。HACCP管理体系的文件和记录应包括但不限于如下内容：

(1)HACCP计划和支持性文件。HACCP计划和支持性文件包括HACCP计划表、危害分析工作单、HACCP小组名单和各自的责任，描述食品特性、销售方法、预期用途和消费人群、流程图、计划确认记录等。

(2)监控记录。HACCP的监控记录将反映所监控的值是否超过关键限值。这些记录必须与各关键控制点所设的关键限值相对应，监控记录可以为审核员判断是否遵守HACCP计划提供证据。通过监控记录，操作人员和管理人员可以对加工进行必要调整和控制。

(3)纠正措施记录。当超过关键限值并采取了纠正措施，必须予以记录。纠正措施记录的内容应包括产品描述、涉及产品的数量、对偏离情况的描述、采取的纠正措施、执行纠正措施的责任者和评估结果。

(4)验证记录。验证记录应包括因原料、配方、加工、包装及销售等改变导致HACCP计划的修改记录，为确保供应商证明的有效性进行审核的记录，监测设备的校准记录。

(5)执行卫生操作规程(SSOP)记录。所有记录都必须至少包括以下内容：加工者或进口商的名称和地址，记录所反映的工作日期和时间，操作者的签字或署名，适当的时间，产品的特性与代码，以及加工过程或其他信息资料。

记录的保存期限：对于冷藏产品，一般至少保存一年，对于冷冻或货架期稳定的商品应至少保存两年。对于其他说明加工设备、加工工艺等方面的研究报告，科学评估的结果应至少保存两年。可以采用计算机保存记录，但要求保证数据完整和统一。

HACCP体系建立实施过程中有大量的技术文件和各种日常工作监测记录，而完整准确的记录和妥善保存这些资料是成功建立实施HACCP体系的关键之一。因此，在建立实施HACCP体系过程中，所有程序、记录必须文件化，所有文件必须妥善保存且保存应符合操作特性和规范。记录保持的内容填写在HACCP计划表的第(10)栏中。

以上七个原理中，原理一至五是环环相扣的，显示了HACCP体系极强的科学性、逻辑性，而原理六和七哪一个在前都可以，显示了HACCP体系的灵活性。这七个原理中，危害分析是基础，CCP及其CL的确定是根本，监控程序、纠偏行动、验证程序及科学完整的记录与其保持程序是关键。

原理七　建立记录保存程序

三、HACCP体系建立与认证

1. 管理职责的确立

(1)管理承诺：最高管理者应通过将满足顾客和法律法规对食品安全要求的重要性传达到企业的各级人员等活动，以实现HACCP体系建立的相关承诺。

(2)合规义务：企业还应识别法律法规要求、顾客要求及与HACCP体系有关的相关方的需求和期望，并从中识别确定其合规义务。

(3)食品安全文化：最高管理者应确保履行食品安全责任，建立企业的食品安全文化。

(4)食品安全方针、目标：最高管理者应制定、实施和保持食品安全方针，并确保在企业的相关职能和层次上为 HACCP 体系制定食品安全目标。

(5)职责、权限与沟通：最高管理者应规定企业内各部门在 HACCP 体系中所承担的职责和权限，确保相关岗位的职责和权限在组织内进行分配、沟通和理解。企业应建立、实施和保持有效的内部沟通，收集对食品安全有影响的信息，保持 HACCP 体系的持续更新和有效性。企业还应确保与外部沟通的信息充分，并可供食品链的相关方获得。

2. HACCP 体系建立的前提计划

要实施 HACCP 体系计划必须具备一些前提计划和基本条件，企业应建立、实施、监视、验证、保持并在必要时更新或改进前提计划，以持续满足 HACCP 体系所需的卫生条件。前提计划如下：

(1)人力资源：企业应建立人力资源管理程序，对管理者和员工提供持续的培训，确保从事食品安全工作的人员能够胜任。

(2)良好卫生规范：企业应按照适用的法律法规、标准、操作规范和指南要求[《食品安全国家标准 食品生产通用卫生规范》(GB 14881—2013)(良好生产操作规范 GMP)、卫生标准操作程序(SSOP)、《食品安全国家标准 食品经营过程卫生规范》(GB 31621—2014)、企业良好卫生规范通用要求等]，建立、实施、保持和更新良好卫生规范，以预防和(或)减少产品中的、生产经营过程及产品所处环境中的污染。

(3)产品设计和开发：企业应建立、实施和保持产品设计与开发程序，能够持续生产符合食品安全法规要求的产品。

(4)采购管理：企业应防止在原料、食品添加剂、食品相关产品，以及外部提供的服务中存在食品安全危害，建立对食品安全有影响的供方评价、批准和监控程序。

(5)监视和测量：企业应实施监视、测量活动，以确定相关程序按策划实施，符合规定准则要求。

(6)标识和追溯：企业应建立、实施和保持产品标识与可追溯性程序，确保具备识别产品及其状态的追溯能力。

(7)产品放行：企业应建立、实施和更新产品放行程序，确保放行产品满足质量、安全和顾客要求，未达到可接受水平的产品不得放行。

(8)产品撤回和召回：企业应建立、保持、评审、更新产品撤回和召回计划，确保及时撤回或召回受食品安全危害影响的全部放行产品。

(9)致敏物质的管理：企业应建立并实施针对所有食品生产经营过程及设施的致敏物质管理计划，以最大限度地减少或消除致敏物质交叉污染。

(10)食品防护：针对人为的破坏或蓄意污染等情况，企业应建立、实施和改进食品防护计划，以识别潜在威胁并优先考虑食品防护措施。

(11)食品欺诈预防：企业应收集有关供应链食品欺诈的以往和现存威胁信息，对食品链所有的原辅料进行脆弱性评估，以评估食品欺诈的潜在风险。

(12)应急准备和响应：企业应建立、实施和保持应急准备和响应程序，必要时做出撤回或召回的响应，以减少食品可能发生安全危害的影响。

3. 组建 HACCP 计划实施小组

HACCP 体系涉及的学科内容有食品方面的生产、技术、管理、储运、采购、营销、环境、统计等，因而，HACCP计划实施小组应由多个成员组成。组建一支相互支持、相互鼓励、团结协作、专业素质好、业务能力强、技术水平高的HACCP计划实施小组，是有效实施HACCP系统及体系的核心保障。

4. 产品描述

产品描述是HACCP体系实施小组对产品的名称、成分、产品的重要性能等进行说明。描述包括食品安全有关的特性（含盐量、酸度、水分活度等）、加工方式（热处理、冷冻、盐渍、烟熏等）、计划用途（主要消费对象、分销方法）、食用方法、包装形式、保质期、销售点、标签说明、特殊储运要求（环境湿度、温度）、装运方式等，尤其对某些产品应该有警示声明，如"本产品未经巴氏杀菌，可能含有导致儿童、老人和免疫力差人群疾病的有害细菌"。产品描述实例见表3-30。

表 3-30　桑果浓缩汁的产品描述

产品名称	桑果浓缩汁
重要特征（含水量、pH值、矿物质、主要维生素量）	固形物：50 °Bx±1 °Bx；总酸：11～16 g/(100 g)；维生素C；有机酸；pH<4.6
食用方式	即时用水调配（13 °Bx）饮用或与其他饮料调配饮用
包装方式	复合袋密封罐装
货架寿命	18 个月
销售地点及对象	批发、零售；销售对象无特殊规定
标签说明	开封后，请冷藏保存
特殊分销控制	储藏温度：－18 ℃

对产品进行必要的描述，可以帮助消费者或后续的加工者识别产品在形成过程中及包装材料中可能存在的危害，便于考虑易感人群是否接受该产品。

5. 确定产品预定用途及销售对象

确定产品预定用途及销售对象是确定产品的预期消费者和消费者如何消费产品（如该产品是直接食用，还是加热后食用或者再加工后才能食用等）、产品的销售方法等。对于不同的用途和不同的消费者，食品的安全保证程度不同。尤其是婴儿、老人、体弱者、免疫功能不全者等社会弱势群体及对该产品实行再加工的食品企业，更要充分了解和把握产品的特性。

6. 绘制生产流程图

生产流程图由HACCP计划实施小组绘制，是对从原辅料购入到产品储存的全过程所做的简单明了而且全面的情况说明。它概括了整个生产、产品储存过程的所有要素和细节，准确地反映了从原辅料购入到产品储存全过程中的每个步骤。流程图表明了产品形成过程的起点、加工步骤、终点，确定了危害分析和制订HACCP计划的范围，是建立和实施HACCP体系计划的起点和焦点。一张完整的实用型流程图，要有以下一些必要的技术性资料做支持：

（1）原辅料及包装材料的物理、化学、微生物学方面的数据。

（2）加工工艺步骤及顺序。

（3）所有工艺参数。

（4）生产中的温度-时间对应图。

（5）产品的循环或再利用线路。

（6）设备类型和设计特征，有无卫生或清洗死角存在。

（7）高、低危害区的分隔。

（8）产品储存条件。

生产流程图无统一格式要求，以简明扼要、易懂、实用、无遗漏、清晰、准确为原则，形式可以多样化，通常看见的是由简洁的文字表述配以方框图和若干的箭头按顺序组成。

7. 流程图的确认

HACCP计划实施小组对于已制作的流程图进行生产现场确认，以验证流程图中表达的各个步骤与实际是否一致。发现有不一致或有遗漏，就应对流程图做相应的修改和补充。

现场确认可分为以下阶段：

（1）对比阶段。将拟订的生产流程图与实际操作过程做对比，在不同的操作时间查对工艺过程与工艺参数、生产流程图中的有关内容，检验生产流程图对生产全过程的实效性、指导性、权威性。

（2）查证阶段。查证与实际生产不吻合部分，对生产流程图做适当修改。

（3）调整阶段。在出现配方变动或设备变换时，也要适时调整生产流程图，以确保生产流程图的准确性和完整性，使之更具可操作性和科学性。

（4）确认阶段。通过前面三个阶段的工作，对生产流程图做出客观的确认与定夺，作为生产中的执行规范下发企业各个部门和所有人员，并监督执行。

8. 危害分析的确定（原理1）

危害是指一切使食品变得不安全的因素，一半来自生物、化学、物理三个方面。HACCP计划实施小组进行的危害分析就是要确定食品中每一种潜在的危害及其可能的诞生点，尤其要注意危害具有变动性的特征；而且还应对危害达到什么样的程度做出评价。

危害分析一般应遵循以下顺序：

（1）确定产品品种和加工地点。

（2）根据流程图，确认加工工序的数量。当存在两个以上不同加工工序时，应分别进行危害分析。

（3）复查每个加工工序对应的流程图是否准确，对存在偏差的，要做出调整。

（4）列出污染源：对照加工工序，从生物性、化学性、物理性污染三个方面考虑并确定在每个加工步骤上可能引入的、增加的或受到限制的食品危害，属于SSOP范畴的潜在危害也应一并列出。

（5）明显危害的判定：判定原则为潜在危害风险性和严重性的大小。属于SSOP范畴的潜在危害若能由SSOP计划消除的，就不属于明显危害；否则，将对其进行判定。判定的依据应科学、正确、充分，应针对每个工序和每个步骤进行。

（6）预防措施的建立：对已确定的每一种明显危害，要制定相应的预防控制措施，要求是列出控制组合、描述控制原理、确认控制的有效性。

危害分析的确定是一个 HACCP 计划实施小组广泛讨论、广泛发表科学见解、广泛听取正确观点、广泛达成共识的集思广益、经历思维风暴的必然过程。

按照危害分析的顺序，完成分析过程后，形成危害分析结果。经过确定后，可以危害分析工作单的形式记录下来。表 3-31 是美国 FDA 推荐的一份表格式危害分析工作单。

表 3-31　危害分析工作单(FDA)

企业名称：　　　　　　　　企业地址：

加工步骤	食品安全危害	危害显著(是/否)	判断依据	预防措施	关键控制点(是/否)
	生物性				
	化学性				
	物理性				
	生物性				
	化学性				
	物理性				
	生物性				
	化学性				
	物理性				

危害分析工作单形成后，纳入 HACCP 记录。

9. 关键控制点(CCP)的确定(原理 2)

控制点(CP)是指食品在整个过程中那些能防止物理性、化学性、生物性危害产生的任意一个步骤或工艺，它也包括对食品的风味、色泽等非安全危害要素的控制。

关键控制点判定的一般原则如下：

(1)在某点或某个步骤中存在 SSOP 无法消除的明显危害。

(2)在某点或某个步骤中存在能够将明显危害防止、消除或降低到允许水平以下的控制措施。

(3)在某点或某个步骤中存在的明显危害，通过本步骤中采取的控制措施的实施，将不会再现于后续的步骤中；或者在以后的步骤中没有有效的控制措施。

(4)在某点或某个步骤中存在的明显危害，必须通过本步骤中与后续步骤中控制措施的联动才能被有效遏制。

只有符合上述判断原则中的某几条及同时符合上述 4 条的点或加工步骤，才能判断为关键控制点(CCP)。根据关键控制点的概念，通常将其分为一类关键控制点(CCP1)和 M 类关键控制点(CCP2)两种。CCP1 是指可以消除或预防危害的控制点；CCP2 是指可以将危害最大限度地减少或降低到能够接受的水平以下的控制点。

10. 关键限值(CL)的确定(原理 3)

关键限值(CL)是指所用措施达到使危害消除、防止或降低到允许水平以下的最大或最小参数值，也即食品安全无危害的生产、销售全过程中的最大或最小参数值。

关键限值(CL)确定的原则是能尽可能地有效、简捷、经济。有效是指此限值确实能将危害、消除或降低到允许水平以下；便于操作，可以在不停产的情况下快速监控，这就是简捷；投入较少的人力、物力、财力即经济。

关键限值确认步骤如下：

(1)确认在本 CCP 上需要控制的明显危害与相应措施的对应关系。

(2)分析明确此项措施对明显危害的控制原理。

(3)根据原理，确定实现关键限值的最佳载体和种类，如温度、纯度、酸度、水分、活度、厚度、残留农药限量等。

(4)确定关键限值(CL)的数值。关键限值可以是根据法规、法典和权威组织公布的数据，如残留农药限量；也可根据科学文献和科技书籍的记载；还可以根据现场实验的准确结论而得。

完成关键限值(CL)的确定后，应紧接着进行关键限值技术报告的编制，并把它纳入 HACCP 支持文件。

11. 关键控制点监控措施的建立(原理 4)

监控就是针对关键控制点实施有效的监督与调控的过程，通过监控了解 CCP 是否处于控制当中。

监控措施应起到这样的作用，即跟踪各项操作，及时发现有偏离关键限值的趋势，迅速进行调整；查明 CCP 出现失控的时刻和操作点；提交异常情况的书面文件。

监控对象常常是 CCP 的某一个或某几个可测量或可观察的特征，如酸度是 CCP，pH 值就是监控对象；温度是 CCP，监控对象就是加工或储运的温度；蒸煮或加热、杀菌是 CCP，温度与时间就是监控对象。

监控过程受限于每一个具体的 CCP 的关键限值、监控设备、监测方法。监测方法一般有在线(生产线上)检测和不在线(离线)检测两种。在线检测可以连续地随时提供检测情况，如温度、时间的检测；离线检测是离开生产线的某些检测，可以是间歇的，如 pH 值、水分活度等的检测。与在线检测比较，离线检测稍显得有些滞后，不如在线检测那么及时。

12. 建立关键限值偏离时的纠偏措施(原理 5)

纠偏措施是当发现 CCP 出现失控(CL 发生偏离)时，找到原因并为了让 CCP 重新回复到控制状态所采取的行动。纠偏措施如下：

(1)列出每个关键控制点对应的关键限值。

(2)寻查偏离的原因、途径。

(3)采取措施纠正和消除产生偏离的原因和途径，防止再次出现偏离。当生产参数接近或刚超过操作限值不多时，立即采取纠偏措施。例如，在牛奶的巴氏杀菌中，没有达到杀菌温度的牛奶，通过开启的自动转向阀，重新进入杀菌程序。

(4)启用备用的工艺或设备，如生产线某处出现故障后，启用备用的工艺或设备继续进行生产。

(5)对有缺陷的产品(CCP 出现失控时的产品)应及时处理，如缺陷产品的返工或销毁。对经过返工程序的食品，其安全性要有正确的评估，无危害性的才可以流入市场。

应当引起重视的是，当在某个关键控制点上，纠偏措施已被正确实施却仍反复发生偏离关键限值的情况，就需要重新评价 HACCP 计划，并对整个 HACCP 计划做出必要的调整和修改。《纠偏措施技术报告》要纳入 HACCP 支持文件。

13. 建立验证审核程序(原理 6)

验证审核是指通过严谨科学的方法,确认 HACCP 体系是否需要修正、是否得到切实可行的落实、是否有效的过程。验证审核的对象是 HACCP 体系的计划。

验证审核的内容包括确认 HACCP 体系、HA 的确认、CCP 的验证审核、HACCP 体系的验证审核、执法机构对 HACCP 体系的审核验证。

(1)确认 HACCP 体系。确认 HACCP 体系就是复查消费者投诉,确定是否与 HAC-CP 计划的实施有关,是否存在未确定的关键控制点,确认 HACCP 体系建立的充分性和必要性,HACCP 体系是否能有效控制危害因素对食品安全性的侵袭。由 HACCP 体系实施小组或受过适当培训及有丰富经验的人员,针对 HACCP 体系中的每个环节(确认的对象),结合基本的科学原理,应用实际生产中检测的数据和生产全过程中获得的观察检测结果,进行有效性评估,得出 HACCP 体系运行是否正确的结论。

(2)危害分析(HA)的确认。危害分析(HA)的确认是对危害分析的可靠性进行确认,当企业有内外因素变化波及 HA 时,要重新进行危害分析确认。

(3)CCP 的验证审核。CCP 的验证审核有以下三个过程:

①校准及校准记录的复查。要对监控设备进行校准,确保设备灵敏度符合要求,对设备校准记录(校准日期、校准方法、校准结果、校准结论)进行复查,确定设备灵敏度是否有效。

②针对性的样品检测。对有怀疑的样品、中间产品、成品抽样检测,查看实际结果与标准的吻合程度。

③CCP 的记录复查。着重复查关键控制点的记录和纠偏记录,如监控仪器的校准记录、监控记录、纠偏措施记录、产品大肠杆菌等的微生物检验记录等。查看 CCP 是否始终处于安全参数范围内运行,发生与操作限值偏离的情形时,是否进行了纠偏行动。

(4)HACCP 体系的验证审核。验证审核是为了检验 HACCP 体系计划与实际操作之间的符合率和 HACCP 体系的有效性。收集验证活动所需的所有信息,对 HACCP 体系及记录进行现场观察和复核,来完成对 HACCP 体系的验证审核工作。

审核 HACCP 体系的验证活动应包括以下内容:

①检查产品说明和生产流程图的准确性。

②检查生产中是否按照 HACCP 体系计划监控了 CCP。

③检查所有参数是否在关键限值以内。

④记录结果是否在规定时间间隔完成和记录是否如实。

⑤监控活动是否按照 HACCP 体系计划规定的频率执行。

⑥当出现 CCP 偏离时,是否有纠偏措施。

⑦设备仪器是否按照 HACCP 体系计划进行校准。

(5)执法机构对 HACCP 体系的审核验证。执法机构对 HACCP 体系的审核验证通常分为内部验证和外部验证两类。内部验证由企业内 HACCP 实施小组进行,又称为内审;外部验证由政府检验机构或有资格的有关人士进行,又称为外审。

HACCP 体系计划的确认每年至少一次,当出现影响 HACCP 体系计划的因素时,应及时进行确认。若确认结论表明 HACCP 体系计划有效性不符合要求,应对原来的 HAC-

CP 体系计划立即进行修订，使之符合要求。

14. 建立记录和文件的有效管理程序(原理 7)

企业是否有效执行了 HACCP 体系计划，HACCP 体系计划的实施对食品安全性是否有效，最具有说服力的就是 HACCP 体系计划的记录和文件等书面证据。所以，HACCP 体系计划的每个步骤和与 HACCP 体系计划相关的每个行为都要求有翔实的记录，并有效地保存下来。HACCP 体系记录包括以下几项：

(1)执行 HACCP 体系计划的记录，包括监控记录、纠偏记录、HACCP 体系验证记录、HACCP 计划确认记录、危害分析记录、HACCP 计划表等。

(2)书面危害分析和 HACCP 计划的批准：由企业最高管理者或其代表签署批准；当发生修改、验证、确认时，由企业最高管理者或其代表重新签署批准。

(3)保存的记录应涵盖这样一些项目：说明 HACCP 体系的各种措施；危害分析采用的所有数据；HACCP 体系实施小组会议报告和决议；监控方法和数据、记录；偏差及纠偏记录；验证记录；验证审核报告；危害分析工作表和 HACCP 体系计划表(表 3-32)等各类表格。

表 3-32 HACCP 体系计划表

产品名称：　　　　　　生产地址：　　　　　　贮运、销售方式：
计划用途和消费者：　　负责人：　　　　　　　日期：

关键控制点	显著危害	关键限值	监控程序				纠编措施	HACCP 记录	验证程序
			内容	方法	频率	人员			

记录中应反映的内容有产品名称与生产地址、记录产生的日期和时间、操作者签字或署名、产品全过程监控情况的实际数据、观测资料和其他信息资料。

HACCP 体系计划及支持性材料，包括：HACCP 体系实施小组成员及其职责；建立 HACCP 体系的基础工作，如有关科学研究、实验报告和实施 HACCP 体系的先决程序(GMP、SSOP)等；确定关键限值的依据和验证关键限值的记录。重要的记录如下：

(1)CCP 的监控记录。

(2)纠偏措施的记录。

(3)验证记录，包括监控设备的检查记录、半成品与产品检验记录、验证活动的结果记录等。

(4)修改 HACCP 体系计划(原辅料、配方、工艺、设备、包装、贮运)后的确认记录。

(5)产品回收的记录。

(6)人员培训的记录。

(7)HACCP 体系计划的验证审核记录。

记录的方式有表格式、文字式(各种报告)、图形式(生产流程图、监控检测图)等。所有的记录应该完整、准确、真实；每周审核记录一次，由审核人签名，注明日期。

记录的保存期限：冷藏产品，至少保存一年；冷冻或货架期稳定的产品，至少保存两年；其他说明加工设备与加工工艺等方面的研究报告、科学评估结果，至少保存两年。

内部审核与
管理评审

记录应归档放置在安全、固定的场所，便于查阅。记录应专人保存，有严格的借阅手续。记录保存的工具一般可采用计算机或档案室。所有记录一律要求采用档案化保存。

四、危害分析与关键控制点(HACCP)体系认证实施规则

具体内容请扫描下方二维码。

五、HACCP 体系文件的编制

HACCP 体系文件编制的原则如下：

(1)采用过程方法编制，明确过程运行的预期结果，分析表达各个过程之间的关系。

(2)全体员工执行 HACCP 手册的规定。将 HACCP 体系转化为具体的执行程序，要求员工的操作与 HACCP 手册规定保持一致。

(3)具有针对性和可操作性。要将 HACCP 体系理论与企业实际相结合。

(4)与支持性文件和记录保持有机的、完整的联系。要对执行 HACCP 体系所需要的支持性文件和记录提出具体要求。

HACCP 体系支持性文件由相关的法律和法规，相关的技术规范、标准、指南，相关的研究报告和技术报告(危害分析报告)，加工过程的工艺文件(作业指导书、设备操作规程、监控仪器校准规程、产品验收准则)，人员岗位职责和任职条件，相关管理制度组成。

HACCP 体系支持性文件是 HACCP 体系建立和实施的技术资源、技术保证、科学依据，也是进行食品无危害生产、保证食品安全的有力工具、标准及行为准则。

文件编制的技巧原则：文件编制没有格式要求，但作为初学者，按照下述技巧进行编制，可使文件更规范：

①文件格式：封面、修订页、正文、附件、附表。

②封面：文件名称、文件编号、制定部门、生效日期、制定、审查、批准、密级。

③正文常用"八部天龙"：目的、范围、定义、职责、内容、参考文件、记录表单、附件。

④页眉：公司名称、文件名称、文件编号、生效日期、版本号、页码、制定部门、密级。

⑤页脚：制定、审查、批准。

任务实施

步骤一： 带领学生完成危害分析与关键控制（HACCP）体系概述、HACCP 的基本原理、HACCP 体系建立与认证、HACCP 体系文件的编制等知识点的学习。

步骤二： 基础知识测试。

知识训练

步骤三： 按照《HACCP 管理手册》的编写要求及顺序，举例说明其编写方法，带领学生完成《HACCP 管理手册》的编写。

（1）封面（图 3-4）。

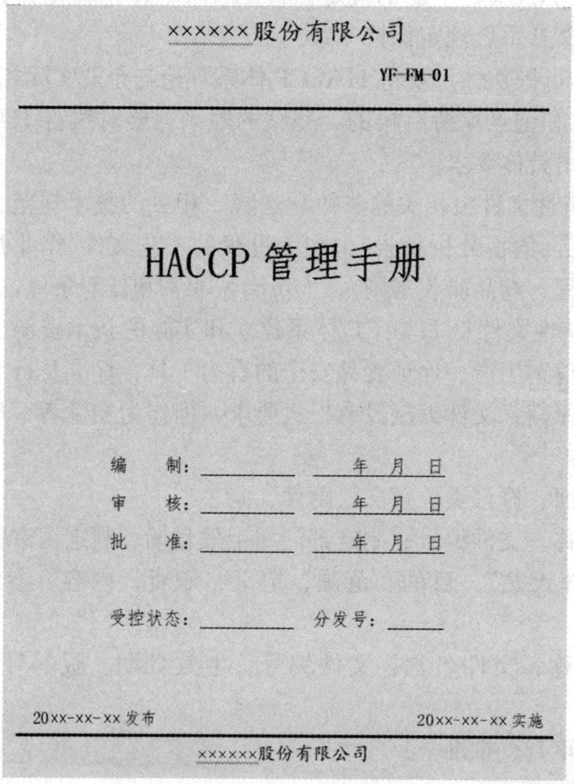

××××××股份有限公司

YF-FM-01

HACCP 管理手册

编　　制：＿＿＿＿＿　　年　月　日

审　　核：＿＿＿＿＿　　年　月　日

批　　准：＿＿＿＿＿　　年　月　日

受控状态：＿＿＿＿＿　　分发号：＿＿＿＿

20××-××-×× 发布　　　　　　20××-××-×× 实施

××××××股份有限公司

图 3-4　封面

编写说明：应在封面上方写明组织名称，在其下方写明"HACCP 管理手册"；在手册中下部应写明质量手册编号、编制审核批准时间、手册受控状态、分发号；在封面下方左边写明发布日期，下方右边写明实施日期。

（2）手册颁布令（表 3-33）。

表 3-33　手册颁布令

×××××股份有限公司 HACCP 管理手册			
0　颁布令	编号：YF-FM-01	版次：A/0	生效日期：×××××

颁布令

本公司按照《危害分析与关键控制点（HACCP）体系认证实施规则》（CNCA-N-001：2021）的要求、《危害分析与关键控制点（HACCP）体系 食品生产企业通用要求》（GB/T 27341—2009）、《食品安全国家标准 食品生产通用卫生规范》（GB 14881—2013）等标准和法规，编制《HACCP 管理手册》。本手册阐述了公司的食品安全方针、食品安全目标，描述了公司的组织机构并明确了各部门的职责权限，对 HACCP 体系所需的过程进行了识别，并对各过程的顺序、相互关系等进行了表述。

本手册是公司 HACCP 体系运行的基本依据，也是本公司对遵守国家法律法规、保证顾客权益的承诺，遵守本手册是公司每位员工应尽的职责。

本手册自二○××年×月×日正式实施。

总经理：
二○××年×月×日

编写说明：颁布令是质量手册的第 02 章，是质量手册的发布令，通常用本组织的红头文件正式发布，由最高管理者签发，也可以直接在手册上签字发布。应说明本手册符合 ISO 9001：2008 标准要求，结合组织实际，明确手册的作用、性质、适用产品范围、用途及对全体员工的要求，明确在二○××年×月×日实施，由企业最高管理者签字批准。

（3）目录（表 3-34）。

表 3-34　目录

×××××股份有限公司 HACCP 管理手册			
目录	编号：YF-FM-01	版次：A/0	生效日期：×××××

0. 颁布令

1. HACCP 体系

1.1 总要求

1.2 文件要求

2. 管理职责

2.1 管理承诺

2.2 合规义务

2.3 食品安全文化

2.4 食品安全方针、目标

2.5 职责、权限和沟通

3. 前提计划

3.1 总则

3.2 人力资源

3.3 良好卫生规范
3.4 产品设计和开发
3.5 采购管理
3.6 监视和测量
3.7 标识和追溯
3.8 产品放行
3.9 产品撤回和召回
3.10 致敏物质的管理
3.11 食品防护
3.12 食品欺诈预防
3.13 应急准备和响应
4. 危害控制
4.1 总则
4.2 预备步骤
4.3 危害分析和制订控制措施
4.4 HACCP 计划表的制订
4.5 HACCP 体系的验证
4.6 HACCP 记录的保持
5. 持续改进
5.1 不合格和纠正措施
5.1.1 不合格
5.1.2 纠正措施
5.1.3 不合格的处置
5.2 投诉处理
5.3 内部审核
5.4 管理评审
5.5 持续改进

编写说明：质量手册的目录分为章节号、章节内容、页数，必要时可再列入 ISO 9001：2015 标准对应条款号。它是工厂质量管理体系文件的总体架构。

（4）HACCP 体系（表 3-35）。

表 3-35　HACCP 体系

×××××股份有限公司 HACCP 管理手册			
1 HACCP 体系	编号：YF-FM-01	版次：A/0	生效日期：××××××

1.1　总要求

本公司按照《危害分析与关键控制点(HACCP)体系认证实施规则》(CNCA-N-001：2021)的要求策划、建立 HAC-CP 体系，形成文件，加以实施、保持、更新和持续改进，并确保其有效性。

1.2　文件要求

HACCP 体系文件、HACCP 手册、文件控制、记录控制等。

编写说明：对质量手册的内容、使用领域进行介绍；明确手册的管理部门和手册的适用范围。

(5)管理职责(表 3-36)。

表 3-36 管理职责

×××××股份有限公司 HACCP 管理手册			
2 管理职责	编号：YF-FM-01	版次：A/0	生效日期：××××××

2.1 管理承诺

公司最高管理者通过以下活动，提供建立和实施 HACCP 体系所作承诺的证据：

2.2 合规义务

公司制定程序文件，以识别法律法规要求、顾客要求及与 HACCP 体系有关的相关方的需求和期望，并从中识别确定其合规义务。

2.3 食品安全文化

公司最高管理者确保履行食品安全责任，制定程序文件以建立公司的食品安全文化，应至少包括以下几个方面内容：

2.4 食品安全方针、目标

公司最高管理者制定、实施和保持食品安全方针，方针应：

公司最高管理者确保在企业的相关职能和层次上为 HACCP 体系制定食品安全目标，目标应：

2.5 职责、权限和沟通

最高管理者应规定企业内各部门在 HACCP 体系中所承担的职责和权限，确保相关岗位的职责和权限在组织内进行分配、沟通和理解。

相关文件：
(1)《法律法规和其他要求控制程序》；

(2)《合规义务控制程序》；

(3)《食品安全文化计划控制程序》；

(4)《HACCP 工作组组长任命书》；

(5)《HACCP 工作组架构图》；

(6)《HACCP 体系的职责和权限说明书》；

(7)《信息沟通控制程序》；

(8)《内部报告控制程序》。

编写说明：企业管理者的职责主要是通过管理承诺的负责、食品安全文化的建立、食品安全方针、目标的制定并进行职责、权限的适宜分配与充分的内外部沟通来实现。编写时，按照标准条款的要求，逐一进行标示完整。有相关文件的条款可以在这里简要表述。

(6)前提计划(表 3-37)。

表 3-37　前提计划

×××××股份有限公司 HACCP 管理手册			
3　前提计划	编号：YF-FM-01	版次：A/0	生效日期：××××××

3.1　总则

公司制定并实施《前提计划控制程序》，建立、实施、验证、保持并在必要时更新或改进前提计划，以持续满足 HACCP 体系所需的卫生条件。

3.2　人力资源

公司制定并实施《人力资源控制程序》，确保从事食品安全工作的人员能够胜任。人力资源保障需满足以下要求：

3.3　良好卫生规范

公司按照适用的法律法规、标准、操作规范和指南要求，建立、实施、保持和更新良好卫生规范，以预防和(或)减少产品中的、生产经营过程及产品所处环境中的污染。

3.4 产品设计和开发

公司制定文件以确保新产品研发、产品发生变化或产品生产工艺发生变更时，能够持续生产符合食品安全法规要求的产品。

3.5 采购管理

公司制定文件以确保采购管理防止在原料、食品添加剂、食品相关产品，以及外部提供的服务中存在食品安全危害，建立对食品安全有影响的供方评价、批准和监控程序。

3.6 监视和测量

公司制定文件以实施监视、测量活动，以确定相关程序按策划实施，符合规定准则要求。

3.7 标识和追溯

公司建立、实施和保持相关文件，确保具备识别产品及其状态的追溯能力。

3.8 产品放行

公司建立、实施和更新相关文件，确保放行产品满足质量、安全和顾客要求，未达到可接受水平的产品不得放行。

3.9 产品撤回和召回

公司制定相关文件,建立、保持、评审、更新产品撤回和召回计划,确保及时撤回或召回受食品安全危害影响的全部放行产品。

3.10 致敏物质的管理

公司制定文件,建立并实施针对所有食品生产经营过程及设施的致敏物质管理计划,以最大限度地减少或消除致敏物质交叉污染。

3.11 食品防护

公司制定文件,针对人为的破坏或蓄意污染等情况,建立、实施和改进食品防护计划,以识别潜在威胁并优先考虑食品防护措施。

3.12 食品欺诈预防

公司建立并保持文件,收集有关供应链食品欺诈的以往和现存威胁信息,制定食品欺诈预防计划,以减少或消除识别的脆弱环节。

3.13　应急准备和响应
公司建立文件以识别、确定潜在的食品安全事故或紧急情况，制定应急预案和措施，必要时做出撤回或召回的响应。   相关文件： (1)《前提计划控制程序》； (2)《产品设计和开发控制程序》； (3)《供应商管理控制程序》； (4)《采购控制程序》； (5)《监视和测量控制程序》； (6)《产品标识和可追溯性程序控制程序》； (7)《产品放行控制程序》； (8)《产品撤回和召回控制程序》； (9)《致敏物质管理控制程序》； (10)《食品防护控制程序》； (11)《食品欺诈脆弱性评估控制程序》； (12)《食品安全应急准备和响应控制程序》。

　　编写说明：公司通过建立实施人力资源保障计划、企业良好生产规范（GMP）、卫生标准操作程序（SSOP）、召回与追溯体系、设备设施维修保养计划等内容建立前提计划，以持续满足 HACCP 体系所需的卫生条件。编写时，按照标准条款的要求，逐一标示完整。有相关文件的条款可以在这里简要表述。

　　(7)危害控制（表 3-38）。

表 3-38　危害控制

×××××× 股份有限公司 HACCP 管理手册			
4　危害控制	编号：YF-FM-01	版次：A/0	生效日期：××××××
4.1　总则 　　公司制定并实施《HACCP 计划控制程序》，根据 7 个原理的要求制订并组织实施食品的 HACCP 计划、系统控制显著危害，确保将这些危害消除或降低到可接受水平，以保证产品安全。 			

4.2　预备步骤

公司实施 HACCP 小组的组成、产品描述、预期用途的确定、过程描述及流程图的制定、流程图的确认等内容。

4.3　危害分析和制订控制措施

公司进行危害识别、危害评估、控制措施的制定、危害分析工作单制作等内容。

4.4　HACCP 计划表的制定

公司进行关键控制点(CCP)的确定、关键限值(CL)的确定、CCP 的监控、建立纠偏措施、HACCP 计划的确认等。

4.5　HACCP 体系的验证

公司制定文件使 HACCP 计划得以实施,并持续控制危害。

4.6　HACCP 记录的保持

公司制定文件以保留 HACCP 计划建立、运行、验证、更新的记录。

相关文件:

(1)《HACCP 计划控制程序》;

(2)《HACCP 计划的确认控制程序》;

(3)《HACCP 体系验证控制程序》;

(4)《危害识别分析评价及应对措施控制程序》;

(5)《关键控制点 CCP 控制程序》;

(6)《关键限值控制程序》;

(7)《关键限值纠偏控制程序》。

编写说明：危害控制主要是通过实施 HACCP 小组的组成、产品描述、预期用途的确定、确保 HACCP 小组等预备步骤、危害分析和制定控制措施、制定 HACCP 计划表、HACCP 体系的验证、HACCP 记录的保持等实施步骤来完成。编写时，按照标准条款的要求，逐一标示完整。有相关文件的条款可以在这里简要表述。

①原料、成品描述。到原料库或成品库中寻找，将所有产品(原料和成品)，包括内包装材料的标签找到，从中寻找需要的内容。描述以表格形式体现，成品描述包括预期用途，内容见表 3-39、表 3-40。

表 3-39　原料描述模板

产品名称：	
化学、生物和物理特性	
包装和交付方式	
产地	
生产方法	
储存条件和保质期	
使用或生产前的预处理	
产品接收标准	
配制辅料的组成	

表 3-40　成品描述模板

产品名称：	
食用方法	
包装方式	
产品特性	
保存期限	
加工方法	
销售对象	
标签说明	
产品标准	
保存条件	
成品规格	

②工艺流程图的绘制和确认。注意返工点、循环点、废弃物排放点、产品排出点等。必须到生产现场进行确认，以保证与生产实际相符。工艺流程图必须附工艺说明。将工艺图中的每个步骤拿出来，详细说明其加工参数(图 3-5)。

③危害分析。可采用危害分析工作单的形式体现。将上述流程图中的每个步骤拿出来，放在"工序"栏中，之后进行危害分析(表 3-41)。

④HACCP 计划表。将表 3-41 中"这步骤是关键控制点吗"栏判断是"CCP"的放到 HACCP 计划表中(表 3-42)。

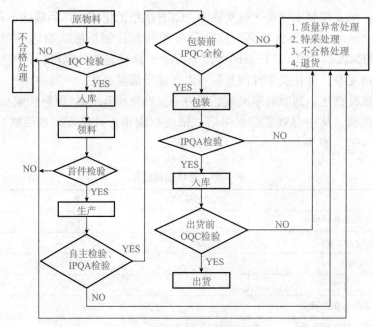

图 3-5　工艺流程图模板

表 3-41　危害分析工作单模板

危害分析工作单					
工厂名称：_____ 　　　　产品名称：_____					
工厂地址：_____ 　　　　储存和销售方法：_____					
签名：_____ 　　　　预期用途和用户：_____					
日期：_____					
(1)配料/加工步骤	(2)确定本步骤引入的、受控的或增加的潜在危害	(3)潜在的食品安全危害是显著的吗？（是/否）	(4)对第(3)栏的判断提出依据	(5)应用什么预防措施来防止显著危害？	(6)这步骤是关键控制点吗？（是/否）

表 3-42 HACCP 计划工作单模板

			监 控						
1 CCP	2 危害	3 关键限值	4 对象	5 方法	6 频率	7 人员	8 纠偏行动	9 记录	10 验证

HACCP 计划表

产品运输方式：＿＿＿＿＿＿　　　预期用途：＿＿＿＿＿＿

销售方式：＿＿＿＿＿＿＿　　　商品名称：＿＿＿＿＿＿

(8)持续改进(表 3-43)。

表 3-43 持续改进

×××××股份有限公司 HACCP 管理手册			
5 持续改进	编号：YF-FM-01	版次：A/0	生效日期：××××××

5.1 不合格和纠正措施

公司制定文件，该程序应包括退货产品的处置，当发生不合格时，应对不合格做出处置

5.2 投诉处理

公司制定文件对投诉及投诉信息进行管理，以确保在必要时对投诉进行评估并采取纠正措施

5.3 内部审核

公司制定文件并按策划的时间间隔进行内部审核，以确定 HACCP 体系是否符合要求，并得到有效实施、保持和更新。

5.4 管理评审

公司制定文件，确保最高管理者按策划的时间间隔评审 HACCP 体系，以确保其持续的适宜性、充分性和有效性

5.5 持续改进

公司制定文件，公司不断提高 HACCP 体系的适宜性、充分性和有效性

相关文件： (1)《不合格和纠正措施控制程序》； (2)《投诉处理控制程序》； (3)《HACCP 体系内部审核控制程序》； (4)《HACCP 体系管理评审控制程序》； (5)《持续改进控制程序》。

步骤四：组织学生完成《HACCP 管理手册》的修改与完善，展开自我评估和小组评价，最后教师进行评价反馈，填写完成工单（表 3-44）。

表 3-44　HACCP 管理手册工单

任务名称		HACCP 管理手册		指导教师			
学号				班级			
组员姓名				组长			
任务目标		通过编写《HACCP 管理手册》，掌握危害分析与关键控制体系的建立方法					
任务内容		1. 参照相关知识及利用网络资源。 2. 编写《HACCP 管理手册》。 3. 完成学习任务，同学及小组间可进行经验交流，教师可针对共性问题在课堂上组织讨论					
参考资料及使用工具							
实施步骤与过程记录							
文档清单	序号	文档名称			完成时间	负责人	
	1						
	2						
	3						
	备注：填写本人完成文档信息						
评价标准	配分表						
	考核项目			配分	自我评价	组内评价	教师评价
	知识评价	HACCP 的基础原理		15			
		HACCP 的建立方法与步骤		20			
	技能评价	HACCP 管理手册编写程序正确		15			
		思政元素内容充实		20			
	素质考评	具备认真细致的工作精神和严谨的科学观		15			
		具备团队合作精神和社会主义核心价值观		15			
	总分			100			
评价记录	自我检查记录						
	组内评价记录						
	教师评价记录						

任务三 食品安全管理体系(ISO 22000)的建立

任务描述

通过学习 ISO 22000 的由来、ISO 22000 的原则和过程方法、术语和定义、体系对食品企业的作用、文件编制原则、体系条文等内容，编写《食品安全管理手册》，对于该任务完成情况，主要依据自我评价和教师评价两方面进行。

知识要点

ISO 22000 的由来　　　ISO 22000

一、ISO 22000 的由来

食品安全管理体系(简称 FSMS)是以《食品安全管理体系 食品链中各类组织的要求》(ISO 22000：2018)为核心的可用于 ISO 认证注册的管理体系。它在 ISO 9001 质量管理体系认证丰富经验基础之上，将 HACCP 原理与 ISO 9001 框架结合，使 HACCP 原理进入 ISO 的管理体系认证领域，从而促进 HACCP 在全球的推广。FSMS 的历史与 HACCP 的发展密不可分。

二、ISO 22000 族标准组成

(1)《食品安全管理体系 食品链中各类组织的要求》(ISO 22000：2018)提供了全球食品行业产品接受的统一标准。该标准由来自食品行业的专家，通过与国际食品法典委员会、联合国粮农组织和世界卫生组织紧密合作产生。ISO 22000：2018 是 ISO 22000 族标准中的第一个标准，这一标准可以单独用于认证、内审或合同评审，也可与其他管理体系，如 ISO 9001 合并实施。

(2)《食品安全管理体系 ISO 22000：2005 应用指南》(GB/T 22004—2007/ISO/TS 22004：2005)主要是帮助全球的中小企业建立和实施 ISO 22000 标准。

(3)《食品安全管理体系审核认证机构要求》(ISO/TS 22003：2013)给出对从事 ISO 22000 认证审核的机构的认可要求。

(4)《饲料和食品链的可追溯性 体系设计与实施的通用原则和基本要求》(ISO 22005：2007)为饲料和食品链的可追溯性体系设计和发展提供了总的导则。

原则和过程方法

术语和定义

ISO 22000
基础术语(一)

ISO 22000
基础术语(二)

三、《食品安全管理体系 食品链中各类组织的要求》(ISO 22000：2018)条文

具体内容请扫描下方二维码。

四、体系对食品企业的作用

(1)安全的防护堤：搞好食品安全管理可以防范、减少食物中毒和食源性疾病的发生，有助于保障消费者身体健康。

(2)贸易的通行证：自从中国加入世贸组织以来，中国的食品进出口贸易越来越多地受到国际通行准则的影响和限制，西方国家有较为完善的食品安全管理系统，安全管理模式已成为国家通用的标准和进入欧美市场的通行证。我国顺应现代经济潮流，要求企业按国际通用标准生产出高质量的安全产品，从而更有利地参与国际竞争，提高经济效益。

ISO 22000 建立(一)

(3)发展的动力源：食品企业的管理人员、技术人员和工作人员，都应懂得食品安全管理的基础知识，从整体上把握安全管理的共性，以更好地应用先进科学的安全管理方法，全面提高企业的安全管理水平。

五、体系文件的编制

ISO 22000 标准的导入方(以下简称"组织")和认证机构评价食品卫生质量体系，是进行食品安全改进所必不可少的依据，组织在建立体系的过程中，有必要建立一套科学、系统、合理的体系文件。体系文件是由多层、多种文件构成的。体系文件应反映组织食品安全管理体系的系统特征，应对影响食品安全的环境、工艺、设备、人员等因素的控制做出规定。

ISO 22000 建立(二)

编制体系文件应注意的事项：

(1)准确。在文件编写过程中，遣词造句要明确，不能含糊其词，模棱两可。如要严格区分"应该""必须""可以""允许"等词汇的强制性和让步性，不能混淆。

(2)具体。不能笼统、抽象，内容必须合理可行，具体可操作，如果笼统抽象，执行时就会无所遵循，势必造成"空对空"。

(3)简洁。要避免烦琐冗长，重复累赘。内容应充实，尽量不写非实质性的条文。文字表述上应简明扼要，尽量少用议论性、修饰性词组。

(4)严谨。逻辑性要严密。对同一概念，只能用同一词组来表述，避免产生矛盾和歧义。如果使用的词组具有若干含义，应当在"术语"一节中加以说明，以保证对体系文件内容的正确理解。

体系文件的结构

任务实施

步骤一： 带领学生完成 ISO 22000 的由来、ISO 22000 的原则和过程方法、术语和定义、体系对食品企业的作用、文件编制原则、体系条文等知识点的学习。

步骤二： 基础知识测试。

知识训练

步骤三： 按照食品安全管理手册的编写要求及顺序，举例说明其编写方法，带领学生完成食品安全管理手册的编写。

(1)封面(图 3-6)。

XX/FM

ISO 22000:2018
食品安全管理手册

A 版

编　　制：＿＿＿＿＿　20××年××月××日
审　　核：＿＿＿＿＿　20××年××月××日
批　　准：＿＿＿＿＿　20××年××月××日

受控状态：＿＿＿＿＿　　分发号：＿＿＿＿＿

20××-××-××发布　　　　　　20××-××-××实施

××有限公司

图 3-6　封面

编写说明：应在封面上方写明手册编码，在其下方写明"ISO 22000：2018 食品安全管理手册"及版本；在手册中下部应写明编制者、审核者、批准者和时间、手册受控状态、分发号；在封面下方左边写发布日期，下方右边写实施日期，最下方写单位名称。

（2）目录（表 3-45）。

表 3-45　目录

××有限公司　食品安全管理手册		
0.1目录	修订次数：A/0	修订日期：20××.××.××

0. 颁布令

1. HACCP 体系

1.1 总要求

1.2 文件要求

2. 管理职责

2.1 管理承诺

2.2 合规义务

2.3 食品安全文化

2.4 食品安全方针、目标

2.5 职责、权限和沟通

3. 前提计划

3.1 总则

3.2 人力资源

3.3 良好卫生规范

3.4 产品设计和开发

3.5 采购管理

3.6 监视和测量

3.7 标识和追溯

3.8 产品放行

3.9 产品撤回和召回

3.10 致敏物质的管理

3.11 食品防护

3.12 食品欺诈预防

⋮

5.5 持续改进

编写说明：食品安全管理手册的目录分为章节号、章节内容、页数，必要时可再列入 ISO 22000：2018 标准对应条款号。它是工厂食品安全管理手册体系文件的总体架构。

（3）手册颁布令（表 3-46）。

编写说明：颁布令是食品安全管理手册的第 02 章，是食品安全管理手册的发布令，通常用本组织的红头文件正式发布，由最高管理者签发，也可以直接在手册上签字发布。应说明本手册符合 ISO 9001：2008 标准要求，结合组织实际，明确手册的作用、性质、适用产品范围、用途及对全体员工的要求，明确在二〇××年×月×日实施，由企业最高管理者签字批准。

表 3-46　手册颁布令

××有限公司　食品安全管理手册		
0.2 颁布令	修订次数：A/0	修订日期：20××.××.××

颁布令

　　为了加强公司食品安全和规范管理，确保向顾客或相关方提供符合要求的产品，根据《食品安全管理体系 食品链中各类组织的要求》(ISO 22000：2018)，结合本公司的实际情况，制定本"食品安全管理手册"。

　　本手册通过过程方法、PDCA 持续改进、管理的系统方法，HACCP 体系和国际食品法典委员会(CAC)制定的实施步骤，结合前提方案，建立、实施、保持和更新质量/环境管理和食品安全管理体系。

　　本手册阐述了公司的食品安全和质量方针、目标、组织结构、职权，对质量管理体系和食品安全管理体系提出了具体要求，引用了文件化的程序，是公司食品安全和质量管理体系运作应遵循的基本法规，也是第三方食品安全管理体系和质量/环境管理体系认证的依据，经认真审核，现予以颁布实施，要求公司全体员工严格贯彻执行。

　　本手册自二○××年×月×日正式实施。

总经理：
二○××年×月×日

（4）食品安全方针与目标（表 3-47）。

表 3-47　食品安全方针与目标

××有限公司　食品安全管理手册		
0.3 食品安全方针与目标	修订次数：A/0	修订日期：20××.××.××

食品安全方针

以质量为根本，以科技为依托，保障产品安全，实现顾客满意，作为本公司的食品安全方针，公司的各级人员必须理解方针的内涵，并以实际的行动认真贯彻执行。

食品安全方针的阐释：

食品安全目标

产品出厂合格率 100%；顾客满意率≥70%；确保无食品链安全事故发生。

各部门质量目标的分解：

食品安全承诺

我们向顾客做出以下郑重承诺：

1. 持续保持食品安全管理体系，并不断改进其有效性；

2. 公司保证交付经检验合格的产品，为客户提供符合要求的产品和客户满意的售后服务。

编写说明：对食品安全方针、食品安全目标、食品安全承诺等进行介绍，并对食品安全方针进行阐释，对食品安全目标进行分解。要体现出组织产品或服务的特点，给人以深刻的印象。要求有概括性、简练通畅、文字生动富有号召力。

(5)公司简介(表 3-48)。

表 3-48　公司简介

××有限公司　食品安全管理手册		
0.4　公司简介	修订次数：A/0	修订日期：20××.××.××
公司简介		

编写说明：将工厂的经营理念、产品、服务、实力、资源、发展前景及在同行中的地位、市场份额等重要信息对外充分展示。最后要注明：工厂名称、地址、电话、传真等信息。

(6)任命书(表 3-49)。

表 3-49　任命书

××有限公司　食品安全管理手册		
0.5　任命书	修订次数：A/0	修订日期：20××.××.××

任命书

经公司研究决定，由×××兼任公司食品安全小组组长，负有以下职责：

1. 负责按 ISO 22000：2018 标准建立、实施和维护食品安全管理体系所需的过程并协调各部门工作。

2. 确认食品安全管理体系取得的业绩及需要改进的地方，在企业内部提升对食品安全的认识。

3. 审核食品安全管理手册、程序。

4. 管理食品安全小组并组织领导其工作；确保食品安全小组成员得到相关的培训和教育；组织危害分析，组织风险评估，组织公司经营环境的分析，组织相关方需求和期望分析，组织紧急情况和事故的处理；组织食品安全管理体系绩效评价；组织制定操作性前提方案(OPRP)、HACCP 计划；组织对控制措施进行确认，组织监督实施、验证 HACCP 计划，组织对验证结果进行分析等。

5. 负责就公司食品安全管理体系有关事宜与外部各方面的联络工作。

××有限公司
20××年××月××日

编写说明：本项是由工厂的最高管理者在本组织内任命一名食品安全小组组长。同时，将管理者代表职责和权限以书面形式在组织内部发布，有利于食品安全小组组长在其授权范围内行使职权，确保食品安全管理体系的建立和有效实施。

（7）范围（表3-50）。

表 3-50　范围

××有限公司　食品安全管理手册		
1　范围	修订次数：A/0	修订日期：20××.××.××

范　围

本标准规定了食品安全管理体系的要求，以使直接或间接参与食物链中的组织能够……

编写说明：食品安全管理体系的范围，旨在适用食品链中各种规模和复杂程度的所有组织。包括直接或间接介入食品链中一个或多个环节的组织。在应用时首先说明食品安全管理手册在工厂里的适用范围。

（8）规范性引用文件（表3-51）。

表 3-51　规范性引用文件

××有限公司　食品安全管理手册		
2　规范性引用文件	修订次数：A/0	修订日期：20××.××.××

规范性引用文件

引用标准为《食品安全管理体系 食品链中各类组织的要求》(ISO 22000：2018)及 ISO 9001：2015。

编写说明：表明食品安全管理手册在编写过程中所应用的标准，如果手册的内容描述涉及相关行业标准、条例、法律、法规，则应予以说明，同时应注意引用标准的有效性和适宜性。

(9)术语和定义(表 3-52)。

表 3-52　术语和定义

××有限公司　食品安全管理手册		
3　术语和定义	修订次数：A/0	修订日期：20××.××.××

术语和定义

本手册采用 ISO 9000：2015 及 ISO 22000：2018 的术语和定义。

编写说明：食品安全管理手册中常会出现一些术语、产品名称、设备名称等，有些名词如果不做说明，有可能妨碍沟通，因此在定义中应予以解释。

(10)组织的环境(表 3-53)。

表 3-53　组织的环境

××有限公司　食品安全管理手册		
4　组织的环境	修订次数：A/0	修订日期：20××.××.××

组织的环境

4.1　理解组织及其环境

本公司领导层确定了企业目标和战略方向，通过各部门收集信息、识别、分析和评价，公司管理会议讨论研究，明确了与公司目标和战略方向相关的各种外部和内部因素。

4.2　理解相关方的需求和期望

公司相关方关注公司持续提供的产品和服务质量是否符合顾客要求，是否适销对路，以及生产经营的合规情况。

4.3 确定食品安全管理体系的范围
公司在策划食品安全管理体系时，考虑到公司目前的内外环境和影响因素，根据相关方的要求，在食品安全管理手册中明确了食品安全管理体系的边界和适用性。   4.4 食品安全管理体系 本公司按照标准的要求，建立、实施、保持和持续改进食品安全管理体系，包括所需过程及其相互作用。

编写说明：本条款给出组织应确定的与其目标和战略方向相关并影响其实现食品安全管理体系预期结果的各种外部和内部因素。编写的时候要求按照标准的条款逐一列出。

(11)领导作用(表 3-54)。

表 3-54 领导作用

××有限公司 食品安全管理手册		
5 领导作用	修订次数：A/0	修订日期：20××.××.××

5.1 领导作用和承诺 总经理认识到公司食品安全管理体系的重要性，通过实施以下活动体现其领导作用和承诺。 5.2 食品安全方针 总经理制定、实施和保持食品安全方针。食品安全方针：   公司在食品安全管理手册中对方针进行公开声明，在公司内部会议进行宣讲、沟通，全体员工能够准确理解其含义并在工作中贯彻落实食品安全方针。

5.3　组织的岗位、职责和权限
公司根据职能建立组织结构，确保整个组织内相关岗位的职责、权限得到分派、沟通和理解（见附录组织结构图和质量职责分配表）。总经理任命管理者代表，分派其职责和权限包括：   各部门职责和权限：总经理、常务总监、食品安全小组组长、综合技术部、生产部、销售部、采购部、行政部、财务部、品管部、检验员、内审员。

编写说明：企业管理者的职责主要是通过管理承诺的负责、食品安全文化的建立、食品安全方针、目标的制定并进行职责、权限的适宜分配与充分的内外部沟通来实现。编写时，按照标准条款的要求，逐一标示完整。有相关文件的条款可以在这里简要表述。

（12）策划（表 3-55）。

表 3-55　策划

××有限公司　食品安全管理手册		
6　策划	修订次数：A/0	修订日期：20××.××.××

6.1　应对风险和机遇的措施
公司在策划食品安全管理体系时，考虑到影响公司目标、战略方向和管理体系绩效的内外因素和公司相关方的要求，确定需要应对的风险和机遇，以便：   公司根据风险分析结果，策划应对这些风险和机遇的措施，包括规避风险，为寻求机遇承担风险，消除风险源，改变风险的可能性和后果，分担风险，或通过明智决策延缓风险。

6.2　食品安全目标及其实现的策划

公司策划并制定了食品安全目标，并在相关职能、层次和过程进行分解。

策划如何实现食品安全目标时，公司应确定：采取的措施；需要的资源；由谁负责；何时完成；如何评价结果。

变更的策划：当公司确定需要对食品安全管理体系进行变更时，应对变更活动进行策划并根据 4.4 要求系统地实施。应考虑到：

编写说明：体系的策划主要是通过应对风险和机遇的措施、食品安全目标及其实现的策划等来实现。编写时，按照标准条款的要求，逐一标示完整。有相关文件的条款可以在这里简要表述。

(13)支持(表 3-56)。

表 3-56　支　持

××有限公司　食品安全管理手册		
7　支持	修订次数：A/0	修订日期：20××.××.××

7.1　资源

1. 总则：公司应确定并提供为建立、实施、保持和持续改进食品安全管理体系所需的资源，应考虑：

2. 人员：公司确定并配备所需要的人员，以有效实施食品安全管理体系，包括过程运行和控制。

3. 基础设施：为确保食品安全和服务合格，公司确定、配置和维护过程运行所需的基础设施，包括：

4. 工作环境：公司根据产品和服务特点，确定、提供并维护过程运行所需要的环境，包括：

5. 外部开发食品安全管理体系要素的控制：公司应确保外部开发食品安全符合产品生产过程和产品食品安全要求。在下列情况下，应确定对外部开发食品安全提供的过程、产品和服务实施的控制：

6. 外部提供过程、产品和服务的控制：公司确保外部开发食品安全的过程、产品和服务不会对组织稳定地向顾客交付合格安全的产品和服务的能力产生不利影响。公司应：

外部供方的信息：公司应确保在与外部供方签订协议前，充分进行沟通，确保外部供方提供的产品、服务或过程要求明确具体。与外部供方沟通包括以下要求：

7.2 能力

公司制定人力资源管理程序，对以下活动进行控制：

7.3 意识

为提高全员食品安全意识、顾客意识，公司通过多种形式宣传交流，确保相关工作人员知晓和理解：

7.4 沟通

本公司确定与食品安全管理体系相关的内部和外部沟通，包括：

7.5　成文信息
总则：组织的食品安全管理体系应包括：   创建和更新：在创建和更新文件时，公司应确保适当的：   形成文件的信息的控制：公司制定文件控制程序，对食品安全管理体系和标准所要求的文件应严格控制，以确保满足以下要求：   为控制形成文件的信息，使用时，文件主管部门应关注下列活动及其效果：

编写说明：体系的支持主要是通过人员，基础设施，工作环境，外部开发食品安全管理体系要素的控制，外部提供过程、产品和服务的控制等来实现。编写时，按照标准条款的要求，逐一标示完整。有相关文件的条款可以在这里简要表述。

(14)运行(表 3-57)。

表 3-57　运行

××有限公司　食品安全管理手册		
8　运行	修订次数：A/0	修订日期：20××.××.××

8.1　运行策划和控制
本公司策划和开发安全产品实现所需的过程，通过有效开发、实施和监视所策划的活动，保持和验证食品加工与加工环境的控制措施，当出现不符合时采取适宜措施予以控制，最终实现食品安全管理。
8.2　前提方案
本公司建立、实施和保持前提方案(PRP)，以助于控制：

本公司制定前提方案时，保证做到：

本公司在制定前提方案时，充分识别有关的法律法规和其他要求对其予以考虑和利用。本公司制定前提方案时，充分考虑了以下内容：

本公司在前提方案及其相关文件中规定如何管理前提方案中包括的活动。

本公司建立、实施和保持《良好操作规范》(GMP)、《卫生标准操作程序》(SSOP)两个前提方案，以及《过程运行环境管理程序》《监视和测量资源的控制程序》，以确保实现以下目标：

8.3 可追溯性

本公司制定《标识和可追溯程序》，以确保能够识别产品批次及其与原料批次、加工和分销记录的关系，能够识别从直接供方的进料和最终产品分销直至直接分销方的情况，能够对潜在不安全产品进行处理和可能发生的召回。

8.4 应急准备和响应

建立和实施与本公司食品链中的作用相适宜的《应急准备和响应控制程序》，以管理可能影响食品安全的潜在紧急情况和事故。

8.5 危害控制

1. 危害分析预备步骤

(1)总则：本公司按《危害分析和预防控制程序》的要求做好危害分析的预备工作，预备工作的总原则：

(2)成立食品安全小组：

(3)编写产品特性：

①食品安全小组编写所有原料、辅料、与产品接触的材料的特性描述。在编写特性描述时，应识别与描述的内容相关的法律法规，特性描述的内容一般包括以下方面：

②食品安全小组编写最终产品的特性描述(含最终产品的预期用途)。在编写特性描述时，应识别与描述的内容相关的法律法规。最终产品特性描述的内容一般包括以下方面：

(4)绘制产品/过程流程图，并编制工艺描述：

①食品安全小组绘制清晰、准确和详尽的产品/过程流程图，流程图绘制完成后，包括以下方面：

②食品安全小组编制工艺描述，对流程图中的每个步骤的控制措施进行描述。

2. 危害分析

(1)本公司按《危害分析和预防控制程序》的要求实施危害分析，以确定：

(2)危害识别和可接受水平的确定：食品安全小组流程中每个步骤的所有潜在危害。危害识别时应全面考虑产品本身、生产过程和实际生产设施涉及的生物性、化学性、物理性三个方面的潜在危害。危害识别时应充分利用下列信息：

（3）危害评估：食品安全小组根据危害发生的可能性和危害后果的严重性对识别出来的危害进行评估，以确定危害是不是显著危害，以及危害是否需要得到控制。

3. 控制措施和控制措施组合的确认

对需控制的危害，食品安全小组应选择适宜的控制措施对其进行控制。控制措施应通过 OPRP 或 HACCP 计划来管理。

4. 危害控制计划（HACCP 计划/OPRP 计划）

本公司按《危害分析和预防控制程序》的要求编制包括程序或作业指导书的 HACCP 计划，对 CCP 进行管理。HACCP 计划包括下列内容：

关键控制点的确定：食品安全小组通过 CCP 判断树（见附件），并结合专业知识，判断某一步骤是不是 CCP。

确定 CCP 的关键限值：食品安全小组为每个 CCP 建立关键限值，以确保最终产品食品安全危害不超过其可接受水平。关键限值确定依据：

确定关键限值的注意事项：

建立关键控制点的监视系统：食品安全小组为每个关键控制点建立监视系统。监视系统包括所有针对关键限值的、有计划的测量或观察。监视系统的要素及其要求如下：

建立纠偏措施：食品安全小组在"HACCP 计划表"及相应的程序文件(《不合格和纠正措施控制程序》)、作业指导书中规定偏离关键限值时所采取的纠偏措施。纠偏措施由两个方面完成：

8.6　前提方案(PRP)和危害控制计划信息更新

在下列情况下，根据需要，应对危害分析的输入(产品特性、预期用途、流程图、过程步骤、控制措施)进行更新，重新进行危害分析，并对 OPRP、HACCP 计划进行更新：

8.7　监视和测量的控制

公司建立和实施《监视和测量资源的控制程序》，以确保所采用的监视、测量设备和方法是适宜的。

8.8　前提方案(PRP)和危害控制计划的验证

1. 验证

本公司策划验证活动，以保证：

2. 验证活动结果的分析

本公司在《确认验证控制程序》中对验证活动的目的、方法、频次和职责进行了规定，对记录验证结果进行了规定，并要求将验证结果传达到食品安全小组以进行验证结果的分析。本公司的验证项目一般包括：

8.9 不符合产品和过程的控制

1. 总则：本组织在制订的 HACCP 计划中，根据最终产品的用途和交付要求，识别和控制影响最终产品的不符合关键控制点或不符合卫生标准的操作程序。

2. 纠偏措施：为对产品实现过程中的不合格和 HACCP 体系的关键控制点关键限值已发生的偏离，包括对偏离期间的产品和偏离产生的原因进行分析识别，从而制定应采取的措施进行纠正，使发生偏离的参数重新控制。具体按以下内容执行：

3. 纠正：本公司建立和实施《不合格和纠正措施控制程序》，对纠正进行管理。本公司的纠正要做到：略。本公司在关键限值失控时，采取如下纠正：

4. 潜在不安全产品的处理：本公司建立和实施《不合格品控制程序》，对不合格品/潜在不安全产品的识别、记录、评审、处置进行管理。根据对不合格品/潜在不安全产品的评估结论，对不合格品/潜在不安全产品实施以下处置：

5. 撤回/召回：本公司成立产品召回应急小组并明确产品召回应急小组成员的职责，当出现产品召回情况时，产品召回应急小组按职责的要求迅速开展工作。

相关文件：

(1)《过程运行环境管理程序》；

(2)《监视和测量资源的控制程序》；

(3)《标识和可追溯程序》；

(4)《应急准备和响应控制程序》；

(5)《危害分析和预防控制程序》；

(6)《HACCP 计划书》；

(7)《不合格和纠正措施控制程序》。

编写说明：体系的运行主要是通过运行策划和控制、前提方案、可追溯性、应急准备和响应、危害控制、前提方案(PRP)和危害控制计划信息更新、监视和测量的控制、前提方案(PRP)和危害控制计划的验证、不符合产品和过程的控制等工作来实现。编写时，按照标准条款的要求，逐一标示完整。有相关文件的条款可以在这里简要表述。

(15)食品安全管理体系绩效评价(表3-58)。

表3-58　食品安全管理体系绩效评价

××有限公司　食品安全管理手册		
9　食品安全管理体系绩效评价	修订次数：A/0	修订日期：20××.××.××

9.1　监视、测量、分析和评价

1. 总则：公司应确定需要监视和测量的对象，确保有效结果所需要的监视、测量、分析和评价方法，实施监视和测量的时机，分析和评价监视与测量结果的时机。

2. 顾客满意：本公司应监视顾客对其需求和期望获得满足程度的感受。组织应确定这些信息的获取、监视和评审方法。

3. 分析和评价：公司应分析、评价、监视和测量获得的适宜数据与信息。应利用分析结果评价以下各项结果：

食品安全小组按《确认验证控制程序》的要求对各项验证结果进行评价，以确定验证结果的正确与完整。评价的责任如下：

当验证表明不符合时，相关验证人员应要求有关部门采取纠正和预防措施。采取纠正和预防措施时，应至少考虑对下列方面进行评审，检查是否这些方面出现问题：

在每次管理评审前或必要时，食品安全小组组长组织小组成员对验证结果(包括内部审核和外部审核的结果)进行分析，以：

9.2　内部审核

公司制定并实施《内部审核控制程序》，以确定食品安全管理体系是否：

9.3　管理评审

本公司建立和实施《管理评审控制程序》，定期对食品安全管理体系(包括食品安全方针、目标)进行评审，以确保其适宜性、充分性和有效性，并识别改进的机会和修改的要求。

管理评审由总经理主持，每年至少一次。

管理评审计划由食品安全小组组长编写，总经理批准后发放给参加管理评审的有关人员。

参加管理评审的人员在收到管理评审计划后，要按要求准备好管理评审输入报告，这些报告的内容包括

按期召开管理评审会议，与会人员根据输入的资料就方针、目标、管理体系进行评价，评价其是否需要变更。

食品安全小组组长负责编制管理评审报告(管理评审输出)，管理评审。

管理评审报告经总经理批准后发放给有关部门和人员。

食品安全小组组长负责对管理评审中提出的改进措施的执行情况进行跟踪验证，验证的结果应记录并上报总经理。报告中应写明包括以下决定和措施的管理评审结论：

相关文件：

(1)《确认验证控制程序》；

(2)《内部审核控制程序》；

(3)《管理评审控制程序》。

编写说明：食品安全管理体系绩效评价主要是通过监视、测量、分析、评价、内部审核、管理评审等工作来实现。编写时，按照标准条款的要求，逐一标示完整。有相关文件的条款可以在这里简要表述。

（16）体系绩效评价（表3-59）。

表3-59　体系绩效评价

××有限公司　食品安全管理手册		
10　体系绩效评价	修订次数：A/0	修订日期：20××.××.××

10.1　监视、测量、分析和评价

1. 总则：公司应确定需要监视和测量的对象，确保有效结果所需要的监视、测量、分析和评价方法，实施监视和测量的时机，分析和评价监视与测量结果的时机。

2. 顾客满意：本公司应监视顾客对其需求和期望获得满足程度的感受。组织应确定这些信息的获取、监视和评审方法。

3. 分析和评价：公司应分析和评价监视与测量获得的适宜数据和信息。应利用分析结果评价以下各项结果：

食品安全小组按《确认验证控制程序》的要求对各项验证结果进行评价，以确定验证结果的正确与完整。评价的责任如下：

当验证表明不符合时，相关验证人员应要求有关部门采取纠正和预防措施。采取纠正和预防措施时，应至少考虑对下列方面进行评审，检查是否这些方面出现问题：

在每次管理评审前或必要时，食品安全小组组长组织小组成员对验证结果（包括内部审核和外部审核的结果）进行分析，以：

10.2　内部审核

公司制定并实施《内部审核控制程序》，以确定食品安全管理体系是否：

10.3　管理评审

本公司建立和实施《管理评审控制程序》，定期对食品安全管理体系（包括食品安全方针、目标）进行评审，以确保其适宜性、充分性和有效性，并识别改进的机会和修改的要求。管理评审由总经理主持，每年至少一次。管理评审计划由食品安全小组组长编写，总经理批准后发放给参加管理评审的有关人员。

参加管理评审的人员在收到管理评审计划后，要按要求准备好管理评审输入报告，这些报告的内容包括：

按期召开管理评审会议，与会人员根据输入的资料就方针、目标、管理体系进行评价，评价其是否需要变更。

食品安全小组组长负责编制管理评审报告(管理评审输出)，管理评审。

管理评审报告经总经理批准后发放给有关部门和人员。

食品安全小组组长负责对管理评审中提出的改进措施的执行情况进行跟踪验证，验证的结果应记录并上报总经理。报告中应写明包括以下决定和措施的管理评审结论：

相关文件：

(1)《确认验证控制程序》；

(2)《内部审核控制程序》；

(3)《管理评审控制程序》。

编写说明：体系绩效评价主要是通过监视、测量、分析、评价、内部审核、管理评审等工作来实现。编写时，按照标准条款的要求，逐一标示完整。有相关文件的条款可以在这里简要表述。

(17)改进(表3-60)。

表3-60　改进

××有限公司　食品安全管理手册		
11　改进	修订次数：A/0	修订日期：20××.××.××

11.1　不符合和纠正措施

1. 公司授权有能力的人员评价操作性前提方案和关键控制点监视的结果，以便启动纠正措施。

2. 在关键限值、操作性前提方案失控时，公司将采取纠正措施。

3. 公司建立和实施《不合格和纠正措施控制程序》对纠正措施进行管理。这些管理措施包括：

11.2　食品安全管理体系更新

1. 食品安全管理小组按《变更的策划控制程序》的要求，定期对下列住处进行分析：

2. 在信息分析的基础上，对食品安全管理体系做出评价(必要时还需对危害分析、OPRP、HACCP 计划进行评价)，以决定是否对其进行更新。

3. 做好食品安全管理体系更新的记录。更新引起的文件更改，应按文件控制的要求进行。应将食品安全管理体系的更新情况形成报告，作为管理评审输入。

11.3　持续改进

1. 本公司按《变更的策划控制程序》的要求持续改进食品安全管理体系，以提高食品安全管理体系的有效性。

2. 本公司在实施食品安全管理体系的持续改进时，将充分利用下列活动与方法：

相关文件：

(1)《文件控制程序》；

(2)《变更的策划控制程序》；

(3)《不合格和纠正措施控制程序》。

编写说明：体系的改进主要是通过不符合和纠正措施、食品安全管理体系更新、持续改进等措施来实现。编写时，按照标准条款的要求，逐一标示完整。有相关文件的条款可以在这里简要表述。

(18)附件(表 3-61)。

表 3-61　附件

××有限公司　食品安全管理手册		
12　附件	修订次数：A/0	修订日期：20××.××.××

12.1　CCP 判断树

12.2 程序文件清单

序号	文件编号	文件名称	备注
1	×××-7.5 文件控制程序	受控	
2	×××-7.5.3.2	记录控制程序	受控
3	×××-7.4 沟通控制程序	受控	
4	×××-4.1 公司环境控制程序	受控	
5	×××-6.1	风险和机遇的应对控制程序	受控
6	×××-6.3	变更的策划控制程序	受控
7	×××-7.2	人力资源控制程序	受控
8	×××-7.1.3 生产设备和设施控制程序	受控	
9	×××-8.5.2	标识和可追溯控制程序	受控
10	×××-8.5.4	产品的防护控制程序	受控
11	×××-7.1.5	产品的监视和测量控制程序	受控
12	×××-7.1.5	监视和测量资源的控制程序	受控
13	×××-7.1.4 过程运行环境管理程序	受控	
14	×××-8.4 采购控制程序	受控	
15	×××-8.5.1	生产和服务提供过程控制程序	受控
16	×××-9.2	内部审核控制程序	受控
17	×××-9.3 管理评审控制程序	受控	
18	×××-10.2 不合格和纠正措施控制程序	受控	
19	×××-8.7.1	不合格品控制程序	受控
20	×××-9.1.3	数据和信息的分析和评价控制程序	受控
21	×××-8.2	前提方案	受控
22	×××-8.2.3 防止交叉污染控制程序	受控	
23	×××-8.4	应急准备和响应控制程序	受控
24	×××-8.5	危害分析控制程序	受控
25	×××-8.5.3.1	食品防护计划控制程序	受控
26	×××-8.5.3.2 食品欺诈预防控制程序	受控	
27	×××-8.5.3.3 过敏原控制程序	受控	
28	×××-8.5.3.4	虫害的防治控制程序	受控
29	×××-8.5.3.6	防止物理及化学污染管理制度	受控
30	×××-8.5.4.1 HACCP计划控制程序	受控	
31	×××-8.5.4.2 关键控制点监控控制程序 受控		
32	×××-8.8	确认验证控制程序	受控
33	×××-8.9.4 食品添加剂突发安全事件应急预案	受控	
34	×××-8.9.5.4 产品的召回和撤回控制程序 受控		
35	×××-01	食品安全管理制度	受控
36	GB 31647—2018	食品添加剂生产通用卫生规范	受控

12.3　职能分配表

ISO/DIS 22000 标准要求 ＼ 部门	总经理	食品安全小组	行政部	品管部	销P售M部C	财务部	生产部	采购部
4 组织的环境								
4.1 理解组织及其环境	▲	▲	△	△	△	△	△	△
4.2 理解相关方的需求和期望	▲	▲	△	△	△	△	△	△
4.3 确定食品安全管理体系的范围	▲	▲	△	△	△	△	△	△
4.4 食品安全管理体系	▲	▲	△	△	△	△	△	△
5 领导作用								
5.1 领导作用和承诺	▲	△	△	△	△	△	△	△
5.2 食品安全方针	▲	△	△	△	△	△	△	△
5.3 组织的岗位、职责和权限	▲	△	△	△	△	△	△	△
6 策划								
6.1 应对风险和机遇的措施	△	▲	△	△	△	△	△	△
6.2 食品安全目标及其实现的策划	△	▲	△	△	△	△	△	△
6.3 变更的策划	△	▲	△	△	△	△	△	△
7 支持								
7.1 资源	▲	▲	△	△	△	△	△	△
7.1.1 总则	▲	▲	△	△	△	△	△	△
7.1.2 人员	△	▲	△	△	△	△	△	△
7.1.3 基础设施	△	▲	△	△	△	△	△	△
7.1.4 工作环境	△	▲	△	△	△	△	△	△
7.1.5 外部开发食品安全管理体系要素的控制	△	△	△	▲	△	△	△	▲
7.1.6 外部提供过程、产品和服务的控制	△	△	△	▲	△	△	△	▲
7.2 能力	△	▲	△	△	△	△	△	△
7.3 意识	△	▲	△	△	△	△	△	△
7.4 沟通	△	▲	△	△	△	△	△	△
7.4.1 总则	△	▲	△	△	△	△	△	△
7.4.2 外部沟通	△	▲	△	△	▲	△	△	▲
7.4.3 内部沟通	△	▲	▲	▲	▲	▲	▲	▲
7.5 成文信息	△	▲	△	▲	△	△	△	△
8 运行								
8.1 运行策划和控制	△	▲	△	▲	△	△	▲	△
8.2 前提方案	△	▲	△	▲	△	△	▲	△

ISO/DIS 22000 标准要求	总经理	食品安全小组	行政部	品管部	销售PMC部	财务部	生产部	采购部
8.3 可追溯性	△	▲	△	▲	△	△	▲	△
8.4 应急准备和响应	△	▲	△	▲	△	△	▲	△
8.4.1 总则	△	▲	△	▲	△	△	▲	△
8.4.2 紧急情况和事故的处理	△	▲	△	▲	△	△	▲	△
8.5 危害控制	△	▲	△	▲	△	△	▲	△
8.5.1 危害分析预备步骤	△	▲	△	▲	△	△	▲	△
8.5.2 危害分析	△	▲	△	▲	△	△	▲	△
8.5.3 控制措施和控制措施组合的确认	△	▲	△	▲	△	△	▲	△
8.5.4 危害控制计划（HACCP 计划/OPRP 计划）	△	▲		▲			▲	
8.6 前提方案 PRPs 和危害控制计划信息更新	△	▲	△	▲	△	△	▲	△
8.7 监视和测量的控制	△	▲	△	▲	△	△	△	△
8.8 前提方案 PRPs 和危害控制计划的验证	△	▲	△	▲	△	△	△	△
8.8.1 验证	△	▲	△	▲	△	△	△	△
8.8.2 验证活动结果的分析	△	▲	△	▲	△	△	△	△
8.9 不符合产品和过程的控制	△	▲	△	▲	△	△	▲	△
8.9.1 总则	△	▲	△	▲	△	△	▲	△
8.9.2 纠正措施	△	▲	△	▲	△	△	▲	△
8.9.3 纠正	△	▲	△	▲	△	△	▲	△
8.9.4 潜在不安全产品的处理	△	▲	△	▲	△	△	▲	△
8.9.5 撤回/召回	△	▲	△	▲	△	△	▲	△
9 食品安全管理体系绩效评价								
9.1 监视、测量、分析和评价	△	▲	△	▲	△	△	△	△
9.1.1 总则	△	▲	△	▲	△	△	△	△
9.1.2 分析和评价	△	▲	△	▲	△	△	△	△
9.2 内部审核	△	▲	▲	▲	△	△	△	△
9.3 管理评审	▲	▲	△	▲	△	△	△	△
10 改进								
10.1 不符合和纠正措施	△	▲	△	▲	△	△	△	△
10.2 食品安全管理体系更新	△	▲		▲				
10.3 持续改进	△	▲	△	▲	△	△	△	△

12.4　组织机构图

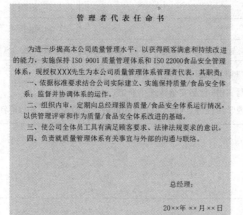

12.5　管理者代表任命书

管 理 者 代 表 任 命 书

　　为进一步提高本公司质量管理水平，以获得顾客满意和持续改进的能力，实施保持 ISO 9001 质量管理体系和 ISO 22000食品安全管理体系，现授权XXX先生为本公司质量管理体系管理者代表，其职责：

　　一、依据标准要求结合公司实际建立、实施保持质量/食品安全体系；监督并协调体系的运作。

　　二、组织内审，定期向总经理报告质量/食品安全体系运行情况，以供管理评审和作为质量/食品安全体系改进的基础。

　　三、使公司全体员工具有满足顾客要求、法律法规要求的意识。

　　四、负责就质量管理体系有关事宜与外部的沟通与联络。

总经理：

20××年 ××月 ××日

12.6　产品实现流程图

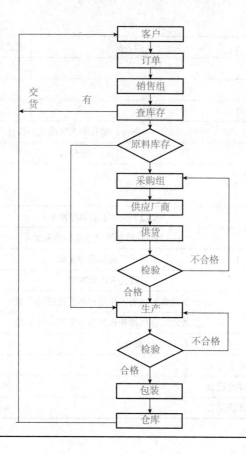

编写说明：手册附件主要由 CCP 判断树、程序文件清单、职能分配表、组织机构图、管理者代表任命书、产品实现流程图等内容组成。它是对食品安全管理手册的重要补充。

步骤四：组织学生完成《食品安全管理手册》的编写，展开自我评估和小组评价，最后教师进行评价反馈，填写完成工单（表 3-62）。

表 3-62 食品安全管理手册工单

任务名称		食品安全管理手册		指导教师			
学号				班级			
组员姓名				组长			
任务目标		通过编写《食品安全管理手册》，掌握食品安全管理体系（ISO 22000）的建立方法					
任务内容		1. 参照相关知识及利用网络资源。 2. 编写一份《食品安全管理手册》。 3. 完成学习任务，同学及小组间可进行经验交流，教师可针对共性问题在课堂上组织讨论					
参考资料及使用工具							
实施步骤与过程记录							
文档清单		序号	文档名称		完成时间		负责人
		1					
		2					
		3					
		备注：填写本人完成文档信息					
评价标准		配分表					
		考核项目			配分	自我评价	组内评价 / 教师评价
	知识评价	ISO 22000 术语和原则			15		
		ISO 22000 质量管理要求标准条文			20		
	技能评价	质量手册编写程序正确			15		
		思政元素内容充实			20		
	素质评价	具备认真细致的工作精神和严谨的科学观			15		
		具备团队合作精神和社会主义核心价值观			15		
		总分			100		
评价记录	自我评价记录						
	组内评价记录						
	教师评价记录						

任务四　绿色、有机产品认证

任务描述

通过学习绿色食品和有机产品认证相关知识，对我国绿色食品和有机产品有总体认知，掌握绿色食品和有机产品的认证要求。

知识要点

一、绿色食品相关知识介绍

1. 绿色食品的概念及特征

绿色食品是指产自优良生态环境、按照绿色食品标准生产、实行全程质量控制并获得绿色食品标志使用权的安全、优质食用农产品及相关产品。

绿色食品与普通食品相比有 3 个显著特征：

(1)强调产品出自最佳生态环境。绿色食品生产从原料产地的生态环境入手，通过对原料产地及其周围的生态环境因子严格监测，判定其是否具备生产绿色食品的基础条件。

(2)对产品实行全程质量控制。绿色食品生产实施"从土地到餐桌"全程质量控制。通过产前环节的环境监测和原料检测；产中环节具体生产、加工操作规程的落实；产后环节产品质量、卫生指标、包装、保鲜、运输、储藏、销售控制，确保绿色食品的整体产品质量，并提高整个生产过程的标准化水平和技术含量，而不是简单地对最终产品的有害成分和卫生指标进行测定。

(3)对产品依法实行标志管理。绿色食品标志已由中国绿色食品发展中心在国家工商行政管理局注册，作为一种产品质量证明商标，其商标专用权受《中华人民共和国商标法》保护。标志使用是产品通过专门机构认证，许可企业依法使用。绿色食品标志管理的手段包括技术手段和法律手段。技术手段是指按照绿色食品标准体系对绿色食品产地环境、生产过程及产品质量进行认证，只有符合绿色食品标准的企业和产品才能使用绿色食品标志商标；法律手段是指对使用绿色食品标志的企业和产品实行商标管理。凡从事食品生产、加工的企业，需要在某项产品上使用"绿色食品"标志的，必须依照《绿色食品标志管理办法》的有关规定提出申请，经审查，符合标准的，授予"绿色食品标志使用证书"，准其使用，企业方可在指定的产品上使用"绿色食品"标志。

2. 绿色食品分级

我国规定绿色食品分为 AA 级和 A 级两类。

AA 级绿色食品是指生产地的环境质量符合《绿色食品　产地环境质量》(NY/T 391—2021)的要求，生产过程中不使用化学合成肥料、农药、兽药、饲料添加剂、食品添加剂和其他有害于环境和身体健康的物质，按有机生产方式生产，产品质量符合绿色食品产品标准，经专门机构认证，许可使用 AA 级绿色食品标志的产品。

A 级绿色食品是指生产地的环境质量符合《绿色食品 产地环境质量》（NY/T 391—2021）的要求，在生产过程中严格按照绿色食品生产资料使用准则和生产操作规程要求，限量使用限定的化学合成生产资料，产品质量符合绿色食品产品标准，经专门机构认定，许可使用 A 级绿色食品标志的产品。AA 级和 A 级绿色食品的区别见表 3-63。

表 3-63　绿色食品分级标准的区别

评价体系	AA 级绿色食品	A 级绿色食品
环境评价	采用单项指数法，各项数据均不得超过有关标准	采用综合指数法，各项环境监测的综合污染指数不得超过 1
生产过程	生产过程中禁止使用任何化学合成肥料、农药及食品添加剂	生产过程中允许限量、限时间、限定方法使用限定品种的化学合成物质
产品	各种化学合成农药及合成食品添加剂均不得检出	允许限量使用的化学合成物质的残留量低于国家标准或达到发达国家普通食品标准，其他禁止使用的化学物质残留不得检出
包装标识与标志编号	标志和标准字体为绿色，底色为白色，防伪标签的底色为蓝色，标志编号以 AA 结尾	标志和标准字体为白色，底色为绿色，防伪标签底色为绿色，标志编号以 A 结尾

3. 绿色食品标志

绿色食品标志有中文"绿色食品"、英文"Greenfood"、绿色食品标志图形及这三者相互组合四种形式。绿色食品标志图形与文字组合商标如图 3-7 所示。

图 3-7　绿色食品标志图形和文字组合商标

《绿色食品 产地环境质量》（NY/T 391—2021）

绿色食品标志图形由三部分组成，即上方的太阳、下方的叶片和中心的蓓蕾，象征自然生态；颜色为绿色，象征着生命、农业、环保；图形为正圆形，意为保护。整个图形描绘了一幅阳光照耀下的和谐生机，告诉人们绿色食品正是出自纯洁、良好生态环境中的安全无污染食品，能给人们带来蓬勃的生命力。绿色食品的标志还提醒人们要保护环境，通过改善人与环境的关系，创造自然界新的和谐。

A 级绿色食品标志图形与字体为白色，底色为绿色，如图 3-8 所示；AA 级绿色食品标志图形与字体为绿色，底色为白色，如图 3-9 所示。

图 3-8　A 级绿色食品标志　　　　　图 3-9　AA 级绿色食品标志

二、绿色食品认证

中国绿色食品实行统一、规范的标志管理，即通过对合乎特定标准的产品发放特定的标志，用以证明产品的特定身份及与一般同类产品的区别。从形式上看，绿色食品标志管理是一种质量认证行为，但绿色食品标志是在国家市场监督管理总局注册的一个商标，受《中华人民共和国商标法》严格保护，在具体运作上完全按商标性质处理。因此，绿色食品标志管理实现了质量认证和商标管理的结合。

绿色食品标志
管理办法

1. 申请使用绿色食品标志的申请人应当具备的资质条件

(1)能够独立承担民事责任；

(2)具有稳定的生产基地；

(3)具有绿色食品生产的环境条件和生产技术；

(4)具有完善的质量管理和质量保证体系；

(5)具有与生产规模相适应的生产技术人员和质量控制人员；

(6)申请前 3 年内无质量安全事故和不良诚信记录。

2. 申请绿色食品标志的产品应当具备的条件

申请使用绿色食品标志的产品，应当符合《中华人民共和国食品安全法》和《中华人民共和国农产品质量安全法》等法律法规规定，在国家市场监督管理总局核定的范围内，并具备下列条件：

(1)产品或产品原料产地环境符合绿色食品产地环境质量标准；

(2)农药、肥料、饲料、兽药等投入品使用符合绿色食品投入品使用准则；

(3)产品质量符合绿色食品产品质量标准；

(4)包装储运符合绿色食品包装储运标准。

3. 绿色食品认证程序

绿色食品认证程序可分为认证申请、受理及文审、现场检查、产地环境及产品检测和评价、审核和评审、颁证 6 个程序，如图 3-10 所示。

(1)认证申请。申请人至少在产品收获、屠宰或捕捞前 3 个月，向所在省级绿色食品工作机构提出申请，完成网上在线申报并提交下列文件：《绿色食品标志使用申请书》及《调查表》；资质证明材料，如"营业执照""全国工业产品生产许可证""动物防疫条件合格证""商标注册证"等证明文件复印件；质量控制规范；生产技术规程；基地图、加工厂平面图、基地清单、农户清单等；合同、协议，购销发票，生产、加工记录；含有绿色食品标志的包装标签或设计样张(非预包装食品不必提供)；应提交的其他材料。

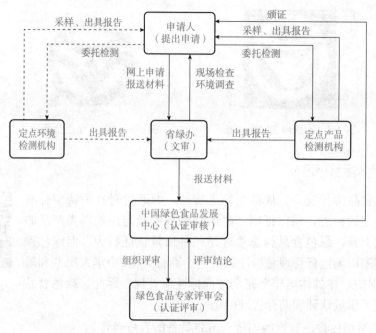

图 3-10　绿色食品认证程序

（2）受理及文审。省级工作机构应当自收到上述规定的申请材料之日起 10 个工作日内完成材料审查。符合要求的，予以受理，向申请人发出《绿色食品申请受理通知书》，执行现场检查程序；不符合要求的，不予受理，书面通知申请人本生产周期不再受理其申请，并告知理由。

（3）现场检查。省级工作机构应当根据申请产品类别，组织至少两名具有相应资质的检查员组成检查组，在材料审查合格后 45 个工作日内组织完成现场检查（受作物生长期影响可适当延后）。

现场检查前，应提前告知申请人并向其发出《绿色食品现场检查通知书》，明确现场检查计划。现场检查工作应在产品及产品原料生产期内实施。

现场检查完成后，检查组应当在 10 个工作日内向省级工作机构提交《绿色食品现场检查报告》。省级工作机构依据《绿色食品现场检查报告》向申请人发出《绿色食品现场检查意见通知书》，现场检查合格的，执行

现场检查
要求与程序

产地环境、产品检测和评价程序；不合格的，通知申请人本生产周期不再受理其申请，告知理由并退回申请。

（4）产地环境、产品检测和评价。申请人按照《绿色食品现场检查意见通知书》的要求委托检测机构对产地环境、产品进行检测和评价。检测机构接受申请人委托后，应当分别依据《绿色食品 产地环境调查、监测与评价规范》（NY/T 1054—2021）和《绿色食品 产品抽样准则》（NY/T 896—2015）及时安排现场抽样，并自环境抽样之日起 30 个工作日内、产品抽样之日起 20 个工作日内完成检测工作，出具《环境质量监测报告》和《产品检验报告》，提交省级工作机构和申请人。

申请人如能提供近一年内绿色食品检测机构或国家级、部级检测机构出具的《环境质

量监测报告》，且符合绿色食品产地环境检测项目和质量要求的，可免做环境检测。

经检查组调查确认产地环境质量符合《绿色食品 产地环境质量》(NY/T 391—2021)和《绿色食品 产地环境调查、监测与评价规范》(NY/T 1054—2021)中免测条件的，省级工作机构可做出免做环境检测的决定。

(5)审核和评审。省级工作机构应当自收到《绿色食品现场检查报告》《环境质量监测报告》和《产品检验报告》之日起 20 个工作日内完成初审。初审合格的，将相关材料报送中心，同时完成网上报送；不合格的，通知申请人本生产周期不再受理其申请，并告知理由。

中心应当自收到省级工作机构报送的完备申请材料之日起 30 个工作日内完成书面审查，提出审查意见，并通过省级工作机构向申请人发出《绿色食品审查意见通知书》。

中心根据专家评审意见，在 5 个工作日内做出是否颁证的决定，并通过省级工作机构通知申请人。同意颁证的，进入绿色食品标志使用证书(以下简称证书)颁发程序；不同意颁证的，告知理由。

(6)颁证。认证评审合格后，由省绿办负责组织企业签订《绿色食品标志商标使用许可合同》，中心统一向省绿办寄发"绿色食品标志使用证书"，经省绿办转发企业。

三、有机食品相关知识介绍

1. 有机食品的概念

有机食品是一种国际通称，是从英文 Organic Food 直译过来的。这里所说的"有机"不是化学上的概念，而是指采取一种有机的耕作和加工方式。有机食品是指按照这种方式生产和加工的；产品符合国际或国家有机食品要求和标准；并通过国家认证机构认证的一切农副产品及其加工品，包括粮食、蔬菜、水果、奶制品、禽畜产品、蜂蜜、水产品、调料等。

2. 有机食品的优点

(1)用自然、生态平衡的方法从事农业生产和管理，保护环境，满足人类需求，实现可持续发展；

(2)顺应国际市场潮流，扩大有机农业生产及有机食品出口，提高产品市场竞争力；

有机产品

(3)满足国内"绿色""环保"的消费需求；

(4)保护生产者，特别是通过有机食品的增值来提高生产者的收益，同时有机认证是消费者可以信赖的重要证明。

四、有机产品认证

有机产品认证，是指经过授权的认证机构按照有机产品国家标准和相关规定对有机产品生产和加工过程进行评价的活动，以规范化的检查为基础，包括实地检查、质量保证体系的审核和最终产品的检测，并以有机产品认证证书的文件形式予以确认。

1. 有机认证主管单位

不同于无公害农产品及绿色食品的认证，有机产品认证属于独立第三方认证。我国的有机产品认证开始于20世纪90年代初，最初由国家环境保护（总）局"国家有机食品认证认可委员会"负责有机产品认证机构的管理与认可。以2002年11月1日《中华人民共和国认证认可条例》的正式颁布实施为起点，有机产品认证工作由国家认证认可监督管理委员会统一管理，进入规范化阶段。

2. 有机认证流程

（1）申请与受理。

1）申请。对于申请有机产品认证的单位或者个人，根据有机产品生产或者加工活动的需要，可以向有机产品认证机构申请有机产品生产认证或者有机产品加工认证。根据《有机产品认证管理办法》和《有机产品认证实施规则》等规定，认证委托人应当向有机产品认证机构提出书面申请。

2）受理。认证机构应当自收到申请人书面申请之日起10个工作日内，完成对申请材料的评审，并做出是否受理的决定。

（2）检查准备与实施。认证协议签订后，认证机构即安排相关人员对该项认证进行策划，根据申请者的专业特点和性质确定认证依据，选择并委派进行现场检查的检查员并组成检查组，每个检查组应至少有一名相应认证范围注册资质的专业检查员。对同一认证委托人的同一生产单元不能连续3年以上（含3年）委派同一检查员实施检查。

检查组根据文件审核评审的结果和相关信息，对现场检查进行策划，并与受检查方保持密切的沟通，确定检查的范围、场所、日期及检查组的分工等。现场检查计划一般以书面形式通知受检查方并获得确认。

对受检查方的有机生产或加工场所进行现场检查是有机产品认证的核心环节。检查时间应当安排在申请认证产品的生产、加工的高风险阶段，通常在认证产品的收获前或加工期间进行。特别是对农产品的检查，应在作物和畜禽的收获或屠宰以前进行。

在结束检查前，对检查情况进行总结，向受检查方及认证委托人明确并确认存在的不符合项，对存在的问题进行说明。

在完成现场检查后，根据现场检查发现，编制并向认证机构递交公正、客观和全面的关于认证要求符合性的检查报告。

（3）合格评定与认证决定。认证机构应根据评价过程中收集的信息、检查报告和其他有关信息，评价所采用的标准等认证依据及法律法规的适用性和符合性、现场检查的合理性和充分性、检查报告及证据和材料的客观性、真实性与完整性等，并重点进行有机生产和加工过程符合性判定、产品安全质量符合性判定，以及判定产品质量是否符合执行标准的要求，并最终做出能否发放证书的决定。

申请人的生产活动及管理体系符合认证标准的要求，认证机构予以批准认证。生产活动、管理体系及其他相关方面不完全符合认证标准的要求，认证机构提出整改要求，申请人已经在规定的期限内完成整改或已经提交整改措施并有能力在规定的期限内完成整改以满足认证要求的，认证机构经过验证后可以批准认证。

（4）监督和管理。有机产品认证证书有效期为一年。获证者应当在有效期期满前向认证机构申请年度换证，认证机构将由此启动监督换证检查程序。认证机构应当按照规定对获证单位和个人、获证产品、生产及变更情况等进行有效跟踪检查，即年度换证例行检查。例行检查至少一年一次。

申请人应及时就产品更改、生产过程更改或区域扩大、管理权或所有权等更改通知认证机构。

监督检查还包括非例行检查，非例行检查不应事先通知。非例行检查的对象和频次等可基于有关认可规则和认证机构对风险的判断及源于社会、政府、消费者对获证产品的信息反馈。

根据需要定期或不定期进行产地(基地)环境检测和产品样品检测，保证认证、检查结论能够持续符合认证要求。

对于撤销和注销的证书，有机产品认证机构应当予以收回(图 3-11)。

图 3-11 中国有机产品认证标志和中国有机转换产品认证标志

任务实施

步骤一： 带领学生阅读绿色食品和有机产品认证知识，明确绿色食品和有机产品特征，使学生能够正确识别绿色食品和有机产品标志，了解绿色食品和有机产品认证流程，提升学生对绿色食品和有机产品的认识。

步骤二： 基础知识测试。

知识训练

步骤三： 案例分析。

案例：永明小麦粉加工厂计划对产品进行绿色食品认证，请你作为企业技术人员草拟一份绿色食品认证的流程方案。

分析解答：

(1)认证申请：_____

_____

(2)受理及文审：_____

_____

(3)现场检查：_____

_____

(4)产地环境、产品检测和评价：_____

_____

(5)审核和评审：_____

_____

(6)颁证：_____

_____

项 目 小 结

本项目通过对质量管理体系(ISO 9000)、危害分析与关键控制(HACCP)体系、食品安全管理体系(ISO 22000)的建立，以及绿色、有机食品认证等任务实现对食品生产各类管理体系的学习。

成 果 评 价

考评任务	自我评价	组内评价	教师评价	备注
任务一				
任务二				
任务三				
任务四				
项目平均值				
综合评价				

思考与实训

一、单选题

1. "ISO"的意思是(　　)。

A. 质量保证技术委员会　　　　　　　　B. 国际标准化组织

C. 国际质量管理委员会　　　　　　　　D. 质量保证体系

2. ISO 9000 族标准适用的范围是(　　)。

A. 小企业　　　　　　　　　　　　　　B. 大中型企业

C. 制造业　　　　　　　　　　　　　　D. 所有行业和各种规模的组织

3. HACCP 计划中的生产流程图以(　　)为原则。

A. 简明扼要　　　　　　　　　　　　　B. 易懂、实用

C. 无遗漏　　　　　　　　　　　　　　D. 清晰、准确

4. 操作性前提方案是指为控制食品安全危害(　　)所制订的前提方案。

A. 引入的可能性　　　　　　　　　　　B. 在产品中污染或扩散的可能性

C. 加工环境中污染或扩散的可能性　　　D. 以上都是

5. 绿色食品标准可分为(　　)和(　　)两个技术等级。

A. A 级　　　　　　　　　　　　　　　B. AA 级

C. Ⅰ 级　　　　　　　　　　　　　　　D. Ⅱ 级

二、简答题

1. 自选一个食品生产工艺进行危害分析，找出显著危害。

2. ISO 9000 质量管理体系的建立步骤(阶段)是什么？

3. 简述建立 HACCP 体系的 12 个步骤。

三、实训拓展

基于质量管理体系(ISO 9000)、危害分析与关键控制(HACCP)体系及食品安全管理体系(ISO 22000)的建立，编写综合性食品管理手册和审核手册。

参考文献

References

[1] 张妍. 食品安全认证[M]. 北京：化学工业出版社，2008.

[2] 黎庆翔. ISO 9001：2008 标准理解与认证实务[M]. 广州：广东经济出版社，2009.

[3] 马长路. 食品企业管理体系建立与认证[M]. 北京：中国轻工业出版社，2009.

[4] 贝惠玲. 食品安全与质量控制技术[M]. 北京：科学出版社，2011.

[5] 曹斌. 食品质量管理[M]. 2 版. 北京：中国环境科学出版社，2012.

[6] 曾庆祝，冯力更. 食品安全保障技术[M]. 北京：中国商业出版社，2008.

[7] 汤高奇，石明生. 食品安全与质量控制[M]. 北京：中国农业大学出版社，2013.

[8] 马长路，王立晖. 食品安全质量控制与认证[M]. 北京：北京师范大学出版社，2015.

[9] 刘皓，侯婷. 食品安全与质量控制[M]. 西安：西安交通大学出版社，2019.